青少年知识小百科

U0659924

DONG WU
ZHI SHI BAI KE

动物知识百科

王 烨 主编

云南大学出版社

图书在版编目（CIP）数据

动物知识百科/王烨主编 . —昆明：云南大学出版社，2010

（青少年知识小百科）

ISBN 978 - 7 - 5482 - 0320 - 9

Ⅰ.①动… Ⅱ.①王… Ⅲ.①动物—青少年读物

Ⅳ.①Q95 - 49

中国版本图书馆 CIP 数据核字（2010）第 260097 号

青少年知识小百科

动物知识百科

主　　编：王　烨
责任编辑：于　学　蒋丽杰
装帧设计：林静文化

出版发行：云南大学出版社
电　　话：（0871）5033244　5031071　（010）51222698
经　　销：全国新华书店
印　　刷：北京旺银永泰印刷有限公司

开　　本：710mm×1000mm　1/16
字　　数：286 千字
印　　张：15
版　　次：2011 年 3 月第 1 版
印　　次：2011 年 3 月第 1 次印刷
书　　号：ISBN 978 - 7 - 5482 - 0320 - 9
定　　价：29.80 元

地　　址：云南省昆明市翠湖北路 2 号云南大学英华园内
邮　　编：650091
E - mail：market@ynup.com

前 言

时光如梭、岁月如流、迈步进入 21 世纪。这是一个信息的时代、这是一个知识的世界、这是一个和谐发展的社会。亲爱的青少年读者啊，遨游在地球村，你将发现瑰丽的景象——自然的奥秘、文明的宝藏、宇宙的奇想、神奇的历史、科技的光芒。还有文化和艺术，这些是人类不可缺少的营养。勇于探索的青少年读者啊，来吧，快投入这智慧的海洋！它们将帮助你，为理想插上翅膀。

21 世纪科学技术迅猛发展，国际竞争日趋激烈，社会的、信息经济的全球化使创新精神与创造能力成为影响人们生存的首要因素。21 世纪世界各国各地区的竞争，归根结底是人材的竞争，因此培养青少年创新精神，全面提高青少年素质和综合能力，已成为我国基础教育的当务之急。

为满足青少年的求知欲，促进青少年知识结构向着更新、更广、更深的方向发展，使青少年对各种知识学习发生浓厚兴趣，我们特组织编写了这套《青少年知识小百科》。它是经过多位专家遴选编纂而成，它不仅权威、科学、规范、经典，而且全面、系统、简洁、实用。《青少年知识小百科》符合中国国情，具有一定前瞻性。

知识百科全书是一种全面系统地介绍各门类知识的工具书，是人类科学与思想文化的结晶。它反映时代精神，传承人类文明，作为一个国家或民族文明进步的标志而日益受到世界各国的重视。像法国大学者狄德罗主编的《百科全书》，英国 1768 年的《不列颠百科全书》，以及我国 1986 年出版的《中国大百科全书》等，均是人类科学与文化的巨型知识百科全书，堪称"一所没有围墙的大学"。

《青少年知识小百科》吸收前人成果，集百家之长于一身，是针对中国青少年的阅读习惯和认知规律而编著的；是为广大家长和孩子精心奉献的一份知识大餐，急家长之所急，想孩子之所想，将家长的希望与孩子的想法完美体现的一部智慧之书。相信本书会为家长和孩子送上一份喜悦与轻松。

全书 500 多万字，共分 20 册，所涉范围包括文化、艺术、文学、社会、历史、军事、体育、未解之谜、天文地理、天地奇谈、名物起源等多个领域，都是广大青少年需要和盼望掌握的知识，内容很具代表性和普遍性，可谓蔚为大观。

本书将具体的知识形象化、趣味化、生动化、知识化、发挥易读，易看的功能，充分展现完整的内容，达到一目了然的效果。内容上人性、哲理兼融，形式上采用编目式编辑。是一部可增扩青少年知识面、启发青少年学习兴趣的百科全书。

本书语言生动，富有哲理，耐人寻味，发人深省，给人启迪，有时甚至一生铭记在心，终生受益匪浅，本书易读、易懂让人爱不释手，阅读这些知识，能够启迪心灵、陶冶情操、培养兴趣、开阔眼界、开发智力，是青少年读物中的最佳版本，它可以同时适用于成人、家长、青少年阅读，是馈赠青少年的最佳礼品，而且也极具收藏价值。

限于编者的知识和文字水平，本书难免有疏漏之处，敬请专家学者和广大读者批评指教，同时，我们也真诚地希望这套系列丛书能够得到广大青少年读者的喜爱！

本书编委会

目 录

第一章　地球漫溯——动物起源

第一节　一元复始——生物进化

1. 根的故事——生命的起源

地球上存在着形形色色、种类繁多的生物。有人估计，地球上的植物有 30 多万种，动物有 150 多万种，微生物有 10 多万种。但是地球上还有不少地区，诸如严寒的极地和高山、热带的丛林、荒芜的沙漠、较深的海洋，其生物统计还很不全面。随着生物学的发展，每年都有新种被发现，每年植物能发现 5 000 个新种，动物能发现 10 000 个新种及亚种。所以又有人认为，动、植物合计 180 多万种的估计数字偏于保守，地球上现存的生物至少应有 400～500 万种。这些丰富多彩的生物是怎样起源的呢？关于这个问题，历史上出现过各种错误的解释，有主张一切生物来自神创的"神创论"；有认为生物是由某种"活力"的激发而产生于死物的"活力论"或"自生论"；有提倡"一切生命来自生命"，认为地球上的生命来自宇宙空间其他天体的"宇宙生命论"；还有坚持生物只能由同类生物产生的"生源论"等等。随着辩证唯物主义宇宙观的发展和自然科学的进步，实践和理论都已证明了这些观点的误谬，并对它们进行了批判。

恩格斯曾经提出："生命的起源必然是通过化学的途径实现的。"我们已知道化学分无机化学和有机化学两种，生命是有机质，其起源是通过有机化学实现的。目前，探索生命起源的科学家们通过生物学、古生物学、古生物化学、化学、物理学、地质学和天文学等方面的综合研究，证明了恩格斯这一预见的正确性。大量研究成果说明，生命是由无机物经历了漫长时间而发展产生的，自从生命在地球上出现以后，又经历了几十亿年的时间，才由生命逐渐发展成为生物。生物界发展的历史是与地球发展的历史密切相关、不可分割的。

宇宙大爆炸产生了宇宙后，银河系、太阳系、地球相继形成。当地球这个星球稳定后渐渐冷却，地表开始划分出了岩石圈、水圈和大气圈。那时大气圈中没有氧气，宇宙紫外线辐射是产生化学作用的主要能源，化学反应就在这样的条件下不断地进行着。由于缺氧，合成的有机分子不会遭受氧化的破坏，得以进化出具有生命现象的物质，最终产生了生命。生命的产生过程可以概括为四个阶段：

（1）原始海洋中的氮、氢、氨、一氧化碳、二氧化碳、硫化氢、氯化氢、甲烷和水等无机物，在紫外线、电离辐射、高温、高压等一定条件影响和作用下，形成了氨基酸、核苷酸及单糖等有机化合物。科学家们所做的模拟试验也表明，无机物在合适条件下能够变成有机物。

（2）氨基酸、核苷酸等有机物在原始海洋中聚合成复杂的有机物，如甘氨酸、蛋白质及核酸等，被称为"生物大分子"。

（3）许多生物大分子聚集、浓缩形成以蛋白质和核酸为基础的多分子体系，它既能从周围环境中吸取营养，又能将废物排出体系之外，这就构成了原始的物质交换活动。

（4）在多分子体系的界膜内，蛋白质与核酸的长期作用，终于将物质交换活动演变成新陈代谢作用并能够进行自身繁殖，这是生命起源中最复杂的最有决定意义的阶段。技术改造构成的生命体，被称为"原生体"。

原生体的出现使地球上产生了生命，把地球的历史从化学进化阶段推向了生物进化阶段，对于生物界来说更是开天辟地的第一件大事，没有这件大事，就不可能有生物界。

但值得一提的是，有生命的原生体是一种非细胞的生命物质，有些类似于现代的病毒，它出现以后，随着环境的变化而逐步复杂化和完善化，演变成为具有较完备的生命特征的细胞，到此时才产生了原核单细胞生物。最早的原核单细胞细菌化石发现于距今32亿年前的地层中，那就是说非细胞生命物质出现的时间，还要远远地早于32亿年以前。

单细胞的出现，使生物界的进化从微生物阶段发展到了细胞进化阶段，这样，生物的演化过程又登上了一个新台阶，在此基础上演化就分成了两支，分别朝着植物和动物方向发展。32亿年以后，几百万种形态各异的，但均以细胞为基础单位的生物就充满在地壳的海、陆、空领域之中了。

2. 优胜劣汰——生物学中的重要定律

生物学领域中，一些为人所熟知的重要定律如重演律、进化不可逆性、器官相关律及威廉斯登法则等在古脊椎动物学的研究中起着重要的作用。

生物进化的不可逆性生命的历史是一部物种新陈代谢的历史，地球上现在的物种都是地质历史上生存过的物种的后代。过去的物种被现在的物种所代替，现在的物种又被将来的物种代替，新的不断兴起，旧的逐渐灭亡，已经演变的物种不可能回复祖型，已经灭亡的种类不可能重新出现，这就是进化的不可逆性。以我们人类历史为例，它经过了原始社会、奴隶社会、封建社会，现在是资本主义社会与社会主义共存的社会，如果有人想让历史退回到奴隶社会或封建社会去，行得通吗？恐怕谁也做不到。当然，人是有思维的，不允许历史开倒车，生物界尽管没有人类的特性，可它的进化一样是不走回头路的。对化石的研究发现，生物某种器官一经演变就不可能在其后代身上恢复原状；一经退化消失也再不会在其后代身上重现。以马为例，始新世的马前肢四趾、后足三趾，渐新世和中新世的马前肢三趾，上新世和现代马仅剩一趾，其已经退化的足趾绝不会恢复原状。类似的例子还很多，如古生代的三叶虫、笔石，中生代的恐龙，它们既然已绝灭了就绝不会再出现了，地球历史上每次大灾难之后，残余的生物都是在原有基础上发展起来的，而绝不会通到生命的初期重新开始的程度。专家们正是总结了生物进化中的这些实际例子，归纳出了这条定律。

脊椎动物在进化发展中，也是按低等向高等、身体器官从简单至复杂、神经系统日趋完善演变的，但唯有骨的数量是从多至少、从复杂到简单的。这种现象不但表现在从低等门类到高等门类，就是在同一门类中比较原始与进步种类之间也是普遍存在的，在脊椎动物头骨骨片数目的变化上尤为显著。如原始硬骨鱼类的头骨有180多块骨片，较进步的硬骨鱼约为100多片，古两栖类及古爬行类动物头骨骨片数量在95～50块之间，哺乳动物头骨骨片已减少为35块，人类的头骨骨片数量最少，只有28块，其中还包括中耳内的6块很小的听骨。

脊椎动物越进化，其骨骼数量就越少，这一规律就是威廉斯登法则。为什么动物身上会出现这种现象呢？

脊椎动物进化初期身体各器官的功能很差，需要有硬物的支撑，哪里需要就在哪里长出一块骨片来，甚至在皮肤表面也长出骨板或骨质鳞片，这样多的骨片显出了消极的一面：身体行动迟缓，还妨碍了其他系统的发展，随着不断地进化，动物各器官功能趋于完善，有些不需要骨骼支撑，有些游离骨片向脊椎骨靠拢固定。途中连接了其他骨头，数量从几根减少到一根，头部过去有很多的骨片但保护作用与现今相似，逐渐就减少为几大块，还愈合成颅腔（在哺乳动物的颅骨上能看到几条锯齿状的接触线，这就是骨片的愈合线），增加了牢固性和稳定性。这样一来减少了骨头的体积，肌肉附着在为数不多的骨头上，定向收缩力增强，神经网络也清晰了；颅腔扩大、脑量增加（动物进化关键的一点就是神经系统的进化，从鱼类开始出现头后，头与身体的比例在进化中就逐渐加大），反应快速，行动敏捷，更有利于生存。骨骼减少对身体的保护性会不会降低？以草食恐龙和牛为例，同样都以植物为食，甲龙、剑龙等的自卫方式是全身披鳞挂甲，这身盔甲使它们行动不便，只起消极防御的作用，仍抵挡不住霸王龙的袭击；而牛的自卫武器是牛角，比盔甲轻得多，行动自然灵活，遇见敌人常采取主动进攻，历史上就有不少农家牛勇斗虎豹保护主人的故事。

因此，骨骼的减少只会给动物带来进步，这也是被实践证明了的。

3. 历史见证——化石

在人类还未诞生之前，地球上还存在过什么动、植物，它们是如何生活的，它们的形状是什么样子，是生活在什么环境中的……这些死去的生物怎么活灵活现地呈现在人们的眼前？就仿佛是人们亲眼看到似的。人们是怎么知道地球上曾存在过这一物种的呢？是根据化石。

简单地说，化石是动、植物死亡后被埋藏于地下，经过地质作用所变成的石头。但这一些石头保留了动、植物的形状特征，古生物学家们便是根据这些特征，确定它们是何种动植物。若是动物，则还要运用解剖学的原理，勾画出它们的骨骼，补充上它们的肌肉和皮肤，便画出了它们的体形图或雕塑成模型了。

在地球历史中存在过的生物之所以能够保存成为化石，要有生物本身和地质环境两方面的条件。首先，生物本身必须具有一定的硬体，如无脊椎动物中各种贝壳、脊椎动物的骨骼等，它们是由无机物组成的硬体，与皮肉、内脏等软组织相比，不易遭受氧化或腐烂而消失，因此成为化石的可能性较大。而那些软组织易遭氧化和腐烂，成为化石的可能性就小得多，这就是为什么大多数化石都是骨骼和贝壳的原因。第二个条件是生物死后要有它们被迅速埋葬起来的地质环境。如海洋和湖泊中，泥沙沉积迅速的地方，生物保存为化石的机会就多，否则即使生物有硬体，如果死后长期暴露在地表或泡于水中不被泥沙所掩埋，也会被风化作用破坏或其他动物吞食，不能形成化石。另外，还需要指出的是，一些无机物的形态类似生物形状（如海底锰结核、树枝状痕迹等），但它们并不是化石，因为它们不是生物；而现代才被泥沙埋藏的生物遗体，如动物，即便皮肉烂掉，仅有白色的骨头，也不能称为化石，必须经过沉积物形成岩石的过程，使骨头也变得坚硬如石，这才能叫化石，而这一过程至少需要 25 000 年的时间。

从以上分析可以看出，化石保存需要种种条件，各时代的古生物只能有一小部分由于条件适宜而成为化石，再考虑到成为化石期间遭受的种种破坏作用及现在还没有发现到的化石，已收集到的化石仅占当时古生物数量的很少一部分，它们对古生物的记录必须是很不连贯、很不完整的，致使有些生物绝灭之谜直到现在我们还是不清楚的。

化石有不同类型，这是由于埋藏环境不同而形成的，大致可以分为四种：实体化石、模铸化石、遗迹化石和化学化石。

实体化石

实体化石指生物遗体本身全部或部分保存下来，在特殊的环境中避免了氧化和腐烂，如西伯利亚冻土层的猛犸象、波兰斯大卢尼沥青湖里的披毛犀、我国抚顺煤田中包含完整昆虫的琥珀等。但这类实体化石并不多见，绝大多数生物仅能保存硬体部分，而这一部分也要经过石化才能形成化石，石化具有如下作用：

（1）矿物质充填。无脊椎动物硬体结构中多少都留有空隙，当硬体掩埋日久，空隙往往被地下水中的矿物质（主要是碳酸钙）填充，变成致密坚实的实体化石；脊椎动物骨骼，其髓质消失留下的中空部分同样易受矿物质填充而增加了重量，这也是中药店收购龙骨时，鉴别是龙骨还是骨头的一种方法。

（2）交替作用。在石化过程中原来硬体的物质成分被地下水溶解带走，而水中的矿物质沉淀在被溶解的孔洞中。若是沉淀与溶解速度相等，就能保存原来硬体的微细结构。如硅化石，大家都能在硅化石上看到年轮和细胞的轮廓。

（3）升溜作用。生物被埋藏后，体内不稳定的成分经分解、挥发，消失了，仅留下了稳定的成分，形成薄膜保存下来。如树叶，主要成分是碳水化合物，经过升溜作用，氢、氧全都跑了，仅剩下碳，形成了碳质薄膜。

模铸化石

模铸化石指生物遗体在围岩中留下的印模和复铸物。生物往往遭受破坏，但这种印迹却反映出了该生物体的主要特征。最常见的是植物叶子的印痕。有时带硬壳的动物死后，壳体张开，泥沙充填进去，在固结成岩后地下水又把壳体溶解，在围岩与壳外表面的接触面上留下外模，在泥沙与壳内表面的接触面上留下了内模；如果壳体张开不大，基本保持原状，那么充填进的泥沙成岩后就称为内核，若是动物死后壳体不张开，当贝壳溶解后就留下一个与壳同形等大的空洞，此空洞如再经充填，所形成的核则称为外核。

遗迹化石

遗迹化石是生物活动时留下的痕迹和遗物。遗迹化石中最重要的是足迹，从足迹的大小、深浅及排列情况，可以推测该动物身体的轻重，行走时是慢步、疾驰还是跳跃，足迹是爪型还是蹄型，由此可以推知该动物是食肉型还是食植物型。例如：发现地上有两排足迹化石，一排小有蹄，一排大有爪，行距由远而近，步幅由小变大，经过一段混乱后脚印又出现了，但只有一排大而有爪的足迹。这串系列脚印所表现出的含义，是大家都会看明白的。

遗物方面的化石是指动物的蛋化石和便化石。我国河南省西峡县发现的恐龙蛋化石称得上是世界奇迹。成窝选垒的恐龙蛋分布在20平方公里范围内，颜色不同，大小不等，形状也不一样，对研究恐龙当时的生活形态有着重要的意义。粪便化石中鱼类化石比较常见，可以根据形状、大小来分析，如螺旋状的粪便化石就可能是具有螺旋瓣肠道的鱼类排泄的。

化学化石

有些生物的遗体虽然不能保存下来，但有机体分解后形成的各种有机质如氨基酸、脂肪酸等仍可保留在地层中。它所具有的化学分子结构足以证明过去生物存在过。国外的专家们曾对3亿年前的鱼类、1亿多年前的恐龙化石作过化学分析，得到了7种氨基酸。我国在1994年从河南省西峡县恐龙蛋化石群中，在一个软蛋化石中也提取出了动物的RNA和DNA（核糖核酸及脱氧核糖核酸），因此通过对化学化石研究，对探明地球上生命起源和阐明生物的发展史有着重要的作用。

4. 纲举目张——生物的分类法则

世界上繁殖着形形色色、千差万别的生物。据目前统计，有名有姓的动、植物总共有180万种左右，但有人估计绝对不止这些，应该有400~500万种。为了系统研究这么多的生物，有必要对它们作分门别类的整理、归纳，分类学便是作这方面研究的。

现在，一般将生物界划分为两大类，即动物界和植物界。也有人提出可划分得再细一些，把生物界分为原核生物界，如蓝绿藻、细菌等；原生生物界；植物界；真菌界；动物界。这样划分的依据是，微生物既不算动物也不算植物，应单独提出，有些原始生物的个体既表现有植物性特征又存在动物性特征，应属于原生生物界，但这个分法还没有得到生物工作者的公认，还有待于进一步完善。

不管按哪种分类法则，每一界最大分类单元（位）是门，门以下依次为纲、目、科、属、种等单位。除这些主要分类单位外还有各种辅助单位，如亚门、亚纲、亚目、亚科、亚属、亚种，超科、超目、超纲、超门等。这种生物分类的级别，古生物学上同样适用。

种（物种）是古、今生物分类的基础单位，不是人们任意规定的单位，而是生物进化发展过程中客观存在的一个阶段。种通过种群表现出来，它包括这样几个内容：物种是由大量个体组成的，它们都有共同的起源；它们都分布在一定的区域内，适应特定的生态环境；具有共同的形态特征；彼此能够繁殖后代。因此，同种生物能够独立地保持自己的特征并繁衍下去。

亚种是次于种的种级分类单位，也是生物分类中的最低分类单位。同一个种的相同个体因地理相隔距离较远，日久天长彼此就会出现某些显著差异，这便形成了亚种，长期分化下去，进而导致生殖隔离，最后发展为新种。

需要提出的是，一般人往往容易混淆种与亚种之间的界线，经常把亚种的界线作为种的界线来划分。举一个简单的例子：在自然界中人类仅有一个"人"种，与人亲缘关系最近的动物是猿科的 4 个种类人猿；人种之下分出的白种人、黄种人、黑种人和红种人等，都是由地理环境不同产生的亚种，而有人却认为是人"种"之间的不同。同样的道理，一种动物叫什么名字，这就是它的种名，在名字前面加的地方名称均为亚种，如"马"的种类，蒙古马、阿拉伯马、伊犁马等仅是不同的亚种。同学们应该记住一条，即人为驯养的动物绝大多数都分化成了亚种，一般到不了种的级别，只有一个例外，那就是骡子。它是马种和驴种杂交产生的，由于父系与母系血缘关系较远，使它也受到影响，细胞内染色体不成对，无法复制，丧失了生殖能力。有些种比较小，彼此血缘关系较近，不同种的动物杂交也能产下后代并具生殖能力，但人为的因素很大。国外曾报道一家动物园让狮虎交配，生下了一只雌性虎狮，虎豹交配产下了一头豹虎。这是动物界中的"两不象"，完全是在特殊环境中产生的，没有太大意义，仅证实了不同种动物杂交也能生育的说法。

现在生物学分类中的最低分类单位只有地理亚种，而古生物学分类中除了地理亚种外还有年代亚种，后者是指同一种类在不同时代分布上其形态特征显示出来的不同，即过渡种类不同阶段的差异。

属是种的综合，它包括同源性及形态、构造、生理特征近似的种。仍以马为例，除了人类驯养的马之外，还有野马种。它们均在马属之下，都有共同的祖先；它们有相近的潜在性能，即野马通过驯化也可转化为家马；它们的生殖器官具有极大的相似性，几乎就可以说是一样。古代人民就曾利用过这点，让母家马与野公马交配，使自己获得千里良驹。那是在河西走廊地区，人们捕不住野马，但知道到了冬季野马就会进山过冬，于是便将母家马在冬季赶入山中，使它们与野马相处，第二年春暖花开，野马走了，母家马回到了主人家，当年就能产下小马驹。所谓西域出良驹，良驹就是这样得来的。

从属开始，生物的划分上就掺入了人为的成分，意见往往不能统一，属以上的等级人为因素更多，就更没有被同行认可的定义了。

第二节　大千世界——动物演化过程

1. 生存有道——动、植物的分化

动物和植物差别很大，植物是固定生长，而动物是可四处活动的；植物可利用阳光进行光合作用，制造养料，而动物不能制造养料，只能耗费养料；两者从细胞上分，植物细胞有壁，动物细胞没有壁；动物出现要比植物晚，因为动物是吃植物的，同时它呼出二氧化碳，吸入氧气，而没有植物，地球上就没有氧气，没有食物，动物也就不会出现。但植物又是怎样出现的呢？这要从 32 亿年前谈起。

地球上最早出现的原核生物——单细胞的细菌以周围环境的有机质为养料，是异养生物。但原始海洋中由化学反应产生的有机质有限，当消费与生产达到平衡时，异养生物缺乏养料，就很难发展下去。于是由于高度的变异潜能，原核生物演化出具有叶绿素的蓝藻，它能够进行光合作用，把无机物合成有机的养料，生物学把它称为自养生物。自养的蓝藻所合成的有机质，除供本身营养外，还能供应异养细菌；异养的细菌除从蓝藻取得食物供应外，还把有机质分解为无机物，为蓝藻提供原料。因此在生态学中称蓝藻为合成者，细菌为分解者。自养蓝藻的出现使早期生物界具备自养和异养、合成和分解两个环节，形成了两极生态体系，解决了营养问题，突破环境限制，在原始海洋中获得了更广泛的发展。两极生态体系形成之后，经过了很长一段时间，在 17 亿年前，随着真核细胞生物的出现，生物界开始了动、植物的分化。动物的出现形成了一个三极生态体系，所谓"三极"指的是：

绿色植物。进行光合作用制造养料，自养并供给其他生物，称为自然界的生产者。

细菌和真菌。以绿色植物合成的有机质为养料，同时通过其生活活动分解出大量二氧化碳及氮、硫、磷等元素，为绿色植物生产养料提供原料，称为自然界的分解者。

动物。以植物和其他动物为食，是自然界的消耗者。

由此可见，真核细胞生物的出现，是动、植物分经的开始。在这个时期，动、植物门类中所产生的都是一些最低等、最原始的生物，它们之间尽管大体能区分开，但彼此多少都有一些对方的特征。强甲藻，虽已有细胞壁（这是植物的特征），但却仍有自主的运动器官——二根鞭毛，一条纵鞭毛、一条横鞭毛，可任意选择运动方向，被称为运动性的单细胞植物；眼虫，虽无细胞壁，能够自由活动，是一种单细胞的原生动物，可它的细胞质内却含有叶绿素，在阳光下和植物一样可进行光合作用，自己制造食物。它们都不太符合动、植物的定义。其实，定义是根据大部分动、植物的特征制定出的，生物等级越高，其特征越明显；而低等原始生物，本身就结构简单、功能不全，为了生存，其方式自然是五花八门的，专家们不可能在定义中把所有的动、植物特征全部罗列出来。任何定义都是对某一范畴中的事物高度的概括，极少数范畴中的事物违反了定义规定也并不奇怪，只要它总体上符合定义就行了。

俗话说："分久必合，合久必分。"今后动、植物会不会又合成一体呢？从辩证法的观点上看是会的。目前在生物进化的道路上也出现了某些萌芽：过去的动物，或是吃植物，或是吃动物，界线分明，而第四纪后出现了一类杂食动物，它们既吃植物又吃动物，如大熊猫（竹源不足时也吃动物）、野猪、熊、狗等。尤其是熊，在冬季冬眠中有时醒来，饿劲儿一上来就舔自己的前掌"画饼充饥"，把一双过冬时肥厚的前掌舔得鲜血淋淋。熊掌，尤其是前掌为何值钱，原因就在于此。植物中有一种花叫猪兜茏，花室很深，像个小瓶子，内壁上长有倒毛，开花时散发的香气把小虫子吸引过来，虫子嗅着香味爬进"瓶"底就再也爬不出来了，不久就被花"吃"掉。如果自然环境稳定，人为不加干涉的话，过上几百万年，从这种植物或动物中分化出新的种类来也是有可能的。

现在有的科学家正在研究"植物人"，这不是医院里所指的那种大脑已经死亡、身体瘫痪，仅心脏跳动且能呼吸的病人，而是研究如何让人类从异养性（由外界供给养料）变成植物那样，利用光合作用自己产生养料，自给自足。他们认为，地球上的资源总有耗尽的一天，到那时人的生活方式就要改变，与其等到那时才被迫改变，不如现在就研究如何改变。他们能成功吗？拭目以待吧。很有可能研究的主题没有实现，而在某些方面却取得了进展，即所谓"有心栽花花不开，无心插柳柳成荫。"

2. 形只影单——单细胞动物

当生命进化到真核细胞以后，便有了动物和植物之分。最早的动物叫原生动物，是最低等的一类动物，它的个体是由一个细胞构成的。仅管如此，"麻雀虽小却五脏俱全"，这是一个完整的生命活动体，拥有作为一个动物应具备的主要生活机能，如新陈代谢、刺激感应、运动和繁殖等，它的体内有了原始的分化，各具一定功能，形成了类器官。原生动物身体微小，一般在 250 微米以下，需要在显微镜下才能看到。本门动物分布广泛，既有绝灭的，也有生活在现代的；既可以生活在水里、土里，也可以生活在动、植物身体里。根据运动"器官"的有无，本门动物一般可以划分为鞭毛虫纲、纤毛虫纲、孢子虫纲和肉足纲。让我们看看其中的几种代表性动物：

眼虫。身体呈梭形能分出前后来，前端有一根鞭毛，靠其搅动能在水中游泳，它最明显的特征是有一个能感光的"眼点"，故名眼虫。它有两种生活方式：一种是寻找泥里的有机物为食；另一种依靠自己体内的叶绿素，和植物一样可进行光合作用为自己制造食物。后一种生活方式表明了在某些环境下它是植物，这说明在原始最低等动物中，动、植物之间的界线还并不明显。

有孔虫。自我保护方面要比眼虫好，体内分泌黏液粘住沙粒，在体外形成一个硬壳。壳口伸出许多丝状的肉足，生物学上称为伪足，其形状是可以变化的，当触到一块食物，伪足就包围住送进"口"吃掉，伪足还能排出废物，使虫体移动。有孔虫通常有两种生殖方式，在发育过程中交替进行，即世代交替。无性生殖是由成熟的裂殖体向外放出大量的配子母体，配子母体成熟后又大量放出带鞭毛能游动的配子，两个配子形成合子就是有性生殖，合子再发育长大成为新的裂殖体。

有孔虫在地史时期中出现过几次繁盛期，尤其在白垩纪时出现了特殊种类（如能游的有孔虫），成为地质学家们划分对比白垩纪海相地层的重要依据；白垩纪时有孔虫的数量也是极大的，甚至在白垩纪形成的岩石中都占有很高的比率，专家们管这种有大量生物参与形成的岩石叫生物礁。

纺锤虫。一种已经绝灭的动物，生活在大约 100 米深的热带或亚热带海底。它有钙质壳，壳体随着虫子的长大不断增多，并随着它的演化而不断增大，从发现的化石来看，最小的不足 1 毫米，而大者可达到 20~30 毫米。它最早出现在早石炭世晚期，早二迭世时极盛，不仅数量丰富且种类繁多，构造也变得复杂，但到了二迭纪末期就全部绝灭了。此类动物分布时间短，演化迅速，地理分布十分广泛，更因其体形小，在二迭纪地层划分上已成为十分重要的化石门类。

以上几种化石因体形微小，在化石界中被称为微体化石。遥想那时的年代，它们从细菌"手"中接过了生命的"接力棒"，经过漫长岁月"传"给了多细胞动物后仍不愿离去，又"护送"到了古生代，有的种类还一直"护送"到现代，似乎是害怕进化夭折，实际上，它们是一直在作鱼虾的食物。单枪匹马，当时还能横闯天下，可现在却寸步难行了。

单细胞动物被称为原生动物，意思是指它们生来就具备各部分分化和必要的生活机能。生命进行到多细胞动物就称后生动物，指的是卵细胞要经过胚胎发育变形阶段才能出生的动物。后生动物范围很广，它包括二胚层、三胚层、原口动物、后口动物……在本书中，这些动物都将一一讲到。

3. 低级梯次——多细胞动物

单枪匹马地闯天下，力量是单薄了一点，生命进化自然就向多细胞类型发展，而且从此以后都是多细胞动物。

最原始的多细胞动物是两胚层动物，即它们的身体是由两层细胞组成的，一是表皮细胞层，二是襟细胞层（它位于体壁内面），两层细胞之间填以胶状物质称中胶层。这类动物分为三个门，即海绵动物门、古杯动物门和腔肠动物门。

海绵动物

从距今 6 亿年的寒武纪以前开始出现并一直延续到现代，海绵动物的细胞虽分化为二层，但无器官和组织。海绵体壁多，也为入水孔，体腔是空的，上端开口为出水口，水从入孔流进体内，海绵吸收水中有机质后再将水由出口排出体外。海绵多为群体生活，彼此用胶质连接，生活在海底，专家称为底栖生活。难怪从海里出来的海绵都是一块块的，用力一捏水都流了出来，放进水里又吸满了水。过去在洗澡中，人们总用海绵块，现在已被淘汰了。海绵体有骨骼支撑，按其大小分别叫骨针和骨丝，只有骨针才能形成化石，有的地层中可以形成几公分厚的海绵骨针灰岩，但总的来说海绵造岩的能力很弱，这与它体内不保存无机质（如硅、钙等元素）有关。

古杯动物

古杯动物是一种绝灭了的海底动物，形状如同酒杯，其生活方式和新陈代谢作用基本与海绵类相同，但它是个体动物，一般生活在蓝绿藻当中，最合适的生长环境是在水深 20～30 米的海底。它从早寒武世开始出现，到了中寒武世就绝灭了。因它对生活环境要求很严，不能在海水浑浊的地方生长，故不用它作为划分对比地层的标准化石。

腔肠动物

尽管腔肠动物也是两胚层动物，但要比前两门动物高等，即开始了神经细胞和原始肌肉细胞的分工并具消化腔，所以叫它腔肠动物。它的身体多为辐射对称，在消化腔口处有一圈或多圈触手。本门动物自寒武纪后期出现至现代，种类繁多，化石丰富，其现在动物代表有我们大家熟悉的海葵和水母，有人喜欢吃的海蜇皮（水母），一种大型的腔肠动物。

腔肠动物门的主要化石是珊瑚和层孔虫。层孔虫是海底生活的群体动物，自寒武纪开始出现一直延续到白垩纪。它体中有钙质骨骼，群体的骨骼相连接成不规则的团块状、层状等。大的群体宽达 2 米、厚 1 米，小的直径不足 1 厘米。由于它有这样的不易分解腐烂的硬骨骼，故被称为造礁动物。层孔虫礁石化石代表着一种繁荣的海底动物生长环境，其化石丰富的地区，常能发现可供开采的石油。在我国广西、湖南、贵州发现的油田过程中，层孔虫在与已知油区的地层对比中发挥了很大的作用。

从以上三门的动物特征上我们可以看出，尽管它们都是二胚层动物，但在进化上也有先进和落后之分，尤其是在胚胎发育中，海绵动物表现为小细胞内陷形成内层，大细胞留在外面形成外层细胞，这与其他多细胞动物胚胎发育恰好相反。以后出现的更高级的动物没有哪一类是从海绵动物门中分化出来的，说明这类动物在生物演化上是一个侧支，又称侧生动物。海绵动物不可能再进化了，古杯动物门已绝灭，那么向后传递生命进化的接力棒就落在腔肠动物门中，它传递的速度很快，在奥陶纪时就传给了三胚层动物，从那时开始，生命进化又进入了一个新的阶段。

4. 群芳争艳——美丽的珊瑚

晶莹的海水覆盖着的海底，是令人神往的世界。耀眼夺目的珊瑚，繁花似锦，五彩缤纷，有的像披上露珠的树枝，有的像凌霜盛开的菊花……袅娜多姿，争芳斗艳。这些迷人的景色，多少年来赢得了人们的惊叹和赞美。人们喜爱珊瑚，尤其是红珊瑚，将它列入珍宝之中。清朝官员官服上的朝珠和官帽上的顶戴，就是用红珊瑚雕琢而成的。然而，珊瑚所蕴藏的科学启示，一直到最近几十年才为人们所领会。

现代的珊瑚虫，生活在热带的海洋里，过独生或群体固着的生活。单体的珊瑚（如常见的海葵），圆柱体状，一端固着于他物，另一端环绕中央的口孔，长有很多触手。珊瑚体的外层细胞能分泌出石灰质（碳酸钙）骨骼，分泌的快慢又与太阳光强弱有关，白天分泌得多，夜晚分泌得少，甚至不分泌。季节的变化也影响着这种分泌的速度。这样，生活着的珊瑚虫，在那昼夜交替、四季循环的漫长历史中，在自己的体壁上留下了一道道粗细不同的生长环纹。有人研究过：从一个最粗的（或最细的）环纹到相邻的另一个最粗的（或最细的）环纹之间，即相当于植物的一个年轮，有 365 条环纹，这个数目正好和一年的天数相等。

地史上泥盆纪时期是珊瑚繁衍的旺盛时期，专家们发现，该地质年代中的某些珊瑚化石表面上也满布环状细纹，粗细递增递减，交替出现，只是相邻两个最粗（或最细）的环纹之间的环纹数，不是 365 条，而是 400 条左右。珊瑚化石外表的这些特有环纹，就像是一种特殊的文字，告诉我们当时一年有 400 来天。我们知道，如果地球绕太阳运动的轨道不变，它公转一周的时间就不大可能有变化，利用数学公式求出了泥盆纪时一天不到 22 小时。更有趣的是，在泥盆纪以后的石炭纪，也找到过类似的珊瑚化石，每一年轮上的生长纹是 385～390 条。根据这样一些事实，有人推测地球的自转速度越来越慢，从最原始的状态时的每天 4 小时减慢到现代的 24 小时。

所有的珊瑚都属于腔肠动物门珊瑚纲，它包括现代的海葵、石珊瑚、红珊瑚和已绝灭的四射珊瑚、横板珊瑚等，全部是海生（在海水中长大）。

在珊瑚化石中，四射珊瑚是重要的化石，由于它在地球上存在的时间短，内部结构变化很快并有阶段性，因此古生物学家利用它来作为古生代地层中的标准化石。四射珊瑚从产生到绝灭，骨骼发育很有规律，专家们主要是从它的内骨骼演化上划分时代。珊瑚虫分泌钙质除了形成外壁，还要形成内壁，内壁自下而上，从边缘往中心生长，专家们称它为隔壁，意思是它把体腔隔开了。早期的珊瑚壁单一，仅一种，称为单带型，生活的时代为奥陶纪和志留纪；以后在隔壁之间又长出骨钙叫鳞板，这时的珊瑚化石就称双带型，出现在志留纪和泥盆纪；到了石炭纪和二迭纪时，内骨骼在体腔的中心部分彼此连接、膨大，形成了一根从下到上的柱子（学名叫中轴或中柱），这时它就变成了三带型。四射珊瑚对于专家们来说，在确定古生代各个纪的时间上起着重要的作用，研究它的专著也非常多。

5. 多多益善——三胚层动物

动物在外壁和内壁细胞层之间又分化出一层细胞——中胚层，即三胚层动物。不要小看中胚层的产生，它在动物发展史上是一次巨大的飞跃。中胚层为动物机体各组织器官的形成、分化和完备，提供了必要的物质基础。来源于它的肌肉组织强化了运动的机能，使动物与环境的接触复杂化，由此促进了感觉器官、神经系统发育，提高了动物对刺激的反应和寻食的效率；高效率的觅食又使动物增加了营养，新陈代谢旺盛，排泄机能随之加强，这样"牵一发而动全身"，使动物形态结构产生了强烈分化；同时，中胚层不仅有再生的能力，而且能储藏水分和营养物质，大大提高了动物对干旱和饥饿的适应力，为动物摆脱水中生活，进入陆地环境提供了必要的物质条件。

中胚层产生以后，动物的进化分成了两支，一支是原口动物，一支是后口动物。后口动物是进化的主线，从原始的后口动物中，发展出了神经系统获得充分发展的脊椎动物，最后又在脊椎动物中发展出了我们人类。原口是指细胞内陷形成体腔后留下的与外界相通的孔，这个孔以后就变成了动物的口；后口是在体腔形成的后期在原口相反的一端，由内外胚层相互紧贴最后穿成一孔，成为幼虫的口，原口则变成幼虫的肛门。

原口动物虽不是动物进化的主干，但它也分出了不少的门类，而且它们的总数是最多的。以陆地动物为例，除脊椎动物以外，所有的动物都是原口类的。如大家熟悉的蟋蟀、蚯蚓、蜻蜓、蝉、蜘蛛……所有这些都是原口动物。

原口动物和后口动物尽管日后差别极大，但是直到现在仍然是有很多共同特征的，我们稍加留心就能发现，它们除了共同具有中胚层外，还有如下特征：

身体分节

仔细看看昆虫，它们的身体是由形状、结构大体相同的体节组成，称同律分节，蚯蚓和蚕就是典型的代表。动物身体分节增加了灵活性，扩大了生活领域，加强了对环境的适应性。此外，同律分节又为后来进化的异律分节打下了基础（身体分成头、胸、腹三部分）。

雏形的附肢

在出现体节的同时，昆虫腹部皮肤突起形成疣足，其上有硬毛，每节一对，是运动器官，是附肢出现的最初形式。它是动物强化运动的产物，而产生后又加强了爬行和游泳功能，为扩大动物的生活领域提供了条件。

具有体腔

体腔是指消化道与体壁之间的腔，体腔中充满体腔液。体腔的出现使内脏器官处于一种相对稳定的环境中，并使它们具有运动的可能性（如肠子的蠕动、心脏的跳动等），因而大大加强了新陈代谢作用，是运动进化过程中的一大进步。体腔有原生体腔（段体腔）和真体腔（次生体腔）之分，中胚层与内胚层（消化道）外壁之间没有膜的称原生体腔，有膜的为次生体腔。低等的原口动物具有原生体腔或根本没有体腔，高等的动物具有次生体腔。

在原口动物和后口动物分化过程中，还出现一类中间动物，它们某些特征像原口动物，如具有次生体腔，生殖细胞是从体腔膜上产生的，但它们的体腔形成方式却与后口动物相同。这说明在动物分化初期，还没有显示出优、劣势的情况下，万物竞争，走哪条进化道路任意选择。这类过渡动物是苔藓动物和腕足动物。同学们对苔藓动物（形状似苔藓植物而得名）比较陌生，但对腕足动物就不该陌生了，人们吃的淡菜（一种贝类肉）、海豆牙都是腕足动物。由于它们都生活在水里，避免了陆地上过渡动物和侧生动物遭受的厄运，也使我们有机会品尝到了它们的美味。

6. 节肢动物——三叶虫

三叶虫是一种 2 亿多年前就已绝灭了的动物，生活在古生代的海洋中，其外形颇似现代的虾和蝉，属节肢动物门，因种类繁多，特在门下单列成一纲。这种动物从纵向看可分头、胸、尾三段，横向看又可分左、中、右三份（中间是轴部，两边为侧叶），故名"三叶虫"。三叶虫背上有背甲，其成分为磷酸钙和碳酸钙，质地坚硬，成为地史时期中最早大量形成化石的动物门类。身长一般在 3～10 厘米，但小者不足 6 毫米，最大可长 75 厘米。我国曾在湖南省永顺县发现了长 27 厘米、宽 18 厘米的三叶虫，学名叫"铲头虫"。

三叶虫为雄雌异体，卵生，个体发育中要经过周期性的多次蜕壳，不同阶段脱落的壳体是研究个体发育的基本素材，它对了解三叶虫一些器官的发育和成长，探索三叶虫的演化，解决分类问题都具有重要意义。三叶虫头部及尾部变化较大，种类非常多。在我国品种繁多的砚台里，有一种叫"燕子石"的砚台，该种砚的砚池旁或砚盖上常有石化的无头"小燕子"张开翅膀、又着尾巴，其实这就是一种三叶虫的尾部化石叫"蝙蝠虫"，因其形象更像蝙蝠，故起此名。因在中国古代蝙蝠是不祥之物，而这种砚台又是呈送皇帝的贡品，所以采用"燕子"这个吉祥的名字。

三叶虫纲，下分 7 个目，绝大部分的种属在世界的海相沉积岩（石灰岩）中都有发现，各国的专家对它进行研究，得出了几点共同的认识：它经常与海百合、珊瑚、腕足动物、头足动物等一起生活（共生），在发现它化石的同时同地，也发现了上述几种动物的化石；从它的体形上判断，它适于爬行，是海底生活（底栖）的动物，它以原生动物、海绵、腔肠、腕足等动物的尸体，或海藻及其他细小的植物为食；三叶虫在进化的后期，由于海中出现了大量肉食动物（鹦鹉螺、原始鱼类等）直接威胁了它的生存，于是增大了尾甲，提高了游泳速度，同时头尾能够嵌合使整个身体卷曲成球形，以保护柔软的腹部，并可迅速跌落或潜伏海底逃避敌人的进攻。

在古生代的第一个纪——寒武纪早期，三叶虫的 7 个目就发现了 4 个，种类数量也很丰富，因此古生物学家和生物学家都认为三叶虫的远祖早在寒武纪前就已存在，并在前寒武纪后期分化出了许多支系，但它们都没有坚固的硬壳故没有保存下化石。寒武纪是三叶虫发展的一个繁盛期；奥陶纪时，古老的种类绝灭了，新的种类兴起成为第二个繁盛期；从志留纪到二迭纪，由于肉食性动物大量繁盛，三叶虫急剧衰退，最终绝灭。

三叶虫存在时间短，演化的种类多，分布海域广，个体数量大，各属、目之间界线清楚并随年代依次出现，因此成为寒武纪时期全球性可对比的标准化石。我国是世界上产三叶虫最丰富的国家之一，研究时间早、程度深，仅寒武纪就划分出 29 个三叶虫生长带，为亚洲提供了标准地层剖面，并为世界性的生物地理区划分提供了重要的依据。

7. 门类丰富——脊索动物

脊索动物是动物界最高等的一类，也是种类相当丰富的一个门。它包括低等的脊索动物如现代海洋中的文昌鱼、海鞘等，以及较高等的脊索动物如鱼、蛙、龟、鸟、牛、猿猴、人类等。

本门动物最主要的共同特点是具有脊索。脊索是一条具有弹性而不分节的白色轴索，起源于内胚层，起支持身体的中轴作用。高等动物的脊索只在胚胎期存在，胚胎期后由周围结缔组织硬化而成的脊椎所代替。

在脊索的背侧有中枢神经系统，是中空的神经管，起源于外胚层，大多数脊索动物的神经管前部扩大成脑。在脊索的腹侧有消化道，它的前端两侧有左右成排的小孔与外界沟通，这些小孔称为鳃裂。水中生活的脊索动物终身保留鳃裂，陆地脊索动物仅在胚胎期具有鳃裂，后来发展成肺呼吸。

脊索动物门中的动物，根据其脊索、神经管鳃裂的特点以及形态特征，可分为四个亚门：半索亚门、尾索亚门、头索亚门和脊椎亚门。这四个亚门中仅有脊椎亚门是进化的主干，其余三个亚门是在向脊索进化途中生出的旁支。

半索亚门

半索亚门动物又称口索动物，身体分为吻、颈和躯干三个部分，在吻部有一段类似脊索的构造。单凭着这一小段"类脊索"便能判断它是由无脊索向有脊索转变的一种过渡型动物，这类动物全部是海生，现在还活着的动物代表有柱头虫，化石代表有笔石。

笔石是已经绝灭了的群体海生动物，由于它的化石印迹像描绘在岩石层面上的象形文字，故称此名。笔石化石全世界各洲均有发现，其地史分布自中寒武世至早石炭世，其中的正笔石在奥陶纪、志留纪达到极盛，且演化迅速，分布地广，绝灭也快，成为这种两个纪的标准化石之一，其种属可在世界范围内做地层对比工作。笔石群体的外形粗看起来像松折枝的化石，即使是专家，稍不留神也会认为是苔藓动物。确认笔石是半索动物，也还是近几十年才明确的。

尾索亚门

尾索亚门动物的幼体呈蝌蚪状，尾部有脊索，但成年后尾巴消失，钻进沙土里底栖生活，属海生单体。尾索亚门动物比半索动物在脊索的长度上进化了一些，推测它是由半索动物的祖先分化出来的，可它的倒退比半索动物还大，已不会游泳，不能主动地觅食，只有斜插在沙滩中，等食物自动送上门来，海边渔民和海滨游泳池出售的海鞘，就是尾索动物的代表。

头索亚门

头索亚门动物的身体似鱼但无真正的头，终身都有一条纵贯全身的脊索，背侧有神经管，咽部具许多条鳃裂。比起半索、尾索动物来头索动物要算相当进步的了，它的代表动物是文昌鱼。说起文昌鱼来很有意思，它全身无骨，体长2～5厘米，生活在浅海地区，因最初是在我国海南省文昌县的沿海一带发现的，故称此名。而文昌鱼数量最多的地方是在福建省沿海一带，渔民们经常捕食，其捕捉的方法也很特别，根据它遇惊而喜钻沙的特点，先趟水走几次，然后把沙子挖起堆成堆，再盛一桶（盆）海水，用瓢舀起一瓢沙，在桶中慢慢澄，沙落鱼出，多的时候，一瓢中能澄出半瓢鱼来。拿回家里用鸡蛋裹上，下油锅一炸，其味鲜美无比，又无骨刺鲠喉，常是渔家用来招待客人的佳肴。可惜现在已不多见了，随着沿海工业的发展，近海污染严重，文昌鱼也几不见踪迹了。

半索、尾索和头索动物，尽管都算脊索动物门，但都是低级的，连头都没有，故统统称为原索动物或称为无头类，它们也是动物进化中的侧支，真正代表进化方向的还是脊椎动物亚门。

8. 昨日重现——"活化石"矛尾鱼的发现

两栖类动物是由总鳍鱼目上陆进化而来的。总鳍鱼目下分两个亚目，骨鳞鱼亚目是上陆了，可另一种（空棘鱼亚目）却离不开水，始终没有上陆，矛尾鱼就是这个亚目的代表。以前发现的矛尾鱼是生活在泥盆纪时期的化石，从地层的沉积环境上看是生活在淡水中的，后来在三迭纪地层中发现了它的化石，这时的沉积环境已是半咸水或海水了，表明它从湖泊中游到了河口处，而且仍在往海里迁移；再后来，中生代海相地层中就没再发现它的化石，专家们断定它已经绝灭了。

可是，1938年12月22日，在非洲东海岸，靠近一条小河河口的海中，当地渔民钓上来一条活的矛尾鱼，这条鱼一下子轰动了整个学术界，古生物学家和鱼类学家纷纷前去观看。可惜这条鱼出水仅活了3个小时，而且防腐不好已经烂掉了，仅剩下一张鱼皮。为了找到新的、更好的矛尾鱼，专家们在当地大搞宣传活动，画着矛尾鱼的招贴画送到了每条渔船上，以便引起渔民们的注意。可是，再也没发现这种鱼。不过，苍天不负有心人，相隔14年以后，1952年12月20日夜，终于在马达加斯加岛西北方向的海面上又捕到第二条矛尾鱼。从捕获的情况来推测，矛尾鱼生活在200~400米的深水里，体长介于1.2~1.8米，体重30~80公斤，它体形圆厚，腹部宽大，口中长着尖锐的牙齿，在解剖它的肠胃时发现有鱼的残骸，证明它是肉食性的鱼类。由于深水中比陆地上的压力大得多，它们出水后因不适应突然减压而很快死亡。但是从形态上看，化石中的古老种类和现今生存的种类差别不大，只是今天的矛尾鱼体形大，胸鳍更大些，内鼻孔没有了，气鳔只留下一点点痕迹，而早期空棘鱼类的气鳔因向肺演化曾是很大的，推测是因为后来长久地适应深海环境，压力大的结果，内鼻孔消失，鳔也逐渐变小了。

矛尾鱼的发现对我们究竟有什么启示呢？大家可以想想，一件化石和一个实体摆在我们面前哪一个更形象、更直观、更给人印象深刻呢？当然是后者。总鳍鱼的鳍中有中轴骨骼，末梢各小骨都依靠着中轴骨和身体互相连接，而现代鱼类鳍骨都与身体直接相接。总鳍鱼鳍内骨骼的排列方式和原始四足动物（原始两栖类）的四肢骨有些相似。因而人们推想：四足动物的四肢是总鳍鱼类的胸鳍、腹鳍演化而来的。在水底它可以用这种鳍支持自己的身体，若调整到合适的方位，还可以用这种鳍勉强地爬行几步。不过，化石所提供的情况还不足以充分证实人们的推想。矛尾鱼的发现不但可以了解它各部分结构的功能，更可以在它们活着的时候来观察它们活动的情况，有人在观察第八条矛尾鱼时，证明了它们的胸鳍几乎能作各个方向的转动和安置姿式，这也就更有力地支持了鳍演化成四肢的推测是正确的。

9. 异想天开——要离开水的总鳍鱼

俗话说："鱼儿离不开水，花儿离不开阳"，这是一般规律，但如果没有少数"异想天开"的鱼想离开水并成功地离开了水的话，那这个世界就永远只是鱼的世界了。

但是鱼要离开水必须要具备条件，即外界的生活环境和内部身体结构。在石炭纪时期陆地上植被茂盛，低地、沼泽中生长着大量的蕨类植物，其中树蕨径干可达半米，高有15~25米，形成了全球性的第一个造煤时代。植物的大量生长，改变了陆地原始荒凉的面貌，在湖边河岸形成了气候潮湿带，同时稠密的树叶遮挡了阳光，减少了土壤中水分的蒸发，也为两栖类登陆后避免阳光直接照射提供了保护，还为它们准备了"粮食"。

从身体结构上看，要想登陆就必须解决两个关键问题：呼吸和支撑。总鳍鱼类已进化出了一对内鼻孔，这就是由外鼻孔通往口腔的开口，表明鼻孔与大腔已经串通好了。以后的陆生动物口上面都有这对内鼻孔，空气由外鼻孔进去，经过嗅囊和内鼻孔进入口腔，再由气管进入肺部。内鼻孔的存在说明总鳍鱼已有"肺"的构造，"肺"是由鱼鳔演化来的，对于鱼类，鳔只起平衡作用，而在进步的鱼类中，它有了新的用场。但是，肺的进化相对比其他各部位慢。当两栖类已经出现在水陆之间时，它的肺仍不能独立承担呼吸的重任，在幼年时水中呼吸时仍用鳃，成年后皮肤也帮助它呼吸。

总鳍鱼的胸鳍、腹鳍有很厚的皮肉，好像一个短柄的船桨，鳍中有一块中轴骨骼，其余的小骨都依靠中轴骨与身体相连，这样鳍在转动时就能够改变方向，起到支撑身体并爬行的作用。由于需要经常运用，鳍这附肢便进化得最快，在身体其他部分还很原始的情况下，就能将身体支撑起来，离开水上岸活动了。

鱼具备能够上岸和陆上物质基础这两方面的条件，可什么原因使总鳍鱼上岸呢？上岸是外界环境造成的，也可以说是被逼迫的。鳞亚目是两栖类的祖先，它们生活在淡水中，也就是河湖中。地质历史上河流、湖泊总是在变化的，例如，河流改道，故道就形成了湖；河流除了向湖内注水外还注入泥沙，最终将湖填满形成沼泽；湖边的蕨类植物质地疏松，死亡后往往会倒进湖泊腐烂，使水浊化，氧气不足。在这些不利因素下，骨鳞鱼为生存就需要把头探出水面，利用简单的肺呼吸新鲜空气，当湖泊成为沼泽无法栖身时，需要靠鳍的支撑爬行到另外的水塘中去。在水中，食物缺乏时也要靠鳍爬上岸吃一些植物以活下去。由于不停地进行这种锻炼，终于发展成为能够自由上岸活动的动物，身体结构也发生了很大的变化。早期的两栖类体表原来的鳞片演化成骨甲或坚硬的皮膜，除防止水分过分蒸发外，还防止了身体在爬行过程中被碎石或树枝划破，以后进化的动物也都继承了这种保护性皮肤，并有了各种发展，如爬行类的鳞片和骨板、鸟类的羽毛、哺乳类的皮毛等。

两栖类虽然优于鱼类，但它还保留有很多的原始性，首先产卵仍然要在水中孵化，幼体出生后也要在水中生活一段时间，即便是成体也不能长期待在干燥无水的地方，不时地需要进水中湿润皮肤，而皮肤也只有在水中才能起呼吸作用，因此它们并不能算是真正的陆生动物，而是陆生与水生动物之间的过渡类型。

这类动物除我们现在所见到的青蛙、娃娃鱼外，其化石代表有虾蟆螈，从头到尾长 3~4 米，仅头骨就长 1.2 米，蜥螈长 1.5 米。它们主要繁盛在二迭纪和三迭纪，那时爬行类已开始出现，但还未在数量上占据优势。因此古生代末至中生代初这段时间乃是两栖类的天下。但好景不长，三迭纪时期爬行类比它们更适应陆地的优势渐渐表现了出来，并在三迭纪末期取代了它们。两栖类在地史中仅繁盛了 8 500 万年就退下了舞台，比鱼类要短得多。但它们的祖先，那些想上岸的鱼却终于实现了自己的愿望，并由此进化出了其统治中生代长达 1.7 亿年之久的爬行动物。

10. 蓦然回首——鳄鱼的回忆

暮春四月的一天上午，动物园的一条鳄鱼刚刚饱餐了一顿便爬到外面去。外面阳光明媚，照在身上暖融融的，它舒服地张开了大嘴打了个饱嗝，趴在地上晒太阳。它双眼眯缝着注视前来观看的人群，心里忿忿不平的想：现在生活真不好，地方又小，不能四处走动，饭也不能撑开肚子吃，还要被人类管得死死的。听我爷爷讲，它从它爷爷那里听到的，它爷爷又是……，总之是我们鳄鱼祖祖辈辈流传下来的一个故事：

我们爬行动物是在地球陆地第一次出现的真正的陆生动物，我们的祖先是古生代末期从两栖类中分化出来的。中生代一开始，我们就在没有天敌的大地上四处漫游，大量繁殖后代、扩大地盘，把两栖类赶下了水，不许它们远离水边，否则就吃掉它们。它们竞争不过我们，我们的身体结构比它们强多了。首先，我们的脑量比它们大，智力要比它们发达，而且在头与胸部之间又长出了脖子，这样身体不动，头也能上下左右地转动，这是极大的进步。另外，还有一些重要的进化，如我们皮肤角质化或鳞甲化，保护了体内的水分。从皮肤表面更新换代，呼吸全靠肺，完善了肺的功能。四肢各趾间不再有蹼，便于陆地行走，就连产卵也不用再回水里。我们的卵外面有一层钙质的硬壳，称为蛋，所包含的水分足够小生命需要，而且陆地比水中安全，下蛋后不用管，靠阳光就能使它们孵化出来，这样我们就彻底地摆脱了水的束缚。我们的神经系统也比两栖类发达，负责四肢运动的脊椎神经（中枢神经）在腰部膨大形成一个神经节，能及时处理运动中出现的问题，就连我们的眼睛都进化了，长出了眼皮，具有湿润和保护眼球的双重功能。

我们在中生代是最进化的动物，是陆地的征服者和统治者。按照不同的生长习惯，我们辐射出了很多的种类，人类专家称其为辐射繁衍，并把我们分划出了17 个目。现在是恐龙热，外行人以为中生代我们的祖先都是恐龙，其实错了。

"恐龙"一词专门指两个目的爬行动物，它们是蜥臀目和鸟臀目，其他目中的动物尽管也可以叫"龙"，但决不能称为恐龙。人类在研究恐龙时发现它能直立行走，不禁感到奇怪，一些人认为直立行走是哺乳类的标志，而我们的标志就是该爬着走。怎么会出现直立行走的爬行动物呢？会不会是骨架安装的不对？其实这道理很简单。要知道判断一种动物的分类决不能靠辅助的特征来定，如果把"会说话"定义成人的标志，那么八哥、鹦鹉也都是人了。哺乳动物与我们最本质的区别在于是胎生和哺乳，而我们的表兄——恐龙，不过是想改革一下身体结构，其本质并没有变。在我们发展的鼎盛时期——侏罗纪，一种不起眼的小动物出现了，它们大小如现代的老鼠，常被表兄弟们捕食，尽管那时不知它是什么动物，但对我们没有任何威胁。直到那次大灾难过后，它们的适应力强，一下子繁盛起来，把我们的地盘给夺走了，我们这时才知道它们的名字：哺乳动物。要是早知道它们会从我们手中夺取霸主的地位，当初就该把它们全吃光，心腹大患未及时除去，留下了祸根，酿成了无法挽回的悲剧。

那次大灾难听起来真是万分可怕，一团大火伴随着巨大的响声从天而降，落地后发生了山崩地裂般的大爆炸，当时就炸死了我们一大批同类。爆炸引起的大火烧毁了森林，烤干了湖泊；树木燃烧冒出的浓烟、空气中的尘土和动物尸体烧焦后弥漫的气味，呛得祖先们喘不过气来。更可怕的是，大爆炸还诱发了地震，导致了火山喷发。岩浆溢出地面，一条条"火龙"四下奔流，摧毁、烧掉阻挡他们的一切物体，比霸王龙厉害万倍。天上又落石如雨，打在身上既痛又烫，又使不少的弟兄们受伤致死……可怕的灾难也不知持续了多长时间。终于平静下来了，可一切都变了样，昔日晴朗的天空被烟尘染得黄黑；太阳不明亮了，用肉眼都可以直接看它；地面上大片森林消失，大批动物死亡，活着的又受到饥饿和疾病的折磨，常有同伴不断地倒下。可恨那些哺乳动物，此时变得机灵多了，想吃它们也困难多了，相反，它们却以我们的同伴的尸体和我们的蛋为食，竟大量地繁殖起来。森林毁了，空地上长出的那些草本植物（被子植物）也不符吃植物祖先们的胃口，几经折腾大伤了我们爬行动物家庭的元气，不但恐龙大哥们死光了，就连其他的表兄弟们死得也差不多了，大地上仅剩下我们鳄鱼、龟、蛇和蜥蜴这4目了。每当听到这段痛苦的经历时，我的心就发疼，我的身体就发冷……嗯，不对！怎么真的又冷又疼了，而且是疼在鼻子上？

鳄鱼睁开眼睛一看，原来它睡着了，太阳已经落山，难怪身上发冷。饲养员正用一根竹竿敲打它敏感的鼻子，嘴里喊着："太阳都落山了，你怎么还不回屋去？"这条鳄鱼慢吞吞地掉转身体向笼舍爬去，边爬边想：看来还是待在这里好，吃喝不愁，虽然被人管着但却很安全。唉——，知足吧……

11. 声名显赫——禽龙

禽龙，在恐龙家族中是一批赫赫有名的成员。在恐龙化石中，人们最早发现的恐龙便是禽龙。但是，发现禽龙的人并不是一位专业人员，而是一位英国普通的乡村医生，叫曼特尔，他的业余爱好是采集化石。1822年，曼特尔夫妇发现了一种不寻常的牙齿和骨骼化石，他们把标本寄给法国古生物学家居维叶。居维叶认为发现的牙齿是大型哺乳动物的，可能是绝灭了的犀牛一类；而骨骼可能是一种河马化石，因而断定化石生存的年代不会太古老。曼特尔对居维叶的鉴定有怀疑，又把标本邮给英国古生物学家巴克兰，巴克兰听说居维叶已看过了，又从经验主义出发，便不加思索地同意了居维叶的鉴定。

但是小人物曼特尔并没有相信居维叶所作的鉴定，在无法得到专家帮助的情况下，他决心自己动手研究。首先他访问了许多有鉴定化石经验的人，并刻苦地查阅文献，对照了许多标本，经过三年多的学习和实践，终于从大量可靠的资料中得出结论，认为这不是任何哺乳动物化石，而是一种年代久远、早已绝灭了的爬行动物，是过去从未发现过的，于是给它起名叫"禽龙"。后来，禽龙化石在英国、比利时等地大量发现，证实了曼特尔的正确鉴定。

让我们通过时间隧道走进中生代，来到热闹非凡的恐龙王国中，在距今1.4~1.0亿年前的时代中我们找到了禽龙。只见它身躯高大、体形笨重、尾部粗而巨大，体长一般在10米左右，体重十几吨。它的前肢较短，但坚实有力，前肢有5个指头，末端无爪，呈"人手状"。最特别的是，禽龙的大拇指变大而成为一副尖利的"钉子"般的装备，这是它们的自卫武器。可以想象，当它遇到想要吃它的霸王龙时，就用这种大而尖硬的"钉耙"去刺伤敌手。禽龙是形形色色鸟脚龙类中的一员，因为它们常用两脚行走，两腿直立的姿势和它们脚的三趾构造，与现代的鸟禽颇为相像，所以人们叫它"禽龙"。禽龙的后肢很长且粗壮有力，脚趾分节宽而浑厚。禽龙大部分时间靠后肢行走，但有时在茂密的丛林、湿热的沼泽或宁静的湖畔寻食、饮水、漫游时，也会用四足缓慢行走，但是遇见了霸王龙，还是要用两只后脚逃命的，因为这样速度更快。它的"自卫武器"仅是在迫不得已、无路可逃时使用。

禽龙是由原始的鸟脚龙类进化来的，在体形上与弯龙极为相似，所以人们又称禽龙是"放大了的弯龙"。禽龙的头骨长而低平，鼻孔部位呈宽扁的喙状，并有一层角质覆盖，加上它们长在牙床上到一定时期自行替换的单排牙齿，就像一台食物磨碎机，把吃进口中的树叶、枝条磨碎咽下。鸟脚龙类的恐龙都是素食者，即吃植物的。禽龙生活的时代，气候炎热，森林繁茂，湖泊、沼泽星罗棋布，由此促进了它们向大型化发展。尽管它前肢上有"尖硬的钉子"，但比起甲龙（身披铠甲）、三角龙（头上长有三只伸向前方的角）、剑龙（尾巴长刺）来，"自卫武器"太弱了，因此它还未到白垩纪的末期，就被霸王龙给绝灭了。

我国是世界上恐龙化石种类最多的国家之一，禽龙化石也有发现，但是有些曲折。1929 年古生物学家杨钟健在陕西神木县首次发现了禽龙的脚印化石，它印在岩石上趾痕清晰，栩栩如生，是研究禽龙脚趾构造和形态的生动记录，是大自然为禽龙活动拍摄下来的特写镜头。当时专家们就预言：中国的地下埋有禽龙的化石。1937 年终于在内蒙古乌蒙地区发现了白垩纪时期的禽龙化石，为专业工作者了解和研究禽龙的形态增添了新的资料。禽龙是最早发现的恐龙之一，禽龙的发现为探索爬行动物的进化揭开了新的一页。而发现禽龙的过程，也向人们展示了一个道理，即权威人士所说的话也不一定是正确的，应该多用自己的脑子去思考问题，这样才能有收获，才能有新的发现。

12. 家族晚辈——鸭嘴龙

鸭嘴龙是恐龙家族中的晚辈，生活在距今 6 500 万年前的晚白垩纪时期，在爬行动物中属于双孔亚纲、初龙次亚纲鸟臀目、鸟脚亚目的动物，它的嘴既扁平又长，像鸭嘴一样，故定此名。从出土的化石知道，鸭嘴龙前肢有四趾，后肢有三趾，它的后腿粗大且尾巴很长，共同构成三角架的姿势支撑着全身的重量；而前肢短小高悬于上部，可协助嘴来摄食树上的枝叶；它的牙床上长着成百上千的牙齿，这些棱柱形的牙齿成层镶嵌排列，上层磨蚀完了，下层长上去补充，这种结构可以加快咀嚼速度并适应硬壳粗纤维的植物。鸭嘴龙分两种，头部有顶饰的棘鼻龙和无顶饰的平顶龙，前者以青岛龙为代表，后者以山东龙为代表。以前专家以为头上有顶饰是它高高在上的鼻孔，这种结构适应水中生活，它应该是会游泳的，趾间应该有蹼。但 20 世纪 80 年代在美国出土了一具鸭嘴龙的干尸，却表明趾间无蹼，不过从身上长有鳄鱼似的皮肤来推断，它也能适应水中生活，所以这是水陆两栖生活的：陆地用前爪抓树叶，水中用平扁的嘴来铲食水草。

鸭嘴龙也是我国所发现的第一条恐龙，这条恐龙化石既不是在山东，也不是四川或内蒙等发现大量恐龙化石的地区，而是产于黑龙江嘉荫县的龙骨山。这是由于受到黑龙江的长期冲刷，使恐龙化石不断地暴露出来，散布在江边的泥滩上，当地渔民发现了这些大骨头化石非常惊奇，认为是龙的骨头。这消息被当时的沙俄军官知道了，过来调查采集，他们把采集到的恐龙化石误认为是大象化石，并在俄国伯力地方报纸上作了报道。这报道引起了俄国地质学家的注意，从 1915—1917 年连续来我国进行大规模的调查与发掘，依靠所采集到的化石又配上占全部骨架 1/3 的石膏，装成了一具平顶鸭嘴龙骨架，高 4.5 米，长约 8 米，定名为鸭嘴龙科满洲龙属，陈列在彼得堡地质博物馆里。我国著名的古脊椎动物学家杨钟健教授参观了这个恐龙骨架，并带回了头骨化石标本模型。

虽然中国的第一条恐龙化石不在中国，但可以弥补的是 20 世纪 70 年代地质工作者又重新在龙骨山附近找到了新的恐龙化石。黑龙江博物馆经过两年的发掘获得大量的恐龙化石，装成了大小三条鸭嘴龙化石骨架：大龙长 11.24 米，高 6.48 米；中龙长 10.50 米，高 6.10 米；小龙长 9.32 米，高 4.18 米，现存于中国地质大学（武汉）地质博物馆中。该地出土的恐龙化石大多呈暗褐色或黑色，黑色的恐龙化石储存在砑岩中，石化程度非常高，质地坚硬，乌黑发亮。据石油地质学家认为，这个含化石的砑岩层是含油层位，黑色化石是石油浸泡的结果。从出土的恐龙化石来推断，白垩纪晚期的黑龙江流域并不像现在这样寒冷，而是气候温暖、四季如春、土地湿润、植被繁茂，相当于今天海南省的气候。到了中生代末，除了天灾外，欧亚板块不断向北漂移，气候开始变冷和干旱，许多植物、动物死亡，恐龙也随它们一起灭绝了。它们的尸体埋藏在浅湖沉积的泥沙中，天长日久，地下水中的矿物质渐渐渗透进骨头中而形成化石。以后的地质运动又将这里抬升，形成了今天的龙骨山。

龙骨山中的恐龙化石很丰富，1990 年长春地质学院和黑龙江省博物馆联合考察，找到了当年俄国人发掘恐龙的地点，在此又获得了大量恐龙化石，于 1992 年组装成一条长 11 米、高 6 米、真骨含量 70% 的大型恐龙化石骨架，现存放在长春地质宫地质博物馆供游客参观。

13. 道貌岸然——胆小的恐龙

在美国科幻电影《侏罗纪公园》中，除了霸王龙外还出现了其他一些恐龙的巨大身躯，它们伸着长长的脖子缓缓地漫步在丛林与湖泊之间，显得非常的悠闲。它们的身体比"巨无霸"大得多，例如腕龙，身长 24 米，重达 80 吨；雷龙身长 22 米，重达 30 吨；而梁龙竟有 30 米长，重 50 吨。可是这些龙的胆子却非常小，霸王龙一来，它们就纷纷跑进水里躲藏起来了。

这些恐龙都是吃植物的，由于身体太重都是四足支撑。尽管这样，行动依旧不便，只好在有水的地方活动，靠水的浮力来减轻一些体重，同时也躲避霸王龙的袭击。侏罗纪期气候温暖，植物兴旺，为恐龙的生长提供了便利的条件。爬行动物有个特点，身体终生都在不停地生长，各种类型的龙都在不停地吃、不停地长，而这些大型恐龙生长速度更快，吃得也更多。身边的植物吃完后，它们利用长长的脖子不动地方的吃远处的植物，由于脖子很长转动时很迟缓，要是再长个大脑袋就更加笨重了，所以它们的头都非常小，与整个身体都不成比例，用现在的眼光看，它们的身体都是畸形的。我们知道头脑是指挥身体行动的"司令部"，脑量很少的话是不能协调身体运动的，而恐龙却恰恰如此。为了解决这一矛盾，恐龙的中枢神经系统在腰部变大、膨胀，形成一个神经节，替大脑分管内脏和四肢的运动，这就是专家们所称的"第二大脑"和"恐龙有两个脑袋"的含义。

水对这些恐龙来讲是太重要了。首先，它保证了植物生长。水中的藻类、湖岸边的丛林为恐龙提供了丰富的食物，同时又部分弥补了恐龙体重过大、行动不便的弱点。更重要的是它保障了恐龙的安全，如果霸王龙来了，这些恐龙迅速移到深水处，全身浸泡在水中，只把脑袋露出水面呼吸，霸王龙只得望水兴叹。所以这些龙除了产蛋、转移湖泊时上岸外，长期都泡在水里。它们实在太离不开水了，可大自然却对它们开了一个大玩笑，让水离开了它们。

这个"玩笑"的起因，是有一个小行星在白垩纪末期闯进了地球大气圈，撞击在南、北美洲之间，产生了巨大的爆炸，炸出了加勒比海湾。爆炸产生的光辐射、冲击波、形成的长时期遮天蔽日的灰尘云，是导致恐龙灭绝的直接原因。但这一因素导致恐龙死亡的数量是很少的，而被间接原因致死的恐龙数量是占绝大多数的。这些原因具体如下：

第一，由于灰尘的全球性弥漫，使地面接受的阳光量减少，不能维持裸子植物高大乔木和灌木类的生长，使它们落叶、枯萎甚至死亡，但被子类的草本植物则可以利用少量阳光生长，这样被子植物就借灾后的机会繁荣起来。食惯了裸子植物的恐龙由于大量树叶的脱落，食源开始不足，在剩存的树叶叶面上落满了宇宙灰尘，恐龙吃后不适，而矮小的草类又吃不惯，导致了它们体质下降、疾病流行。

第二，大爆炸破坏了地壳内部的平衡，引发了一系列的构造运动，主要表现在火山爆发、气温下降、陆地上升，那些裸子类的乔木、灌木也经受不了这一连串的天地灾难，昔日那星罗棋布的湖泊和茂密的树林消失了，恐龙的生活环境遭到了极大的破坏。失去了水的恐龙只好步履蹒跚地到处寻找残存的湖泊，这样遭到袭击的机会就更多了。气候开始分为四季，使恐龙这种既不恒温又不会冬眠的动物在冬季极不好过。

第三，哺乳动物在侏罗纪就已出现，但那时陆地上一直是恐龙统治，哺乳动物的数量很少，个体也很小，这些灾难对于身体结构先进的哺乳类来说，受害程度相对小多了，而且它们的适应能力又强，乘着恐龙自身难保之际迅速发展起来。首先发展的是吃植物的哺乳动物，它们能吃被子类的草木植物，不愁食源紧张，各种动物都迅速的发展，与恐龙争生存、争空间，恐龙因身体机能上落后而节节败退。

第四，恐龙保护后代方面的能力也比哺乳类差得多。哺乳类胎生成活率高，幼仔还受到母兽的照顾，教它们生存的本领；恐龙是卵生，且产卵后便离开，全靠阳光孵化，产地又是在植物茂盛的湖岸很容易被水淹，加上自然破坏和其他动物的偷食，成活率很低，这在过去已是输了一筹，只是因数量占优势而不显，但现在优势已没有了，身体特化不适应环境的变化，落后的繁殖方式暴露无遗。

由此可见，恐龙绝灭的原因是多方面的，每个原因都对它们的生存造成了巨大的困难。它们也许可以应付一两个困难，但所有的困难接踵而来都压在它们身上时，它们就坚持不住了，自然界的优胜劣汰规律终于无情地结束了它们的生命。

专家们把恐龙的绝灭作为中生代结束的标志，接下来便是由哺乳动物担任主角的新生代了。

14. 举世霸主——霸王龙

电影《侏罗纪公园》中那条霸王龙简直太厉害了：它扯断电网，拱翻汽车，吞食恐龙甚至活人，走起路来大地震动，威风凛凛，不可一世，真像是外国动画片中战无不胜的变形金刚"巨无霸"。

霸王龙生活在 7 000 万年前的白垩纪时期，是一种捕杀大型植物恐龙的大型食肉恐龙。霸王龙身长 10 米，高 6 米，体重 20 吨，两条粗壮的后腿支撑着全身的重量，但行走的速度并不慢，速度可达 10～12 公里/小时，一条粗壮有力的尾巴既能在行走中保持身体平衡，又可作为进攻的武器，一对前肢虽然细弱，但末端尖锐，在搏斗中往往能将猎物抓得皮开肉绽。但最厉害的武器还是那张巨嘴，真可谓是血盆大口，两排尖利的牙齿在强有力的上、下颚牵动下，能够咬断（下）猎物的任何一部分。霸王龙具备这些优势似乎还觉得不够，又加上了一件"迷彩服"，使得它能隐蔽地接近目标。

霸王龙是怎样捕食动物，我们谁也没见过，但是观察现代爬行动物（如蛇、鳄）的捕食方式，都是四处走动来寻找食物的，故而电影导演在《侏罗纪公园》中也把霸王龙刻画成四处奔走的破坏者了。鳄鱼、巨蜥有牙齿，在捉到猎物后是用牙齿一口一口地吃，蛇的嘴巴可以张得很大，所以采用了吞食的方法，而霸王龙的猎物是重达几十吨的大型恐龙，它又长着两排尖利的牙齿，当然是要把猎物撕裂开，而不是整个地吞下去了。电影中演成它吞恐龙、吞人，只是增加恐惧效应，却违反了它的进食方法。爬行动物新陈代谢缓慢，霸王龙也是这样，饱食一顿后可以几天不吃东西。

如此巨大凶猛的食肉动物，中生代没有哪种动物会是它的对手，可它又是怎样绝灭的呢，谁是杀手呢？是动物界竞争规律和它自己的特化。

首先，霸王龙是一种极端特化的恐龙，是专吃大恐龙为生的，它身体上所有的器官只适应捕杀大型动物。而越是特化的动物就越需要稳定的生态环境，就越经不住环境的变化，一旦环境的变化速度超过了它们身体适应的限度，它们就会死亡。白垩纪末期，经过灾难后气候变得寒冷起来，小型爬行动物适应较快，用各种方法生存下来，如蛇四肢退化，学会了钻洞、冬眠来躲过食物缺乏和寒冷的冬季，而霸王龙看来是没有学会冬眠，又无法抵御严寒的袭击，处境悲惨了。

其次，食植物恐龙的大量死亡，对它有着直接的影响，饥饿和疾病一直在威胁着它们，自己已朝不保夕，就更无法繁殖后代了。现代的猫头鹰，在鼠源充足的地方一年可产卵 7 ~ 8 枚，反之，仅产 1 ~ 2 枚，生育后代的数量全凭食物的多寡而定。推测霸王龙的生殖也是这样，不然小龙孵出来，没有食物也要被饿死。

它为什么不吃哺乳动物呢？想吃，可吃不到。它行走时产生的震动、发出的响声以及散发出的气味，都被哺乳动物先进的感觉器官捕捉到了，不等它走近就早已逃走或远远地避开埋伏了。它又不会像蛇那样钻洞、鳄鱼那样游泳去捕捉猎物，加上白垩纪末期的恐龙都纷纷带有"自卫武器"，如三角龙头上有三只角、禽龙的前爪趾坚硬似钢钉、肿头龙头硬，吃它们也不是那么容易的，搞不好还会受伤、死亡。既然什么都干不了、都不适应了，也就该"告老返乡"，退出历史的舞台了。

15. 侧支旁亲——始祖鸟

鸟类是脊椎动物进化主干上的一个侧支，这个侧支从爬行动物时代就开始分化了，虽然距今已年代久远，但因它们的活动领域——天空环境稳定，它们筑巢又在高枝或峭壁之上，不易遭受地面动物的侵犯，相对比较安全，所以生存到了现代。

据古生物学家的研究，鸟类的祖先是起源于一类尚未特化的爬行动物。在三迭纪时期，爬行动物刚刚兴盛，在此演化主干上的动物是四肢骨、肩胛骨和坐骨的变化。有一类爬行动物想靠自己的力量冲向天空，像昆虫一样主动飞翔，就必须要长出一副翅膀来。可它们不会像西方神话中描述的天使那样：四肢健全，再从后背生出一双翅膀来，而是有得必有失，以失去前肢来换取翅膀。在前肢变翼的过程中又分化出来两支：一支是皮质翼，一支是羽毛翼，皮质翼的代表动物是翼龙（见"恐龙的表兄弟翼龙"），而羽毛翼的代表动物便是始祖鸟。

目前，全世界发现的始祖鸟化石仅有 7 个，个个都可以说得上是世间珍贵标本，它们都发现在德国巴伐利亚省石灰石矿山中。经过年代测定，它们是生活在距今1.4亿年前的侏罗纪晚期，和乌鸦一般大小，长着多节尾椎骨组成的长尾，嘴里有牙齿，翅膀的前端残留着爪，如果不是同时找到它的羽印痕，很可能把它鉴定为爬行动物。前面已提到，鸟类是从槽齿类演化而来的，槽齿类兴盛于三迭纪，所发现的始祖鸟是侏罗纪晚期的，它们之间有长达8 000～9 000万年的空白区，这比整个新生代还要长。在这段时间中肯定会有更古老的鸟类化石，但现在还未找到。从这点上讲，"始祖鸟"的译名是不确切的，它并不是最早的鸟类代表，其实它的拉丁文名字叫古翼鸟，是我国学术界译错了。现在虽然这样叫它，但将来若找到了比它更古老的鸟类化石，这个名字就必须要改了。

为什么说始祖鸟是爬行动物和鸟类之间的中间环节呢？因为它保留爬行类的一些特征，除上述提到的以外，还有骨胳没有气窝；三根掌骨没有愈合成腕掌骨；肋骨细，无钩状突起，这些特征与鸟类比起来是非常落后和原始的。但它也有鸟类的一些特征，如有羽毛，就意味着它已是恒温（热血）动物了。恒温动物始终保持一个相对稳定的体温，这就加强了这类动物对环境适应的能力，为有效地征服空间提供了必要的基础。第三掌骨已与腕骨愈合，这是后来的鸟类掌骨都愈合成腕掌骨的开始。我们吃鸡的时候注意观察一下鸡翅膀，翅膀末端的那块小尖骨就是愈合的腕掌骨。始祖鸟代表着爬行类过渡到鸟类的一个中间环节，这种过渡型的动物身上分类界线是很模糊的，恩格斯曾提到过"四肢行走的鸟"，指的就是始祖鸟；有的专家也戏称它为"美丽的爬行动物"。

对于始祖鸟的行动方式，有人认为它是地上的走禽，靠后肢支持体重，以尾巴保持平衡，靠生有羽毛的翼扇动空气产生前推力，帮助它向前奔跑，形如鸡跑时一样；也有人认为它是以树栖为主，它的两足拇趾向后与另三个相对立，很适合抓握树枝，它的前肢趾端长的爪也是抓握树枝的有力证据。它从地面起飞，落到树上，再从这一棵树滑翔到另一棵树，指端的爪是在树枝上降落时用来稳定身体的，它的长尾也不适合起落和扭转方向，所以专家推测始祖鸟大概是一种飞行能力低、起落不快的鸟，嘴中的牙齿是用来咬死昆虫和鱼类的。

由于仅有7件化石标本，使得专家们研究的材料非常少。为什么不多找一些呢？难！鸟类化石是所有化石类型中发现得最少的，归结起来有以下原因：鸟类是在空间活动的高等动物，死后落到陆地或水里，随时都有被其他动物吃掉的可能，如果没有被及时埋藏，也会腐烂掉，而这种几率极大；在中生代时期，陆地和水里繁生有大量的爬行动物和鱼类，被称为爬行动物时代，刚分化出来的鸟类，无论从适应能力或从数量上讲都处于开始阶段，不占优势，随时都会遭受攻击，故化石从总量上讲也不可能很多。

不过，也不是没有希望，至今发现的始祖鸟化石都还限于欧洲德国巴伐利亚省的侏罗纪地层中，其他各国还都未发现。拿我国来说，广大国土上分布着广泛的侏罗纪地层，其中化石保存得也很好，如辽宁凌源附近的狼鳍鱼化石，形态逼真，依然有微细的结构和印痕；新疆白垩纪地层中，曾找到保存完好的准噶尔翼龙，它是比始祖鸟晚的动物，表明当时那里的生活环境适应飞行动物的生长，很可能会找到古鸟类的化石。20世纪80年代，我国在辽宁省境内发现了一件古鸟化石，经专家鉴定，它的生活时代要比始祖鸟晚，身体结构也比始祖鸟进化。这表明只要不懈的努力，终有一日这些化石会重见天日、为鸟类的进化提供证据。只是我们希望它能尽早地出土，这就需要向大众普及科学知识，尤其是向青少年们普及。始祖鸟的复原形状在各地的博物馆中都有陈列展出，同学们不妨抽空去看看，加深对它的感性了解和认识，一旦发现后能及时上报。

16. 志存高远——空中翼龙

在"始祖鸟"一篇中我们曾经提到：爬行动物将前肢演化成翅膀的两种结果：一种是羽毛翅膀，一种是皮膜翅膀。始祖鸟具有羽毛翅膀，体形很小，而具有皮膜翅膀飞行的大型爬行动物则是翼龙。它前肢第五指退化，第四指延长，一二三指尚且存在，用于攀抓。皮膜从指端一直延长到后肢的腋下。

中生代的翼龙大致可分三类：一类是早期的翼龙，主要生活在早侏罗纪，喙嘴龙是这一类的代表。它产于德国佐伦霍芬地区，恰巧与始祖鸟产于同地、同时代的地层中，它是刚从爬行类中分化出来不久，身体上的原始现象很多，如长尾巴、嘴中有长牙、前肢掌骨很短，使两翼扇动力量不大。它还不能自由飞行，只能从高处向低处滑行，这阶段的翼龙还不是它们的典型代表。到了晚侏罗纪，出现了翼指龙，它进化得尾巴极短，口中的牙齿也有退化，掌骨变长了，它可算为进化的中期产物。进入白垩纪后，翼龙的演化已达到了高峰，尾巴消失，牙齿退化了，头部有隆起的骨质嵴，骨骼中空，眼睛前方有巨大的孔洞，这样就减轻了头骨的重量，第四指骨更加伸长，扇动力量加大，使它能够自由飞翔，这个时期的代表是中国准噶尔翼龙。

一些专家经过对化石的研究，提出翼龙有可能是温血动物的看法，其根据是它皮翼的结构。仔细观察它的印痕化石，发现外半部分坚硬，充满了又直又长的、平行排列紧密的纤维，僵硬而无弹性；内半部分（靠近身体的后半部分）纤维短且弯曲，排列疏松呈波状，有可能是皮毛，且皮膜也较软，具伸展性。由于这些纤维柔软、稀少、易腐烂，很难保存下来，过去也一直未引起专家们的注意，现在对它们身体结构的仔细研究，认为它应该具有这些"微细附件"，在对翼部认真观察后终于发现了这些印痕。翼龙生前两翼张开可有 6～15 米宽，但身体不大，在两翼有力的扇动下，要保持体内热量不散失就必须要有隔热的皮毛来保温，翼龙生活在湖边、海边，惯食鱼类，是食肉动物，但从化石腹部印痕上未发现胃中有食物，表明它们消化、吸收的速度很快，能够产生高能量来维持体温及提供动力，这为翼龙是温血动物又提供了一个证据。但是仅凭这两点还不能说明问题，还要再找更多的化石来观察，以发现更多的"微细附件"。可是翼龙的化石很少，其原因与始祖鸟少是一样的。如果翼龙是温血动物的论点得到了证实，可以说是巨大的发现，它将证明翼龙进化得和鸟类一样先进，而并非是过去人们所想的那样笨重的飞行动物。

翼龙绝灭的原因还没有彻底搞清楚，但推测其原因很可能出在皮翼上。它的皮翼很薄弱，中间没有骨骼支撑，一旦皮翼破损就无法修补，影响了扇动能力，造成两翼不平衡，皮翼越大这个缺点就越明显。而从爬行类进化出的鸟类在适应天空飞行方面能力比它们更强，在竞争中鸟类灵活地扇动翅膀，做着急飞、急停、空中急转弯等高难度动作，把翼龙打下了天空，打进了泥土中。因此，尽管翼龙有可能也进化到了温血动物阶段，但由于进化速度不快、程度不同，最终还是被进化快、程度高的鸟类独霸了天空。

现代的皮膜翅膀动物——蝙蝠，吸取了翼龙的教训，抓住鸟类的弱处——不能夜间飞行（少数鸟除外），又重飞上天空。它们靠着发达的听觉器官，用超声波来确定猎物、躲避危害，它们的五根指骨都延长进皮翼中起支撑作用，使扇动更为有力；而且指骨又可作隔挡，当一处皮膜损坏时不影响或不扩大到其他部分。同时，身体也不向大型化发展，提高了对环境的适应性，现在的蝙蝠只是吃鱼、昆虫、花粉甚至吸血，并不与鸟类争食，故能生存下去。

17. 夜叉探海——水中的鱼龙和蛇颈龙

在自然博物馆恐龙展览中，墙壁上常有一幅大型壁画，画的是几只酷似海豚的动物在海水中跃起、游泳。你可千万不要认为是海豚，它们是中生代海洋中的霸王——鱼龙，是一种性情凶恶的海生爬行动物，陆地上恐龙的表兄弟。

鱼龙最早出现在三迭纪，从它的化石形状来看是具流线形的体形，已与其他海生爬行动物有着极大的差别，它没有其他动物都具有的脖子。它的生活环境、游泳方式及食物来源与现代的鲨鱼、海豚都一样，所以它们的外形也是惊人的相似。这种因适应相似的生活环境而在体形上变得相似是向鱼类趋同的，所以称它为鱼龙。由于所发现的鱼龙化石都是这种体形，估计它已经经过了较长时期的进化发展，但它的祖先及起源现在还不清楚，只能根据它具有迷齿形牙齿，推测它可能与杯龙类有点关系。鱼龙的体形无疑地表明它游泳的速度很快。它的尾巴是游泳的动力，呈倒歪形，即尾椎骨不是向上而朝下，且与脊椎骨不在一条直线上。随着进化，到侏罗纪之后鱼龙的尾椎骨急剧倾斜伸入尾鳍下叶；它的眼睛也变得很大，视野开阔；口中长满了利齿，除了捕鱼外还能咬碎菊石、瓣鳃类的硬壳；其生殖方式也改为卵胎生（胎生）以适应海中生活，在化石中常可见到的小鱼龙骸证实了这一点。鱼龙的身体也向着大型化发展，我国20世纪60年代在西藏发现的"喜马拉雅鱼龙"身长就在10米以上。

与鱼龙共同生活在海洋中的爬行动物还有蛇颈龙，它是调孔亚纲中蜥鳍目的动物，本目动物的主要特征是长尾巴、长脖子、三角小脑袋、全部是海生，因体形像蜥蜴（四脚蛇），故起此名。本目动物体形一致，但大小却差别很大，小者如中国的贵州龙，黄豆大小的脑袋，火柴棍粗细的骨骼，逐渐变粗的长脖子和逐渐变细的长尾巴，从头至尾总共才10厘米左右，可谓是本目中的"小不点"，因体形太小，它不属蛇颈龙类，而归为幻龙类。蛇颈龙是大型的海生爬行动物，生活于侏罗纪至白垩纪，体长从几米到十几米。根据脖子的长短分为长颈和短颈两种类型，长颈类中的颈椎骨可达几十节。它们均以海中动物为食，其游泳方式是靠四肢划水，尾巴作舵，因此速度不如鱼龙快，说不准还是鱼龙攻击的目标，只要鱼龙快速冲来，一口咬断它们细长的脖子，就可以从容地饱餐一顿了。

中生代的海洋中除了鱼龙和蛇颈龙外，还有蜥蜴类的沧龙和鳄类的地龙，这里就不再介绍了。

有关鱼龙和蛇颈龙绝灭的原因，研究的人很少而且至今也未弄清楚，因为专家的注意力都集中在恐龙的身上。

还有一点需要说明的是，当今世界各国不断有发现"怪物"的报道，从目击者描述的这些怪物的形象看，与蛇颈龙相差无几，好像就是在描述蛇颈龙。专家们已明确地指出蛇颈龙早已绝灭，那么这些怪物是什么东西呢？根据目击者那种"神龙见尾不见首"的描述，笔者认为十有八九都是好事之徒杜撰出来的，最典型的例子莫过于英国尼斯湖中的"尼斯水怪"。从1934年发表的那张著名的"尼斯"照片到现在，有70年了，这期间吸引了多少人前去考察，携带各种先进仪器去捕捉，但都是徒劳而返。可人们仍然相信它的存在，直到1993年才真相大白。原来那是一个玩具潜水艇，在其上安装了胶木做的海蛇头、脖子后，放入湖中拍摄的，怕被专家识破，还采取逆光照，使人看不清细节。当时这样做的目的，是《每日邮报》记者马尔马杜克为了向上司交差，表明自己见到了水怪。

参与这出骗局的一共有 5 人，他们都没有想到这张照片居然把全世界绝大多数的人欺骗了近 70 多年之久。受良心谴责，最后一个去世的人——记者马尔马杜克的继子——克里斯蒂安·斯堡森在临终前向两位长期研究"尼斯水怪"的学者道明了真相，才使人们停止了永无收获的调查和研究。因此，青年读者对这类报道最好不要相信。

18. 技高一筹——哺乳动物

哺乳类是脊椎动物中最高等的一类，它具有更加完善的适应能力：它的骨骼结构比爬行类更为紧凑和坚固，头骨上的各骨片已连接成完整的颅骨，骨片的减少或愈合导致了颅腔的扩大，脑量随之增多，因此，哺乳类比爬行类"聪明"。被人驯养，能帮人干活的大多数是哺乳类；牙齿有了分化，从简单的一种齿形分化出了不同的类型，以适应不同群体的不同食物来源（如食肉、食植物），即便是个体动物，口腔中的牙齿也有不同的分工，如负责咀嚼的臼齿和前臼齿等，切断食物的门齿，撕裂、进攻用的犬齿等；听觉更灵了，由一块耳骨发展出了三块听骨，成年后身体基本停止了生长，对环境的需求不再增多（如不必因身体的增大频繁更换住处，对食物维持在一个常量上）；体温恒定，提供了稳定的新陈代谢，加上体表有毛发进化保温、隔热，扩大了生活的领域；最重要的是具有胎生和分泌乳汁哺乳幼仔的特征，在对后代的照顾上迈进了一步，提高了繁殖后代的能力，使后代的成活率大为提高。

一般认为，哺乳类是起源于爬行动物兽孔类中的，在三迭纪时就发现了这类爬行动物头骨片数愈合，减少、牙齿高度分化、已能够直立行走等哺乳动物的早期特征了，故而专家们推测在三迭纪时就有了哺乳动物的存在。这也表明爬行动物在一出现后就高度分化，兽孔类从"大家庭"中分化出来的时间要早一些，而它演化出来的哺乳类陪着爬行类的大家庭几乎度过了整个中生代。在中生代里，动物进化的主干动物并不明显，而大量的侧生动物则占据了主要舞台，打个形象的比方就好比一棵松树的形状，树顶只有尖端的一小部分，而越往下侧枝生得越多，长得越长，远观全树，侧枝叶占据了绝大部分的轮廓，然而只有尖端的那一小部分能使整棵树笔直地往高处生长。这种现象符合一个哲理：在生物界中，无论是植物、动物还是人类，领先的、带头的总是少数，而大部分同类都是衬托层。

中生代末期的那次灾难，意外地给了哺乳类迅速发展的绝好机会：它胎生哺乳，在窝中繁衍后代，其幼仔成活率比那些露天日照、自生自灭的爬行类幼仔要高；它们是恒温动物，天冷了或靠运动取暖，或靠冬眠躲避，不像爬行类变温，温度降到一定程度，就会被冻死；天热时靠出汗降低体温，而爬行类没有汗腺只能泡到水里，若无水则会被热死；它们身体各部分的骨头或愈合或固结，而爬行类身上"零碎"太多，行动不如它们方便、灵活，活动范围也不如它们宽广；植物界被子植物出现后，食植物的哺乳动物适应性很快，而食植物的爬行类因新陈代谢慢适应不了。总之，灾变后自身和环境的一切条件都不利于爬行类的发展，只能让哺乳类代替了。新生代开始对陆地又一次扩大面积，更给了哺乳类发展的地盘，它们以高层次的进化向陆地深处进军，无论是在沙漠或高山，不管是炎热的赤道还是寒冷的北极（南极洲及澳洲被大洋所隔，过不去）都留下了它们的足迹。它们在适应环境的同时，身体结构又开始了分化，产生了各种形状，生物学中管这种现象叫适应辐射。当初，爬行类就是适应辐射，现在哺乳类也适应辐射，夺取了爬行动物的所有地盘。除了陆地外，哺乳类也向天空和水中发展。有趣的是，这两支"队伍"在体形上与爬行类向天空与水中发展的两支"队伍"非常相近，天空的一支其"翅膀"都是皮膜，而水中的一支也都是用尾巴来推进的，甚至连尾巴的形状都很相似。

哺乳纲可以分为4个亚纲，由于人们通常所说的野兽实际就是哺乳类，故分类上从亚纲至次亚纲都用"兽"来起名。

（1）始兽亚纲包括了原始哺乳动物，现都已绝灭了。

（2）原兽亚纲是从始兽亚纲中进化来的，现已大多数绝灭，仅剩下下蛋的哺乳动物——鸭嘴兽和针鼹。

（3）异兽亚纲也是原始的哺乳动物，但其进化路线与始兽亚纲不一样，是不同的两栖类进化产生的。

（4）兽亚纲包括了现代哺乳动物在内的30多种化石及现生种，它又可分为祖兽、后兽和真兽3个次亚纲。祖兽次亚纲在三迭纪末期已绝灭，后兽次亚纲到今天仅有一种有袋类，其余全是化石，今天现存的所有哺乳类动物都属于真兽次亚纲，顾名思义，它们都是真正的野兽。

哺乳类尽管是脊椎动物中最高等的一类，但为了生存，为了适应环境，仍然在不停地进化和演变着，如马，从低矮趾行的始马演化成今天高大蹄行的真马；大象的鼻子也是越进化越长；海生哺乳动物也分化出了海豹、海狮、海象、海豚和鲸，其中鲸目中的蓝鲸演化成为古今最大的动物，它身长50余米，体重可达150余吨，而最大的恐龙长仅26米，重仅80吨，完全可把恐龙装进鲸的肚子中去。哺乳类最明显的进化表现在灵长目。此目有猿类与猴类，猿类的脑量与体重之比，在动物界中是最高的，两只眼睛都移到了头的正前方，尾巴退化了，前后肢因使用上分工，在构造上有初步的分化。它们不仅在树上生活，有时也下地来活动，在前肢帮助下能半直立地行走，甚至偶然也能直立起来，猿类群体关系密切，常以家族为中心进行活动。由于在长期的进化过程中具有这些特点，使它们以后在外界环境逐渐改变的条件下，得到了进一步的发展，从中诞生出了人类。这在动物界中是一次巨大的质变，从中分出了一个人类世界，他摆脱了纯粹的动物状态，具有自觉能动性、有思维、能劳动，从此以后，人类取代了哺乳动物，成为现在地球历史上的统治者了。

19. 兽中另类——鸭嘴兽

俗话说："只知道公鸡打鸣，没听说过公鸡下蛋"，可世界之大，无奇不有，公鸡孵蛋、下蛋并不新鲜，这在报纸上已经报道过。这是因为公鸡、母鸡都是鸟类，在胚胎发育早期，身体上各有一套生殖系统，但到后期其中一套系统退化，以另一套为主，出壳后就显示出了单种性别。有些鸡身体中某套系统退化不大，出生后仍保留着，在外界环境的刺激下，大脑分泌激素使它发育起来，反过来又抑制了显性生殖系统的生长，使它退化，如果是公鸡的话就转变成母鸡。这种性别的变异只是一种群体的个别现象。

而如果说有的哺乳动物也能下蛋，而且对它们来说是正常和普遍的，你能相信吗？有些人可能还会斥责这种说法是无知的。的确，大家都知道哺乳动物的定义就是胎生哺乳，体表有毛发，怎么能下蛋呢？可是，动物界中确实有能下蛋的哺乳动物，它们就是现生活在澳洲的鸭嘴兽和针鼹。为什么它们是蛋生而非胎生呢？

哺乳动物是从爬行动物中进化来的，哺乳动物也产卵，但它的卵不排出体外，受精后在体内长成幼体才生下来，然后再靠母兽的乳汁喂大，这就是胎生哺乳。但是从卵生到胎生，却经历了一个漫长的历史时期，在动物进化的道路上有些种类停了下来，鸭嘴兽和针鼹就是这些停下来的种类中的后代之一。

鸭嘴兽是现生哺乳动物中最低级一种，是单孔目的动物，即它的排粪、排尿和生殖是通过同一孔道——泄殖腔来完成的。它需要通过一段孵化时期才能变成小仔出蛋壳，这些正是爬行动物的特征。但小仔出生后体表上有毛，而且是吃母兽的奶汁长大的。哺乳时也很有意思，母兽身上没有乳头，腹部只有一个下凹的乳腺区，母兽四脚朝天躺在地面，乳汁湿透了乳腺区的腹毛，幼仔叭在上面舔食。鸭嘴兽又是一种特化了的动物，它的嘴巴似鸭的喙，爪之间还生有蹼，所以人们这样称呼它。成年个体身长1～2米，会游泳，靠捕食水中的鱼虾为生。

鸭嘴兽的那些类似爬行动物的特征，正好说明它是由爬行动物向哺乳动物进化中的过渡类型。由于它所具有的原始性，使它在世界各地均被后来先进的哺乳动物绝灭了，只有澳洲大陆在它刚出现后不久就独自南移，与其他板块相隔离，终止了动物的交流，动物的进化也停止了，使鸭嘴兽保存到今天。也正因为如此，很多人都没有见到过鸭嘴兽，当第一件鸭嘴兽的标本被带到欧洲时，"骗子，伪造的东西，是好事之徒无聊地把鸭嘴缝在小兽上……"大多数学者面对其标本付之一笑，这样给它评论。后来标本一件接一件地送来，越过了一场旷日持久的争论，最终根据它的哺乳特征、恒温及有体毛，确认它为哺乳动物，全世界仅此一目一科一属一种。"会下蛋"的哺乳动物终于得到了人们的承认。恩格斯也曾感叹过自己曾经"嘲笑过哺乳动物会下蛋这种愚蠢之见，而现在却被证实了"。他在给朋友的一封信中风趣地说："我不得不请鸭嘴兽原谅自己的傲慢和无知了。"后来他在总结18、19世纪生物科学的成就时就指出："自人按进化论的观点从事生物学的研究以来，有机界领域内固定的分类界限一一消失了；几乎无法分类的中间环节日益增多，更精确的研究把有机体从这一类归到那一类，过去几乎成为信条的那些区别标志，丧失了它们的绝对效力；我们现在知道了有孵卵的哺乳动物，而且，如果消息确实的话，还有用四肢行走的鸟。"恩格斯所说的"四肢行走的鸟"，指的是在德国发现的始祖鸟。

鸭嘴兽因其优质的毛皮在当地遭到大量捕杀，数量逐渐稀少，澳大利亚政府现将其列为禁猎保护动物。的确，我们人类应该与动物界、植物界和平共处，不能一味地伐尽杀绝，否则不仅会使子孙后代遗憾，而且本身也会受到大自然的报复。

20. 不可一世——塔斯马尼亚"虎"

一提袋鼠，大家都很熟悉，在电视和动物园中都能见到它：头部像老鼠，前肢短、后肢长，一条粗大有力的尾巴，奔跑起来不用前肢，一蹦就是好几米远，休息时尾巴拄在地上作为椅子。最显著的特点是雌性袋鼠的腹部有个育儿袋，年幼的小袋鼠就装在袋中随母亲四处觅食，"袋鼠"的名字也就是这样来的。

可是，大家知道袋狼吗？这是一种有袋类的食肉动物，在四面海水包围的澳洲大陆上曾一度是统治者，可它现在哪里去了呢？回答这个问题，就要从有袋类动物说起。

众所周知，哺乳纲动物分为始兽、原兽、异兽和兽4个亚纲，前3个亚纲都是古老的原始哺乳动物，几乎都是化石了，仅有原兽亚纲单孔目中的鸭嘴兽和针鼹尚还在澳洲存活。有袋类动物比它们进化一些，是兽亚纲的。兽亚纲又分为3个次亚纲：祖兽、后兽和真兽，有袋类是后兽次亚纲中的唯一动物，除了澳洲以外，南美洲也存在有袋类。

有袋类比起鸭嘴兽，其先进性表现在体内具有胎盘，它的幼兽先在母体中生长一段时间，初步成熟后才生下来，又被母兽放入育儿袋，在袋中吸吮乳汁长大，直到幼兽能独立生活后才离开这个育儿袋。

动物界绝大部分动物，不管是处于何种进化阶段，它们的食性均分为两类：食植物和食肉型（现在的动物中分化出一类杂食型动物，如野猪、熊等），有袋类也不例外。袋鼠是吃植物的，而袋狼是吃肉的，它的肉食来源就是袋鼠。生活在澳洲的袋狼是有袋类中最大的猛兽，它身长 2.5 米，肩隆处高约 60 厘米，身上有纵条纹，与老虎身上的条纹相似，故有人也称它为"袋虎"。过去它们曾大量生活在澳洲大陆上吃喝不愁，可是突然有一天变了，大陆上出现了一种狗（当地称其为迪恩古）与它抢夺地盘、竞争食物，甚至为了食物向袋狼发起攻击（攻击无反抗力的幼兽，而当幼兽藏进育儿袋后，母兽行动也不灵活了），由于这种狗身体进化得更先进，袋狼失败了，被迫退出了澳洲大陆，好在其附近的岛屿上仍有它们的同伴，而狗也不游过海峡继续向它们进攻。

原本袋狼可在塔斯马尼亚岛一隅安居，但不幸却向它们袭来：19 世纪 30 年代，人类发现了澳洲大陆，欧洲移民陆续登上了这块宝地，并且随着人数的增加，周围岛屿也住上了人。在塔斯马尼亚岛，移民们放牧羊群以后，便不能容忍塔斯马尼亚"虎"（袋狼）的存在了。它们放弃袋鼠和其他小动物不食，专门撕咬既无反抗力又逃跑不快的绵羊，牧民们便开始持续不断地猎杀这种猛兽。到了 19 世纪 60～70 年代，当地居民已开始担心这种有袋类动物的命运，然而当时目光短浅的当地政府还是决定奖励灭"虎"者，最后一笔奖金是 1909 年付出的。据官方资料统计，在该岛上共消灭了 2 268 头袋狼。

1936 年，澳大利亚国家动物园中最后一头袋狼死了。1938 年，袋狼被列入受保护动物目录。从那时起人们又关心起了袋狼，为了捕捉或哪怕是看到一头活的袋狼，人们到塔斯马尼亚岛进行了多次考察，却一无所获。任何一种生物绝灭以后，自然界都不会再现出来，对袋狼只有希望那时的绝杀不彻底，有个别的漏网之狼活下来。据当地报纸报道，1979 年，又发现了它的踪迹，不少塔斯马尼亚人看到了它，但还没有被捕捉到的报道。塔斯马尼亚"虎"的命运究竟如何，还有待进一步的证实。

21. "驽马十驾"——三趾马

马，不但一直是牧民及赛马者偏爱的动物，也是古生物学家所偏爱的，因为根据北美洲马类化石的确定，可以把马的进化阶段清楚的列出来。马的进化时代是从第三纪的始新世开始到现代，经过了始（新）马、山马、渐（新）马、草原古马、（上）新马和真马阶段。

　　始（新）马在开始进化之际，已经从原始哺乳类那里继承了前肢4个趾、后肢3个趾的特点。从山马到（上）新马，前肢均具3趾，进化至真马时前后肢仅剩1趾。在世界上（上）新马（具3趾）和真马（具单趾）常作为划分第三纪及第四纪地层界线的标准化石。而我国却不同，在我国第四纪更新世早期，仍有三趾马和真马同时存在的情况，那时有长鼻三趾马。需要指出的是，与真马同时出现的三趾马是不可能再进化到真马了。生物界进化的特点是：当主干上新的生物已经出现，与它共生的大部分旧种类就要被淘汰，退出历史舞台只是时间早晚问题。这一现象在脊椎动物进化中表现得极为明显。在我国常见的三趾马是马类进化中的一个侧支，是从中新世纪由草原古马阶段分化出去的，生存时代为距今1 000多万年至100多万年前，当时它们在数量上还占有很大的优势。

　　从挖掘的马类化石上我们能够将马的进化过程描述出来：始新世纪时，马生活在森林中，形体似狐狸，背部弯曲，前肢具4趾，后肢有3趾，以吃树叶和嫩枝为生，前肢可撑着树干将身体直立起来，觅食高处的食物，行动机警。森林中猛兽很多，加上气候趋于干旱，草原面积增大，三趾马便来到草原求发展。草原的环境与林中大不一样，天高地广，障碍物少，便于奔跑，同时沟坎壕堑也需要跳跃。更主要的是，草比树木低矮得多，草原光线明亮，活动动物体很容易被发现，故始马在吃草时要时常抬头观看四周，同时也要让自己的身体向高长，才能看得更远，而且要不时地奔跑来躲避危险。这些变化使原来的身体结构不能适应了，首先趾数多跑不快。我们都有这种体会，行走时全脚掌着地，而奔跑时只有前脚掌着地速度才能快。始马为了各种原因都需要奔跑，于是腿、掌、趾骨都开始增长，支撑力也主要放在中趾上；身体长高了便于观察周围环境，步幅增大了跨沟跃坎的不在话下。就是一点不好：个儿长高了，低头也吃不到地上草，只好努力地伸长脖子与前肢等长，一低头就能吃到脚边的草。朝着这个方向的演化，到山马阶段前肢就变成3趾了。从它开始到新马阶段，前后肢一直都是3趾，这好像没有什么进化，其实马的进化一直没有停下：身体仍在不断地长高，腿、掌、趾骨也不停地加长，脊椎变得平直，保护内脏不受剧烈震动；脸部骨头加长了，头颅加大脑量增多，长智慧了；前后肢虽仍为3趾，但侧趾已经明显地缩短变细，尤其是到了新马阶段时，侧趾已沾不到地了，完全由粗大的中趾支撑着全身，奔跑速度有了很大提高；变化最大的还是牙齿，门齿变宽、犬齿退化、前臼齿臼齿化，牙体变长，咀嚼面扩大，褶皱复杂化。变化的结果是加快了吃草的速度，适应了吃草的能力，尤其是冬季吃干草，与此同时它的内脏器官也作了相应的调整，腹部小利于奔跑，肠胃也比牛、羊等动物短，食物消化时间短，排泄快，其中很多养分来不及吸收就被排出体外，要靠大量吃草来弥补这一缺点。由此看来，这种动物的进化方向并不先进，有人作过统计，一匹马的日进草量相当于 1~2 头牛，对草场占有率很大，因此包括马在内的奇蹄目动物现在正趋向绝灭中，而马类若不是人类因其速度快而驯养、利用，在自然界也就绝灭了，现在野生的马类仅剩下斑马和普氏野马，而普氏野马也曾经过了一段保护性圈养的时间。

在草原古马阶段，有一类三趾马不再继续进化了。当时我国境内草原面积不断扩大，生活环境相对稳定，三趾马没有其他自卫本领，只有从大量的繁衍来弥补被猛兽吃掉的损失，形成了暂时的兴盛。在世界各地三趾马都绝灭、真马已经出现的情况下，还继续生存到第四纪早更新世，虽然它也有些变化，如鼻子伸长了，但终因未入正路，在环境变化中不能适应还是被淘汰了。我们虽然没有见到它，但祖先们在进化中却与它相依相伴了几十万年，说不定还是祖先为了果腹把它绝灭了。由于它奔跑不如真马快，活动范围就没有真马广，在"弱肉强食"自然界的淘汰规律面前，自然是首当其冲了。

22. 穷凶极恶——剑齿虎

剑齿虎是大型猫科动物进化中的一个旁支，生活在距今 300 万~1.5 万年前的更新世——全新世时期，与进化中的人类祖先共同度过了近 300 万年的时间。

剑齿虎长着一对巨大的犬齿，足有半尺长，现在的动物除了大象的牙齿比它长外，再没有其他的动物了，可大象的长牙不是犬齿而是门齿。剑齿虎曾广泛分布在亚、欧、美洲大陆上，但化石数量出产最多的和骨架最完整的地方是在美国。美国洛杉矶有一个著名的汉柯克化石公园，这个公园原先是个沥青湖，面积还没有北京北海公园的 1/3 大。在几个世纪前，当地的印第安人就利用这些沥青来烧火做饭，后来白人夺取了这块土地，在沥青湖上打井采油，挖沥青铺路，湖中埋藏的化石便被发现了。从 1875 年发现第一块化石起，一百年来挖出 2 100 多只剑齿虎。此外，还有大量其他脊椎动物的化石。有趣的是，这 2 000 多只剑齿虎若按年龄来分析，幼年的仅占 16.6%，而青壮年的却占 82.2%，表明了它们是来这里捕食陷入沥青湖的猎物，而遭到灭顶之灾的。从修复的化石骨架来看，成年的剑齿虎身长大约 1.8 米，体重可达 500~800 公斤。

剑齿虎的捕猎对象是大型的食草动物，如象、犀牛等，由于这些动物的皮既韧又厚，因此它的犬齿就必须很尖很长才能刺穿肌肤。我们可以想象出它的猎食经过：它长时间耐心地潜伏在猎物必经之路的草丛中，待猎物走近时猛地大吼一声，后腿用力一蹬，整个身体窜了出来，前爪高高竖起，爪尖伸出，犹如一支支短钩，张开巨口，扑在猎物身上，用全身的重量将两把匕首般的牙齿刺穿厚皮，深深地插进被害动物的肌体中。由于牙齿太长不易拔出，剑齿虎便牢牢咬住不松口，疼痛使得受害者拼命挣扎，可这样，前爪和牙齿造成的创口就越大，流的血也越来越多，很短的时间就气绝身亡了，剑齿虎便可以享受一顿美餐了。剑齿虎在当时是兽中之王，"大王"对小型动物不屑一顾，也没有练出捕杀小动物的本领，可谁知以后它却败在这些小动物手里。

剑齿虎生长的时代，正处于第四纪冰川时期，气候寒冷，大型食草动物靠长毛和厚皮来抵御严冬，它们行动迟缓、笨拙，容易被捕杀。但在2万年以前，冰期结束了，气候转暖，出现了植物生长旺季，随后食植物的动物也大量繁殖起来，可是那些耐寒冷的大型食草动物，不能适应气候的变化，只有向北迁移，可北极圈中并无充足的草原，便因饥饿纷纷死亡了。以捕食它们为生的剑齿虎失去了食源，再想回过头来捕杀小动物或马、鹿等大动物，身体已像恐龙那样完全定型了，既不够敏捷，奔跑起来又没有速度，更由于我们祖先的狩猎技术有了极大的提高，发明了弓箭，利用火攻，在与它争夺猎物中往往取胜，甚至连它也被杀掉成为猎物，可以说世界之大却没有它的立足之地，只能随着大型厚皮动物的灭绝而灭绝了。因为灭绝的时间离现代非常近，只要它再坚持一下，我们就可以在动物园中看到它了，但它却是永远的灭绝了，不会再现了。

有人不禁会问：为什么现代还会有老虎这种大型猫科动物呢？原来现代老虎是大型猫科动物发展的主支。它的祖先在它"大哥"剑齿虎称王时只是个"小弟弟"，体形跟现代的狸猫、猞猁差不多，专门捕食小型哺乳动物，练就了一身的好本领，会游泳、爬树，在剑齿虎绝灭之前，随着食草动物的大型化也大型化起来，但身体的敏捷与速度一直胜于猎物，只是身体重了，上树不便了，不过在草原也不需要爬树。仅管没有半尺长的犬齿，但在技巧上比昔日的"大哥"高明得多，袭击猎物时专找要害部位下口，不是咬断被害者的喉咙就是腿部的盘腱，而且现在的动物（除犀牛外）也没有很厚的皮肤，也不需要太长的牙齿。现代的狸猫动物，按体形的大小所捕食的猎物是有分工的：狮子、老虎捕杀野牛、角马等，豹子捕杀猪、羊，猞猁食兔子，猫捉老鼠，而且体形越小食性越杂，体形大的食性却单一。这样就比较危险，万一再出现一次全球性的灾难事件，狮子、老虎等大型狸猫科动物会不会像剑齿虎那样，因食源的绝灭而绝灭呢？不会的，因为有了人，人是有能力挽救它们的。其实对狮子、老虎来说，它们最大的天敌不是自然灾害而是人，如果人不注意保护它们，那它们必将很快地灭绝。十几年前我国东北虎濒临灭绝就说明了这个问题。

23. 是象非象——猛犸象

猛犸象是一种生活在寒代的大型哺乳动物，与现在的象非常相似，所不同的是它的象牙既长又向上弯曲，头颅很高。从侧面看，它的背部是身体的最高点，从背部开始往后很陡地降下来，脖颈处有一个明显的凹陷，表皮长满了长毛，其形象如同一个驼背的老人。

猛犸象生活在北半球的第四纪冰川时期，距今300万年~1万年前，身高一般5米，体重10吨左右，以草和灌木叶子为生。由于身披长毛，可抗御严寒，一直生活在高寒地带的草原和丘陵上。当时的人类与其同期进化，开始还能和平相处，但进化到了新人阶段，还会使用火攻，集体协同作战，捕杀成群的动物和大型的动物，猛犸象就是他们猎取的主要对象。在法国一处昔日沼泽的化石产地，人们挖掘出了猛犸象的化石。从化石的排列上可以看出：猛犸象被肢解了，四条腿骨前后相连排成一线，头骨被砸开，肋骨有缺失。根据这个现场，专家们勾画了一幅当时的画面：原始人齐心协力将一头猛犸象逼进了沼泽将它陷住，大家在沼泽边用石块和长矛把象杀死。先上去几个人把象腿砍下来，搭到沼泽边，让其他人踩着象腿走到象身上，割下大块带肋骨的象肉，用长矛插着运回驻地，有人用工具砸开象头，吞食尚还温热的象脑（用今天的眼光看，他是在大吃补品），砍下象鼻，挖出内脏。运走了这头象可食的部分，其余的便丢弃在沼泽里。在漫长的岁月中，沼泽水枯泥干，成为干燥的土地，在偶然的机会中被发现有化石，再现了当年生物的场面。猛犸象化石出土最多的地方是在北极圈附近。阿拉斯加的爱斯基摩人用象牙化石做屋门，北冰洋沿岸俄罗斯领海中有一个小岛，岛上的猛犸象化石遍地都是。这些化石是冰块流动时从岸边泥土中带出的，堆积到了这个小岛上。由于猛犸象绝灭不过一万年的时间，而在自然界中化石的形成需要2.5万年，所以猛犸象的化石都是半石化的，像中药里的"龙骨"一样，也是可以用来做药的。更有甚者，前苏联古生物学家在西伯利亚永久冻土层中竟然发现了一头基本完整的猛犸象！它的皮、毛和肉俱全。发现它时，它的嘴里还沾有青草，可能是吃草时不小心掉进了冰缝中，经过1万年自然"冰箱"的保存，终于和现代人类见面了。发现这头象不久，在前苏联开了次有关会议，与会代表不但见到了它出土的照片，而且还亲口品尝了它身上的肉。据说肉不好吃，味道也不香。也许是烹饪技术不佳，如果按照中国川菜做法，可能就会变成美味佳肴了。

尽管我们现在看不到猛犸象，可原始人却与它们共处了漫长的岁月，对它们非常熟悉。他们在居住的洞穴中用红土画出了它的体形及围猎它的场面，这与专家们通过化石整理出的复原图相比较，当时的画家对它的素描是非常形象的。

猛犸象生活到距今 1 万年的时候突然全部绝灭了，是什么原因造成的呢？专家们作过仔细的研究，找出了许多原因，但归纳起来还是由外因和内因共同造成的。外因：气候变暖，猛犸象被迫向北方迁移，活动区域缩小了，草场植物减少了，使猛犸象得不到足够的食物，面临着饥饿的威胁；内因：生长速度缓慢。以现代象为例，从怀孕到产仔需要 22 个月，猛犸象生活在严寒地带，推测其怀孕期会更长。在人类和猛兽的追杀下，幼象的成活率极低，且被捕杀的数量离现代越近越多，一旦它们的生殖与死亡之间的平衡遭到破坏，其数量就会不可避免地迅速减少直至绝灭。这是大自然的淘汰规律，并非对猛犸象不公平。新生代的第三纪末期时也发生过类似的情况，当时大量的原始哺乳动物绝灭了，由现代动物的祖先取代了它们，猛犸象的祖先那时代替了它们，现在该轮到它们让出地盘了。猛犸象以自己整个种群的灭亡标志了第四纪冰川时代的结束。

24. 承前启后——犬科动物的演化特点

在新生代的老（早）第三纪时期，原始哺乳类取代了中生代爬行动物，登上了陆地霸主的宝座，在广阔的天地中辐射发展，繁衍了很多的种类，但在老（早）第三纪末期（距今 2 250 万年前），由于环境的变化，它们大量的绝灭了。新一代的哺乳动物崛起替代了它们，犬科动物的祖先在这时也开始出现了。

犬科动物祖先原来是生活在森林中的一种小型食肉动物。再向前寻根，它们的祖先和猫科动物的祖先是同一类动物，被称为细齿兽。由于后代向着不同的方向发展，体形和活动方式发生了分化，演化成了犬、猫两科各自独立的食肉动物。而在老第三纪末期，它们的差别还不太明显，犬科动物的祖先也会爬树捕食鸟类。到了新（晚）第三纪，它们为了扩大捕食范围，填补原始哺乳动物绝灭而留下的空白，向森林外发展。它们以捕捉鼠类和兔子等小动物为生。森林外面视野开阔，为了观察地形、发现猎物、躲避危险，它们要不时地抬起头来观察四周，长此以往养成了习惯。那些不善于抬头观察的同类被更大的猛兽吃掉遭到了淘汰，而善于观察者则保留了下来，脖子变长了，头也抬得更高了，与此同时，由于经常不上树便丧失了其能力。但开阔地域培养出了它们善于奔跑的能力，一口气能跑 20 公里，时速可达 30 多公里，一夜能跑百里。身体各部位也适应了这方面的发展：脊椎骨各骨节被韧带紧紧地束缚住，奔跑起来能够减少震动，经受住长时间的颠簸；四肢变得细长，腹部很瘦，一条大尾巴奔跑时起平衡身体的作用；爪尖钝化；嗅觉、听觉高度灵敏，能嗅出一万多种不同的气味，在猎物通过 4~5 个小时后仍能嗅出气味跟踪追击；耳朵俯在地上能听到几百米远的脚步声。演变形成的这些特征，能使它们获得所需要的食物，形成了今天我们看到的这副模样。

然而，生存是很艰难的，即便具备这么多的优势，有时也仍然很难寻找到猎物，而且还要随时提防被大型猛兽吃掉。所以它们还要练出忍饥挨饿的用餐本领：饥时几天不吃饭，饱时一次能吃下十几斤肉，骨头也要嚼碎咽下，不然就要饿肚子；有时找不到活物，只好连动物的尸体都吃，因此消化能力也要特别的好才行，不然就要闹肚子。由于犬类是中型动物，为了保护自己免遭不幸，又养成了狡猾多疑的性格，睡觉前总要围着窝绕几圈，看有无异常，睡觉时一只耳朵还总是贴着地，以防猛兽的偷袭。它们也懂得团结起来力量大的道理，经常成群集伙，尤其是在冬季猎物较少时，一声长嚎便能聚集几十至上百只，形成一股连猛兽都逃避的巨大力量。环境的艰苦还迫使它们变得非常残忍。以狼为例，在集体行动中掉队、受伤的狼都会被同伙吃掉，同伴的肚腹就是它们的葬身之处；更有甚者，如果一只狼被猎人下的铁夹夹住，它竟会咬断被夹的肢体而逃走。基于以上它的各种行为，人对狼的印象比起对猫科动物中的狮子、老虎的印象更要差得多。自从人类开始放牧以来，狼发现捕杀牛羊比捕杀野生动物要方便得多，牧民自然不允许牛羊被狼吃掉，于是人与狼发生了直接冲突，在人狼之战中狼失败了，它们的数量锐减。人虽胜利了，但生态平衡却遭受破坏：没有狼的捕食，鼠类空前发展，啃食草根、破坏草场、与牛羊争食。直到这时人才发现不能把狼全消灭光，它们具有其他动物取代不了的作用，人类应该做的只是控制它们的数量。

狗是狼最近的亲戚，它是人类长期驯养狼演变过来的。曾有人认为，狗与狼的差别很大，认为它们没有共同的祖先。这一看法当时就遭到不少人的反对，认为如果确是这样，则表明狗是可以驯化的，狼是不可以驯化的，但狼也是可以驯化的，历史上曾有过这样的例子。随着胚胎学、遗传基因的深入研究，有充分的证据证明狗与狼拥有共同的祖先。狗的样子之所以现在与狼相差很远，完全是人工选择造成的。这种有意识的加速培养，要比自然环境选择产生的变化快成百上千倍。

在哺乳动物中，熊与犬科的血缘关系是最近的，它们的长相也有些相似，主要表现在嘴形上，怪不得人们都管它叫狗熊呢。的确，在动物分类上熊科是属于犬超科中的，它与犬科的共同祖先是生活在老（早）第三纪的裂脚兽，可见它与犬科动物分化的时间不算太早。熊是向着大型化发展，可是大型化后单靠肉食已不能维持生活了，只好兼顾其他的食物，如植物的嫩枝叶和果实、蜂蛹及河中的鱼等。由于食性的改变，牙齿已失去切割作用，但却扩大了它的食源。熊科动物活动能力很强，活动的范围大，对环境的适应性也强，从亚热带（如我国的西双版纳地区）到寒带的北极圈内，都留下了它们活动的脚印。它身强力大，连老虎都惧怕它三分，在自然界中可以称得上无敌手，唯一对它有威胁的就是我们人类，我们应该爱护这些野生动物。

25. 循序渐进——猫科动物的演化特点

一看到这个题目，人们就会立刻想到猫。的确，由于人类的驯化使野猫变成了家猫，它那柔软的皮毛、娇细的叫声、能捉老鼠的技能、对人百依百顺的态度，着实令人尤其是女性特别宠爱。但在这里我们说的是猫科动物，而不仅仅是猫，如果把猫放大 100 倍，恐怕喜欢它的人就不多，而害怕它的人倒不少了，因为那不再是猫，而变成了一只老虎了。猫、猞猁、豹、虎、狮在动物分类学上它们都属于哺乳食肉目的猫科动物，这些动物的共同特点有：圆脸脑量大，两眼位于正前方，看物体有立体感，能精确分辨距离的远近；爪尖缩放自如，行走时无声，能爬树（大型动物除外），能游泳，奔跑快（猎豹的速度是陆生动物中最快的）。它们具备这些特点，在捕食中占据了极大的优势，自然就成为兽中之王了。

猫科动物的祖先是出现在老第三纪末期的古猫科动物，再往前寻，新生代初期的祖先是细齿类，与犬科动物同一祖先。古猫科动物演化初期时的体形也就同现代家猫的体形差不多大，它没有像犬科动物祖先那样走出森林（直到很晚，狮子和猎豹才走出森林），而是向适应森林中生活的方向发展：四足末端的爪尖演变得缩放自如（猎豹的爪尖不能缩，这是个例外），行走不缩回，由又厚又大的脚掌肉垫着地，既不磨损爪尖，行走又无声；森林中光线较弱，而开阔地光线又强烈，为了运动中迅速适应光线的变化，就需要调节瞳孔的大小。猫科动物调节能力很强，以猫为例，早晨瞳孔是半张，中午瞳孔眯成一条线，夜晚瞳孔全张，并且由于眼内有一层薄膜对光线的聚集作用极强，使周围环境的微弱光线会都聚集在眼底向外反射，使人看到它们的眼睛发出荧光。眼睛的这种结构使它们在黑暗中也能看清物体，所以能在夜暗中狩猎。森林中障碍很多，行走时为减少身体的刮碰，身上的突起部分尽量缩小，如嘴部后缩，嘴边胡子的长度与肩一样宽，胡子碰不到洞口，全身就能通过；耳朵变小、尾巴上仅长短毛等。由于森林中不适于快速奔跑，故它的捕食方法不同于犬科动物那样，靠耐力对猎物穷追不舍，而是用埋伏的方法隐蔽在林中动物饮水的小溪、水池边，等待猎物通过时一跃而上，咬断喉管杀死猎物。这种捕食方法要有极佳的跳跃性，需要身体柔韧。同学们大概都看过猫伸懒腰，它的背弓得很高，然后腰又拉得很长。这表明猫的脊椎骨之间韧带较松，奔跑时弓起腰来，前后肢能充分的靠近，甚至后肢可以伸到前肢的前面，而当它挺身时，前后肢的距离又能拉得很长，这样跑动时步幅非常大，而且频率也很快，轻而易举地就能追上猎物。除了埋伏以外，还采用慢慢接近猎物再突然袭击的方式。这就要求爆发力非常好，弹跳力非常强，如老虎一纵身能跃过7米宽的山涧，由静止转为奔跑的时间也相当的短，即加速很快。专家们做过测定，非洲草原上的猎豹从静止到时速为50米/秒的时间只需2秒钟，半分钟内时速可高达110公里，这种速度是任何食草动物都跑不出来的。前面提到了猎豹利爪不能缩回去，其实奔跑时爪尖像跑鞋一样加快了猎豹追击速度，这是猎豹的长期适应偷袭捕食演变的结果。这是猎豹追击时憋着一口气跑的，半分钟一过若还未捕到猎物，它便会自动放弃，站在原地直喘气。猫科动物的牙齿在进化中比犬科动物小，但上下两对犬齿既坚固又细长，它的下巴和头骨之间的肌肉发达，收缩时极为有力，能够咬断猎物的脖子和骨头。因臼齿（大牙）小，它们不嚼骨头只吃肉，为了能充分的吃肉，舌头上演化出了一层又密又细的倒钩，能把附在骨头上的肉一点点舔光。如果家中有猫，不妨试试让它舔你的手，你会感觉它的舌头像细砂纸一样磨手，可见猫科动物进食要比犬科动物精细。为了隐蔽地接近猎物，身上还有一件"迷彩服"，更提高了捕食的成功率。与犬科动物相比，不妨打个滑稽的比喻，猫科动物像个聪明的人，总能吃上好吃的，而犬科动物像个笨蛋，饥急了什么都吃。

虽然猫科动物是最强悍、凶猛的食肉动物，但也得遵守自然界优胜劣汰的规律。有些不适应自然界变化的猫科动物，由于跟不上动物进化，最终也惨遭淘汰。犬科动物就是很好的例子。不过，总的来说猫科动物对环境的高度适应使其得到充分的发展。根据猫科动物体形大小、生活环境的不同，它们也分化成不同的种类，大中小俱全，生活环境各异，如草原上的狮子，森林中的老虎、豹子，平原的猫。没有任何动物能与它们为敌，就连狼也要惧怕三分，更不要说向它们进攻了。

但是从人类实用的眼光来看，猫科动物的演化也不是完美的，前面提到了它们的耐力不够，不适应长途跟踪，嗅觉不如犬科动物，而且喂养的食物要很精细，成本太高。当然人也把野猫驯化成为家猫，目的是让它捉老鼠，在社会物质极大丰富以后，养猫又多了一种目的——观赏。尽管如此，在人类社会中，犬科动物的用途比猫科动物广泛得多。

第二章　凤毛鳞角——珍稀动物

第一节　寥若晨星——我国珍稀动物

1. 国家之宝——大熊猫

我国是一个动物资源极其丰富的国家，仅兽类就有 400 多种。在种类繁多的动物中，有些还是举世公认的珍稀动物，要问在这些举世公认的珍稀动物中哪种动物"知名度"最高，大家一定会异口同声地说：大熊猫。

大熊猫是一种非常古老的动物，至少在 300 万年前已经形成现在的模样了。它曾经在地球上分布很广，和凶猛的剑齿象是同时代的动物。后来，地球的气候越来越冷，进入了第四纪冰川时期，许多动、植物都被冻死和饿死了，剑齿象就是这个时期灭绝的，可是唯有大熊猫却躲进了食物较多、避风而又与外界隔绝的高山深谷里去，顽强地活了下来。几百万年来许多动物都在不断地进化，与原样相比早已面目全非了，可是熊猫却几乎没有变化，成为动物界的"遗老"和珍贵的"活化石"了。

大熊猫是国家一级重点保护动物。说起大熊猫，首先要为它正名。有关资料表明，动物学界的人士于 1869 年才发现大熊猫，大约过了 70 年，人们才第一次捕捉到熊猫。1869 年，法国的一位传教士戴维来到中国。这年 3 月在四川省宝兴县的一户农民家里看到一张兽皮，这张皮上只有黑白两色的毛。10 余天后这位农民又捕回一只动物，这只动物的皮与那张皮完全一样，除了四脚、耳朵、眼圈周围是黑色外，其他部位的毛都是白色。戴维就确认它是熊属中的一个新种。此后不久，他在公开自己的新发现时将这种动物定名为黑白熊。

大约在 20 世纪 30 年代后期，这种熊的标本在重庆展出，它的中文名字定为"猫熊"。展出时标本的名牌是由左往右写的，写做"猫熊"。但是当时汉字是由上往下直书，写满一行再往左写，参观者拘于习惯，将字从右往左读，于是"猫熊"就被读成了"熊猫"。此后又有一种香烟命名为"熊猫牌"香烟，对"熊猫"的称呼起了推波助澜的作用。由于约定俗成的缘故，我国的动物学家也就把它定名为"熊猫"了。又由于它形体肥大，在"熊猫"二字前面又加了个"大"字。"大熊猫"就成了"官名"。如今已经没有人再坚持叫它"大猫熊"了。

作为珍稀动物，大熊猫"稀"在哪里呢？

大熊猫独产于我国，在世界上除了我国有野生大熊猫外，只有极少数几个国家的大型动物园里饲养着一两只大熊猫，而这些被珍养在动物园中的大熊猫还都是我国作为"国礼"赠送去的。

从栖息地看，大熊猫主要分布于川西北的深山密林里。此外，只有陕西、甘肃的个别县境内有零星的大熊猫了。据专家们估算，所有这些地方栖息的大熊猫，总数也只在1 000只左右。

"物以稀为贵"，大熊猫的数量为什么这么稀少呢？这与它的生活习性和生理特征相关。大熊猫性情孤独、不喜群居，喜欢独处，独来独往是它的生活习性之一。即便是雌性大熊猫在产仔后，对幼仔大约也只带领上一年的时间，母子也就不再结伴而居了。只有在繁殖期到来时，它们才会去寻找异性伙伴。然而，大熊猫发情期极短，一只成年大熊猫每年也就几天的时间。雄性、雌性大熊猫发情期不尽相同，而它的择偶性又很强，从不随意结交异性伙伴。此外，雌性大熊猫每胎只产1~2仔，而它又只具备喂养一个小仔的能力，以上这些因素综合在一起，就使大熊猫极为稀有了。

大熊猫只栖息在我国的四川西北和秦岭南坡。这又是为什么呢？因为那里是一片深山峡谷，气候湿润、温暖。冬夏平均气温差别不大，夏季平均气温在14℃左右，而冬季的平均气温不低于 -6℃，年降雨量可达1 700~1 800毫米。随着地势由低向高生长着亚热带、温带、寒带的许多植物。一座高山，由山脚到山颠几乎四季并存。而在海拔2 500~4 000米的山林里，除了遮荫蔽日的浓密森林外，还夹杂着片片竹林，冷箭竹、大箭竹、拐棍竹、华桔竹等比比皆是，这就为大熊猫提供了充足的食粮和适宜的活动、栖息场所。大熊猫家庭定居于此就顺理成章了。

大熊猫以食竹为主，而且食量惊人，一只大熊猫每天要吃掉20~30公斤竹子。但大熊猫吃得多，吸收得并不多。原因是它的消化力差。一只大熊猫每天要用12个小时以上的时间忙于进食，有时长达十六七个小时。但是它肠道短，更不像牛羊等食草动物那样有复胃。食物很快就通过消化道了，为了维持生存，它只有不停地吃。当然，不停地排泄，也是它的一个特点。有时甚至边吃边拉，边走边拉，走到哪里，拉到哪里。大熊猫以食竹为主，竹笋、竹叶、竹竿都来者不拒。但你却不要误认为它是"素食主义"者，它也食肉。食羊、猪甚至羊、猪的骨头都是它的美味佳肴。人们在捕猎大熊猫时常常用煮熟的肉或骨头当诱饵，而大熊猫则因为贪吃而成为捕猎者的笼中物。大熊猫不仅喜欢吃竹子，也喜欢喝水，而且一喝就要喝个够，肚子喝得圆滚滚的，以至喝得走不动路，迷迷糊糊地躺在地上，这就是人们说的"醉水"。但是过几个小时，它自己就会醒过来。

大熊猫长得一幅温文尔雅的样子，可别误以为它总是这样温顺。一般情况下，无论与食草动物或食肉动物都能和平共处，表现出友善的样子，但是当遇到自己的天敌，如黑熊、豺、豹的时候，它是决不甘心示弱的。处在发情期的雄性熊猫到了一起，一场争夺情侣的大战是必不可免的。甚至，在动物园里还发生过大熊猫伤害饲养员的事。

本文前面说过，熊猫因为形体硕大，人们才称它为大熊猫。然而令人难以置信的是大熊猫刚刚生下来的幼仔并不"大"，其体重仅在 70～180 克之间，一个有经验的饲养员竟难以单纯从形体上来断定一只雌性熊猫是否怀孕。初生的仔熊猫虽然很小，但它的生长速度并不慢，到一个月时体重达 1 500 克，半年时则可达 14 公斤左右，而到一岁时更重达 35 公斤左右，大约 5～6 年，达到性成熟期，这时的体重可达 100 多公斤。

大熊猫因为其数量的"稀"，而显得"珍贵"，但是更重要的不只在数量"稀"，而在其品种"珍"。大熊猫是一种当今动物世界中留存着的极少数原始而又古老的物种，动物学界因此称它为动物中的"活化石"。据对大熊猫的化石进行测定，可以推断大约 1 200 万年前大熊猫就在地球上出现了，但是体形比现在的大熊猫小，到 300 万年前的更新纪中期才有个头较大的大熊猫。这与当时地球上气候湿润，能给大熊猫提供丰富的食物密切相关。那时，大熊猫的分布面比现在广得多。大约相当于今天的广东、广西、云南、四川、湖南、湖北、浙江、福建、陕西、山西等地都有过大熊猫的足迹。由于气候的变迁，植被的变化，尤其是人类的农业活动，把大熊猫最终挤到了四川西部的一条高山狭谷之中。然而历经千万年的变化，大熊猫还是幸存下来了，除了形体的变化外，它的身体内部结构几乎没有变化，而与之同时代的巨齿虎、猛犸等早就从地球上绝迹了。"动物的活化石"的美称，对于大熊猫来说，那是当之无愧的了。正是由于大熊猫的无可比拟的珍稀，世界野生动物基金会在 1961 年选定大熊猫作为该会的会徽标志。

在国际动物市场上，大熊猫是唯一不能用金钱买到的动物，因为其他动物都可以定价，而大熊猫是"无价之宝"。在世界上，除了我国以外，只有几个动物园有大熊猫展出。这些被展出的大熊猫，全都是我国作为国礼向友好国家赠送的。

在20世纪70年代中期，大熊猫曾经遇到过一次无法抗御的天灾。1975年至1976年，在四川北部地区和甘肃南部一些地区发生了大面积的竹林开花枯萎，以食竹为生的大熊猫由于无竹可食，竟饿死了130多只，这件事引起了党、政府和全国人民的密切关注。

为了更好地保护大熊猫，从1975年开始，国家划定了10余个以熊猫为主要保护对象的自然保护区，其中四川省的卧龙自然保护区为最大的保护区，面积为20万公顷，在保护区内还设有大熊猫研究中心和大熊猫饲养站。在研究中心内，除了我国研究大熊猫的专家以外，还有一些外国专家也参加了研究工作。

大熊猫如此珍贵、稀有，有什么办法能使它的数量迅速增加吗？到目前为止，还没有找到有效的办法。建立自然保护区，只能保护其不受伤害，保证其自然繁殖。然而大熊猫的自然繁殖率又极低，剩下的一条路就是依靠人工繁殖了。但人工繁殖也不是易事。首先，大熊猫的人工饲养量极为有限，这就决定了可供人工授精的熊猫数量极少。此外，由于受大熊猫生理研究和人工授精技术的局限，人工授精的成功率不高，大约在10%。即使人工授精成功，每胎最多两只。而大熊猫产仔后，仔熊猫的成活率也不足50%。由此看来，大熊猫家庭的繁盛，至少在目前还是一件可望而不可即的事。我们期盼着有关专家们尽早解决这一难题。

说到这里，又该到大熊猫的"家谱"问题上了。前面谈到动物学界发现大熊猫是在1869年，而我国对于大熊猫早就有所记载，只不过不叫大熊猫罢了。早在公元前1200年，《尔雅》一书对大熊猫就有过记载，书中称其为"貔"，在《后汉书》中称其为"貊兽"；唐代大诗人白居易《貘屏赞》中的"貘"也就是大熊猫。在唐代不仅对大熊猫有文字记载，咸阳宫中的上林苑还饲养过大熊猫。到了宋代，又有文字记载，称大熊猫为貔貅。然而上面这些称呼都是古代流传于民间的俗名，而不是动物界确认的学名。从亲缘上讲，大熊与熊猫有某些亲缘关系，而与猫则说不上一点亲缘关系。外国的科学家们总想从亲缘关系上将它归属于熊类或浣熊类，我国的动物学家们则从实际出发，把大熊猫单列为熊猫科，而此科仅有一属一科，这样"大熊猫"就顺理成章地成了它的正式称号。

大熊猫还有不少别名、别号。由于它独产于我国，国外有人称它为华熊；由于它以食竹为主，有人称它为竹熊；由于它毛色以白为主，有人称它为白熊；由于它白色中夹黑，有人称它为花熊；由于它与熊有些亲缘关系而又有些像猫，有人称它为大熊猫，这都是它的别名。大熊猫是一种现存的古老物种，有人就给它起了"动物的活化石"这一别号；大熊猫栖息在深山幽谷的密竹林之中，因而又获得了"竹林隐士"的别号。

大熊猫以其珍贵而稀有，获得过不少无可比拟的殊荣：在 1990 年举行的亚运会上，大熊猫被定为大会的吉祥物。1984 年第 23 届奥运会在洛杉矶举行，为了给大会增添隆重、热烈的气氛，洛杉矶市政特地向我国借了一对大熊猫，该市动物园更因此比往年多接待了 100 多万参观者。而参观者大多要排队等上 4 个小时左右，才能与大熊猫见面 3 分钟。1978 年我国赠送给日本的大熊猫"兰兰"不幸病故，1 亿多人口的日本竟有 3 000 万人为大熊猫致哀，日本首相也在哀悼者的行列。这样的事例实在是太多了。世界人民这样珍视大熊猫，作为大熊猫故乡的中国人，更应当无比珍爱我国所独有的国宝——大熊猫。

我国已率先成为世界上第一个成功地在人工饲养条件下使大熊猫产仔的国家，并且不久又成功地首次用人工授精的方法使大熊猫受孕产仔，为大熊猫的繁殖作出了卓越贡献。

2. 美猴之王——金丝猴

提起我国动物中的国宝，人们当然也忘不了金丝猴，尤其国外动物界更是如此。因为它也是中国独有、世界无二的一种稀有动物。只产于我国的湖北、陕西、甘肃、四川、云南、贵州的深山密林之中。它全身毛色金黄如丝，非常美丽，形象可爱，圆圆的脸，嘴唇肥大，嘴角有瘤子样的肉鼓起。许多国外动物界人士为了一睹它的"庐山真貌"，专程越洋过海来中国考察。

金丝猴这一雅号，顾名思义是源于它那与众不同的金黄色体毛。然而与其独特的形体特征相关的雅号还有两个：它长着一副蓝色的面孔，因此它又被称为"蓝面猴"；它那蓝色的脸上又长着一只鼻孔朝天翻着的鼻子，所以它又有了一个"仰鼻猴"的雅号。

金丝猴的体形在猴类中算是粗壮的了。它身高在 70～80 厘米，母猴稍矮些，也在 60 厘米左右。体重多在 10 公斤以上，雄性的体重可超过 15 公斤。它那几乎与身体等长的尾巴，长达 60～80 厘米。它那独具特色、因之而得名的体毛竟长达 50～60 厘米。

金丝猴的蓝脸孔上长着一对炯炯有神的眼睛，那别有特色、向上翻着的鼻子，鼻梁既小又塌，每当下雨的时候它要不就低着头，要不就用前肢捂着鼻子，或者发挥长尾巴的作用，把尾巴甩过来盖着鼻孔，免得雨水流进去。它的嘴巴圆圆的，长着两片厚嘴唇。雄性金丝猴在嘴的两侧各长着一只肉瘤，这肉瘤随着日月的增加越长越大、越长越硬。它脑袋两侧长着一对不算大而竖起的耳朵。

金丝猴喜欢栖息在林木茂盛的高山上，主要在树上嬉戏、活动、摘取食物。如果下地活动，那长尾巴就有点碍事了，它们就把长尾巴搭在肩上，这样行动就比较自由了。金丝猴也有垂直迁徙的活动规律。它们的活动范围一般在海拔1 500~3 500 米的高度，它们不怕寒冷，但是冬季也要往海拔较低的地方迁徙，为的是便于觅食。夏季到来时，它们早早地就迁徙到海拔3 000 米以上的高度，因为它们非常怕热。这与满身的长毛不无关系。

迁徙时猴王义不容辞地走在前面带路，幼猴夹在中间，几只成熟母猴殿后，几只在中间照料幼猴。

金丝猴喜欢群居，每群少则10 余只，多则上百以至数百只。大家都知道《西游记》中有只猴王叫孙悟空，金丝猴的猴群中也有一只猴王，这只猴王身体壮实，体力充沛，有丰富的生活经验，最重要的是它必须是历次你死我活的争取权力斗争中的获胜者，获得角斗的冠军宝座，也是猴王的宝座。获得猴王宝座的当然是雄性的金丝猴了，它一副威严的姿态，行走时把尾巴翘得高高的，很有王者风度，臣民们则前呼后拥，以示臣服，王后王妃也紧随身旁。在金丝猴的家族中，猴王虽然妻妾成群，威风凛凛，但是它的生活并不轻松，它还承担着保卫家族的重任。家族的其他成员在觅食、嬉戏时，它要攀援到树木的高处，观察有无敌情。一旦发现敌情，它就要向家族成员报警，并带领家族逃离。一群金丝猴只有一只成年强壮公猴，而且必须处在领袖地位，有时也有其他成年公猴，但是必需服从猴王，并不得沾染后妃。幼猴长大了，或者闹分裂，拉出一群猴子建立新家族，或者打倒老猴王，夺来猴王宝座。但是将王位夺到手并不那么容易。

一群金丝猴在某一个季节或一定时期里，总有自己的固定领地，这片领地大约有两三平方公里的范围，每迁徙到一个地点，它们总要先建立自己的领地。领地确立以后，其他金丝猴家族就不允许入内了。如果其他猴群入侵，领地的原有猴群就会全力以赴地驱赶入侵者。不到迫不得已，绝不让出自己的领地。

金丝猴的猴群内部很有温情。例如：热天午睡，母猴总是让幼猴倚偎在自己身上。据说有时母猴面临猎人无法逃脱时，它还会给孩子喂上最后几口奶；它们常互相帮助捉虱子、挠痒痒，尤其是母猴更是以此为伺候丈夫的本职工作；天气冷的时候，它们就挤在一起互相取暖。

金丝猴对年迈多病的老猴也很照顾，晚辈决不会因为长辈衰老不能自食其力而嫌弃它。每当老猴病危躺下时，其他猴子便围在老猴身边，周到地进行照料，而且个个都愁眉苦脸，泪眼汪汪显得非常悲伤。猴群转移时，常常可以看到许多金丝猴连背带抬地扶着老猴搬到新的栖息地。所以人们都非常赞扬金丝猴这种尊老爱幼的美德。

金丝猴食性比较广，主要吃素食。树叶、嫩树枝、青竹叶、嫩竹笋、植物浆果都是它们的日常食品，有时它们也会捉野鸟、掏鸟蛋、逮昆虫开开荤。至于吃鲜桃、吃香蕉，那是动物园中金丝猴的福分，野生的金丝猴是碰不到这种机会的。

金丝猴多在秋季进入发情期，孕期7～8个月，春季产仔，每胎仅产一只仔猴。仔猴刚生下时体毛可不是金色的，而是暗棕色，约1个多月以后变黄，然后才逐渐变成金黄色。大约一岁半，幼猴才断奶。长到4岁多，幼猴就长成熟了。寿命一般在十七八岁。

科学地说，金丝猴并非全都长着金黄色的毛。因为金丝猴分为不同的亚种，不同的亚种体毛颜色并不一样。金丝猴可分为：（1）普通金丝猴。这种金丝猴毛色金黄，它们主要生活在四川省。（2）黔金丝猴。它的毛色是灰色的，仅两肩间有一块白色的毛，所以动物学家又称它为灰金丝猴，它们主要分布在贵州，四川与贵川相邻处也有一些。（3）滇金丝猴。它的毛色除胸腹和四肢内侧长着白毛外，其他部分都是深灰近黑的颜色，所以又叫黑金丝猴，这种猴在幼小时体毛是近乎白色的，所以当地人也有叫它白猴的。

不同类的金丝猴在体形大小、体毛长度以及食性、结群大小、寿命长短等方面都或多或少地有些区别，但不会超出上文介绍的范围。这里就不一一介绍了。

金丝猴与大熊猫不仅同为国宝，而且是近邻。有金丝猴的地方，常常也有大熊猫，只不过前者灵活地在树上跳来跳去嬉戏、觅食，而后者则缓慢而孤独地在树下活动或觅食，双方互不侵犯，各得其乐。

自古以来人们就对金丝猴那珍贵的皮毛垂涎三尺，有钱人更把它作为炫耀富有的资本，总想用它的皮制成皮衣、皮褥享用，这引起了一些见义忘利者对金丝猴的猎杀，而破坏性的森林砍伐行为，又破坏了金丝猴的生活环境，较大的猴群已经极难见到了。金丝猴越发地显得珍稀。由于党和国家的宣传教育，对保护金丝猴的意义，人们的认识日益加深。现在国家又将金丝猴列入一级保护动物，并建立了自然保护区，严格禁止捕猎，金丝猴种族的繁盛，将会有光明的前景。

3. 丛林飞将——长臂猿

在动物世界里，类人猿是生物进化的阶梯上最接近于人类的一类动物。类人猿共有四个不同的类别：猩猩、黑猩猩、大猩猩、长臂猿。在这四个类别中，只有长臂猿在我国既有出产，又属于国家一级重点保护野生动物。其他三种我国不出产，只在动物园中有展出。仅此一点，足见长臂猿的珍稀程度了。

说起长臂猿，人们对它曾有过误解。一是以"猴"为"猿"。这个错误源于唐代著名的大诗人李白。他的一首流传甚广的诗作《早发白帝城》中写道："朝辞白帝彩云间，千里江陵一日还。两岸猿声啼不住，轻舟已过万重山。"其实诗中所提到的"猿"，应当是"猴"而不是"猿"，聪敏的诗人将"猴"误认为"猿"了。因为在李白生活的年代，距今天仅 1 300 多年，那时长江三峡一带的气候比现在暖和不了多少，远没有达到今天云南南部、西部或海南岛那样的暖和程度，还不适宜长臂猿在那里生活。二是将长臂猿的两只长胳膊误认为是贯通的，因而将长臂猿称为通臂猿，武术界模拟长臂猿的灵巧动作，编了一套拳术，就称之为"通臂拳"。动物学界早就通过动物实体解剖证实，长臂猿的两只长胳膊分别连接在胸腔的左右两侧的肩胛骨上，两者并不相连通。"通臂拳"的名称早就广泛流传，我们不必要求武术界改变这种称谓，但我们却不能误以为长臂猿的两臂是互相连通的。

长臂猿最明显的特征就是那两只长臂了。这两只长臂平伸可达 1.6～1.8 米。当长臂猿下地活动时，它的双臂可以触及地面，走起路来相当不方便。但是它极少触及地面，它在空间位置的移动主要靠两条长臂，它的这种活动方式被称之为"臂行法"。在"行走"时长臂猿的两只长臂交互移动，一只胳膊抓住树的枝干向前荡，另一只胳膊抓住前方的另一枝干，再松开一支胳膊向前荡，最远时一次能荡出十来米去，真是名副其实的"飞将军"。

长臂猿善"飞"，不只因为胳膊长，更与它的手掌构造相关。它的五指，大拇指短，而其他四指很长，在"飞行"时它不用大拇指，只用其他四指紧握树木的枝条。但当它爬树时，则离不开大拇指了。

长臂猿在树林中"飞"来"飞"去，除了它特殊的身体结构起作用以外，还与它的发达的大脑和敏锐的视力紧密相关。发达的大脑和敏锐的视力使长臂猿在"臂行"中能准确地抓住前方的树枝快速前进，而不至于失误。

长臂猿不仅能"飞"，而且善"歌"。每天清晨，长臂猿都要引吭高歌。通常雌性猿先发出明亮的叫声，继而雄猿也以洪亮的嗓音应和，接着它们的子女一齐加入合唱。声音很有规律，短声在前，长声在后，越叫越高，直至临结束时声音才减弱，最后以短促的一声结束。长臂猿每日一次的"晨练"，长达15分钟左右，歌声远达数公里之外。长臂猿之所以善于高歌，在于它的喉部有发达的喉囊，喉囊极有弹性，可以胀得很大，因而长臂猿能发出很洪亮的叫声。

长臂猿的食物以水果为主，有时也吃点植物的花、叶和嫩芽。有趣的是长臂猿能做到"计划"用餐，它对自己生活范围内的果子，只采食成熟的，把生的留待以后采摘，从不干出像猴子那样不分生熟乱摘一气的傻事。

长臂猿一胎只产一仔，幼仔大约5~7岁成熟。对于成熟的子女，它的父母相当无情，不允许再在家庭中生活，而把子女逐出家门，使子女成为浪子。这些浪子们在找到合适的配偶后，再组成新的家庭，建立新的生活领地，继而繁衍生息，繁荣自己的家庭。

一旦有其他猿侵入，它们一家人就会在雄猿的带领下，同仇敌忾，保卫每一寸国土，然而年长的亲戚来访，它们不仅欢迎，允许"长辈"爱抚自己，而且还可能允许老猿在它们家安度晚年呢。

长臂猿可划分为八九种，生活在我国疆土上的有四种。一种叫白眉长臂猿，它生活在云南西部盈江、腾冲一带的山林中，因为它的眉额处有两条明显的白纹，好似白色的眉毛，所以称它为白眉长臂猿。这种猿在幼年时毛色呈白色，成年后毛色发生变化，雄猿的体毛呈黑褐色或黑色；雌猿的体毛呈金黄色，有的浅一些，呈乳白色。这种猿比其他三种长臂猿体形稍大一些，重约10多公斤。一种叫白掌长臂猿，它主要生活在云南西部的西双版纳大森林中，但数量少得多。它因为不论雌雄，手腕、手背上都长着白毛，因此而得名。但白掌长臂猿的体毛比白眉长臂猿的体毛颜色要复杂得多，不同的个体，体毛差别有时较大，总体来说，由米黄至浅棕、深棕，直到黑褐、纯褐色。多数白掌长臂猿脸上有一圈白毛，也有少数脸上只有大半圈白毛。它们的体形略小一些，体重一般在八九公斤左右。第三种叫黑冠长臂猿。这种长臂猿因为头顶上长有一片向上直耸的黑色冠毛，因此被称为黑冠长臂猿。这种猿主要生活在海南岛。雄性猿全身体毛都呈黑色，雌性的体毛为棕黄色，但它们的幼仔，体毛都是白色的，因而仅从体毛上难辨雌雄。黑冠长臂猿在体形上比白掌长臂猿略小些，体重在七八公斤。第四种是白颊黑冠长臂猿，顾名思义，这种长臂猿除了头顶上有一片上耸的黑色冠毛外，双颊上还各有一片长长的白毛。这种猿在毛色和体重上与黑冠长臂猿再无其他明显的区别了。无论哪种长臂猿都没有尾巴。

除我国之外，缅甸、泰国、马来西亚、越南、印尼等地还分布着其他几种长臂猿。

不同种的长臂猿，其寿命差别不大，一般都在 20～30 年之间。饲养在动物园中的长臂猿，由于生活条件较好一些，有饲养员的精心照料，还有周到的医疗保健条件，因而寿命还能长一点。

4. 闪电杀手——金钱豹

虎独产于亚洲，狮独产于非洲，而豹则在亚洲、非洲都有。可见，豹的分布比较广泛。豹属于哺乳纲，食肉目，猫科。豹一般栖居在茂密的森林里。豹的形体比狮虎都小，体力比狮虎差多了。自然界最大的豹不超过 75 公斤重，而一头东北虎体重能有 300 多公斤重。虎身长包括尾，可达 4.116 米，豹子最长也就只有 2.5 米左右。可见，豹在食肉目的动物中只是中等体形的动物了。

豹在动物群中可算是跑得最快的动物之一了。它最高时速可达到 110 多公里。狮的时速只能达到 80 公里。

自然界的豹共有三种：金钱豹、雪豹和云豹。我们通常所说的豹一般指金钱豹。成语中的"窥豹一斑"，那个"斑"指的就是它的金钱状的毛斑。金钱豹广泛分布于我国各省和自治区。在我国产豹的地区很多，吉林、黑龙江、内蒙古、河北、北京、山西、陕西、河南、甘肃、青海、新疆、西藏、四川、云南、贵州、湖南、湖北、江西、安徽、浙江、福建、广东、广西等地，都曾有过在那里捕捉到豹的记录。金钱豹的亚种也比较多，主要有三种亚种。有东北亚种，也可称为东北豹，产在长白山、小兴安岭和其他几处山岭。据动物学家估计，自然界中的东北豹总数可能已不到 100 只了，是公认的世界上最稀有的豹亚种之一。还有一个亚种称为华北豹，主要产于北京的山区、内蒙古、山西、河北等地，西北地区也有它的踪迹。这是我国唯一特有的一个亚种豹。目前，存在数量也不多了。再有一个亚种就是华南豹。华南豹在这三个亚种豹中分布面最广，数量远远超过前面两个亚种豹。它分布在黄河以南、云南、西藏、湖南、广西、江西、四川、贵州等省区。华南豹在 20 世纪 50 年代能有上万只，由于人们对山林的过度开发和捕猎，目前华南豹的数量已经显著减少。

以上介绍的三个亚种豹，它们都属于金钱豹的范围。

金钱豹的体形与虎相似，金钱豹和虎毛色都是棕黄色，在棕黄色的毛中布满了黑色的斑纹，所不同的是虎的黑斑纹是条形的，而金钱豹的黑斑纹是圆形或椭圆形的，因为斑纹中间不是黑色的，而是棕黄色的，看上去像古时候的铜钱一样，因此得名金钱豹。金钱豹虽然比虎小，但身体强健有力，体长 100～150 厘米，尾长约 90 厘米，一般体重约为 50 公斤。金钱豹的胸、腹、四脚内侧及尾的底面为白色，尾尖呈黑色。

金钱豹因四肢矫健，他的行动敏捷灵活，善于攀援爬树，跳跃力极强，并且胆大凶猛，这些特点与虎相似，因此人们常常虎豹并提。

金钱豹的栖息环境多种多样，森林、丛林地带、草原、山区、丘陵地带都有金钱豹的身影。它们或穴居，或在草丛、树丛中栖息。

金钱豹是夜行性动物，它白天隐避在栖息处酣睡，夜间出来活动，在清晨和傍晚也较为活跃。金钱豹虽然体形不大，力气也没有虎大，但能猎捕到鹿、野猪等大中型食草动物，它能潜伏在草丛内，隐蔽在树林间伏击过往的动物，也能追踪在草食动物群的后面，借着大自然的掩护悄悄地逐渐靠近它们，然后突然袭击。还能伏在树上，闪电般地主动袭击树下走过的动物。不仅如此，金钱豹还能把它捕到的猎物叼在嘴里，然后窜到很高的树上，把猎物藏在树叉之间，因为一些豺、狼、虎等是不会爬树的，所以这猎物就由它自己独自享用了。而且是什么时候饿了，什么时候爬到树上美美地享受一番。金钱豹除了猎捕大型草食性动物，如鹿、狍、野兔等为食，也捕食鸟类、猿猴、鼠类、穿山甲等中小型动物。有时也袭击家畜、家禽。

金钱豹一般单独行动，独来独往。在冬季或春季发情交配期间除外。雌豹孕期 98～105 天，一般每胎 2～3 仔，幼豹 2～3 年后性成熟。

金钱豹和其他种类的豹有时也袭击农舍、家畜、家禽等，也有袭击山野行人的时候，因此，豹在人们的印象中是"害兽"。这样一来，人们见了豹子自然就要捕杀。再加上豹的体形不太大，人们一起下手，用一些简单的武器如柴刀、斧头棍棒等都能把豹打死。这样一来，原本比虎的自然数量要多得多的豹，由于过度的捕猎，它的自然数量已赶不上虎了。

人们猎取豹的第二个原因就是豹的皮毛可以制作女大衣和运动衣，其价格极其昂贵，人们把穿上豹皮做的衣服看做是一种华贵的象征。因此一些贪图钱财的人们就千方百计捕杀它，以换取大量钱财。

人们捕杀豹的另一个很重要的原因是用来制药。大家都知道，虎骨酒能治许多病，并且使人延年益寿，深受国内外人们的偏爱。但是虎骨的收购越来越难，于是人们想到了用豹的骨代替虎骨来泡制"豹骨酒"，以代替"虎骨酒"。

由于这些原因，豹在自然界的存有数量急剧减少。到了 20 世纪 70 年代末，豹被我国列为国家三级保护动物，1981 年升为国家二级保护动物，1983 年又定为国家一级保护动物。豹已经进入了濒危动物行列之中了。前几年国际贸易公约也将豹和豹的所有制成品：皮衣、皮褥等，都列入禁止贸易的范围内。这些措施都大大加强了保护豹的力度。

5. 虎中王者——东北虎

虎是亚洲最大的食肉猛兽。人们常称虎为"兽中之王"。这也许和虎头上的几条黑色斑纹有关，因为这几条黑色斑纹，看起来极像一个"王"字。在过去，人们把这些斑纹看做是老天爷赋予虎的"王"者头衔，于是虎在人们心中自然而然地成为"兽中之王"。随之而来的是"虎口拔牙"、"虎口脱险"、"虎将"、"虎威"、"不入虎穴，焉得虎子"、"老虎屁股摸不得"等有关虎之威风的词语纷纷被人们制造出来，且流传开来。

虎是体形最大、力气超群、最可怕的猫科动物。虎分布于亚洲的许多地区，它的适应能力很强，寒冷的地区能生存，热带地区也能生存。尽管虎生活的自然条件相差很大，在动物分类学上虎还是只有一种。但是由于虎生活的自然条件差异较大，多少年过去了，长期发展的结果造成生活在热带潮湿森林地区的虎与生活在干旱缺水的荒漠地区的虎，或者是生活在北方寒冷冰雪铺地的环境下的虎与生活在南方炎热地区的虎，它们的形态就出现了一些比较明显的差别。而这些差异的产生就使得虎出现了许多亚种。那么，根据哪些形态特征的不同来判定亚种呢？简单来说，就是将它的个体大小、毛色的深浅、体毛上斑纹的疏密多少、体毛的长短、尾巴的粗细等方面的差异作为判定亚种的依据。

在18世纪时，虎的亚种比较多，有东北虎、华南虎、孟加拉虎、东南亚虎、爪哇虎、新疆虎、黑虎等亚种。大约一百年之后，爪哇虎、新疆虎、黑虎已经先后绝灭了。生活在中国的有三个亚种虎：东北虎、华南虎、孟加拉虎。这里主要介绍堪称"虎中之王"的东北虎。

东北虎是体形最大的亚种虎。有人在东北的乌苏里地区捕杀过一头东北虎，体重有384公斤，身长竟达410多厘米，耳大身长，可谓虎中老大。这只巨虎也许是人们见到的最大的东北虎了。一般来说，东北虎体长180~350厘米，尾长100~150厘米，体重180~340公斤。东北虎头大且圆，眼较大，前额上有数条黑色横纹，中间串通，略似"王"字。它耳短且圆，耳的背面为黑色，中央有一块白色斑块。前脚外侧斑比较少，后脚斑纹较多，夏季体毛呈棕黄色，冬季体毛呈淡黄色。背部和体侧有许多条横向排列的比较窄的黑色条纹，通常两条互相靠近，形似柳叶，这是虎区别于其他动物的主要特征。东北虎的腹部和四肢内侧为白色，尾上约有 10 余条黑色环状斑纹，尾尖为黑色，虎皮上的这些斑纹在树林和草丛中可成为极好的保护色。东北虎全身的体毛比其他虎体毛长得多，尾毛也不例外，因此东北虎的尾由于毛长而显得十分丰满，比其他各种亚种虎的尾看上去要肥大。

东北虎主要生活在我国东北大兴安岭、长白山及西伯利亚地区。它们没有固定的巢穴，白天在红松为主的针叶、阔叶混合的森林中隐蔽睡觉，或在山崖间卧伏休息。夜间捕食，傍晚和黎明时也很活跃。如果老虎的耳朵转向前方，预示着老虎发现了目标，这是将要进攻猎物的信号。

东北虎猎食的方式基本有两种：一种是在猎物经过的地方隐蔽起来，当猎物路过时，便猛扑过去捕食。另一种方式是在猎物休息或专心取食的时候，虎便悄悄地靠近，当靠近到一定距离时便猛扑过去，这时猎物还没有弄清是怎么一回事儿，就已经成为东北虎的食物了。

东北虎的犬齿极为发达，长约 6.5 厘米，大而尖锐，上颌最后一枚前臼齿和下颌第一枚臼齿，齿面突起像剪刀那样交叉，称为裂齿，这些特点对它经常食肉极为有利，便于撕裂食物。

别看东北虎在虎中是体形最大的虎，由于它的脊柱关节灵活，走起路来脚爪又能收缩，脚上的肉垫极厚，行动时只有肉垫着地，悄无声息，反应又轻巧迅捷，所以它在捕食的时候常常可以得手。东北虎经常袭击大中型动物，以羚羊、野猪、野兔、鹿等动物为食，有时也吃一些带有酸甜味道的浆果。东北虎食量很大，一顿可食 30 公斤左右的肉，一次吃饱后可数日不食。

东北虎大多单独生活，它不会爬树，但喜欢游泳，虎可以算是游泳健将。在所有的猫科动物中，虎最喜欢水。雌虎、雄虎各有自己的领地，它们用吼叫声和留下气味的方法来区分各自的领地和宣告各自的存在。通常气味是指尿液、粪便的气味。它的分泌腺分泌出的气味是相当浓烈的，这种气味一般可保持 3 个星期左右。雌、雄虎在发情期间结合在一起，交配以后就分开，它不属于单一配偶制，随合随散，此后又另觅配偶。在野生环境中，老虎的活动范围可以达到 40 平方公里。

在自然界中虎一般 2~3 年生育一次，冬季发情交配，孕期 103~106 天，每胎 2~4 仔。初生虎仔约重 1 300 克，7~12 天睁眼，约 20 天长牙，一个月后即可食肉。母虎与虎仔一起生活 2~3 年，4~5 岁性成熟，寿命 20~25 年。

人们谈虎色变，主要原因是因为虎吃过人。其实，根据动物学家们的多年观察，发现虎从小就怕人，天性谨慎多疑。有一位著名的研究野生动物的专家吉姆科贝特估计，1 000 只老虎中大约只有 3 只老虎吃人。一般在食物丰富的自然界中，老虎猎食较为容易。它也不会离开山林，更不会向人进攻。在特殊情况下，比如寻找食物很困难，饿得太狠了，也就是说自然环境受到了破坏，在这种情况下才去接近居民区，盗食家畜和吃人。还有的情况，就是虎本身受了伤，或年纪太大了，奔跑速度受到影响，视力、听觉不灵了，力气也不够大了，那么它猎食的本领也就大大降低了，追不上灵活猎物，如鹿、羚羊、麂之类动物，也制服不了像野猪、水牛等大形有力气的捕猎对象。最后迫于难耐的饥饿，老虎不得不去袭击人，变为"食人兽"。人类面对这种情况，自然要团结起来维护自己的生存。人们绝不容许一只吃人虎危害自己的利益和生命，因此见虎就杀，或者主动进入山林捕杀，人们大量捕杀老虎的结果，使得老虎的数量大大减少。人们又发现了虎的全身都是宝，尤其是它那神奇的药物作用，更加剧了人们对东北虎的猎杀。目前，东北虎的野生数量极少，分布范围日益缩小。由于其自然生态被破坏，它的繁殖力又较低，虽然一窝产4只幼仔，最后最多只有一半幼仔长大。现在东北虎的野生种已经濒临灭绝，为此已被国家列为一级保护动物，严禁捕杀。

6. 水中"活化石"——白鳍豚

作为陆上的动物大熊猫为我国所独有，而作为水中动物的白鳍豚，也是我国所独有的动物，并且，在数量上白鳍豚比大熊猫还要少，估计目前仅存200只左右，至多不超过300只，也有人估计不超过200只，还不到熊猫现存数的1/5。从人工饲养量来看，只有我国有两只，足见其珍稀程度。说它是"水中国宝"，称它为"江中大熊猫"那是一点也不过分的，同样，它也是当之无愧的"国宝"。说它是"活化石"，那是由于它本属于古老、原始的鲸类，研究鲸类的演化，它是极为珍贵的活体材料。

白鳍豚又名白鳍、白鳍豚、淡水海豚。它分布在长江中下游的干流中，通常在河、湖与长江的汇流处，如洞庭湖、鄱阳湖、钱塘江与长江的交汇处。这些地方水生物繁多，食物充足，适宜白鳍豚生活。

白鳍豚体形呈纺锤状，体长约1.5~2米，少数也有达2.5米长的，它那尖细的长吻就可长达30厘米以上。它那与身体浑然一体的脑袋上，长着豆粒大小的一对小眼睛，耳朵退化得更厉害，只有针孔大小的两个耳眼。它的前肢呈鳍状，后脚完全退化。尾鳍扁平状，分为左右两叶。它的上下颌骨上密密地排列着130多颗圆锥状的牙齿，但是它吃东西从不咀嚼，都是整吞，捕猎到小鱼都是整条整条地吞到肚子里，由此可见，它那极强的消化能力。成年白鳍豚体重可达 130～230 公斤。通体皮肤细腻光滑，背面浅灰蓝色，腹面白色，那三角形的背鳍与两片胸鳍呈白色，"白鳍豚"的大名就是由此而得来的。它的鼻孔长圆形，长在头顶的偏左部上方，约 30 秒钟将头部伸出水面，换一次气。

白鳍豚眼睛、耳朵都已经退化得几乎完全失去功能，但这一点儿也不影响它们在浑浊的江水中生活、觅食。原因在于它们体内有一套独特的发声和接受回声的定位组织，其频率都在超声波范围内，精密程度远远超过现代化的声纳设备。它们识别物体、捕捉猎物、联络同伴、躲避敌害都仰仗这套声纳系统，因此，它们又获得了"活雷达"的雅号。仿生学研究者对它们的这套本领很感兴趣，正在下大力气研究。

白鳍豚喜欢群居，大多双双对对地活动、觅食，三五成群的也有。冬末春初是它们的交配期，怀孕期长达一年，每胎仅产一仔，幼仔靠吸食母乳长大。刚问世的幼仔体长达 70 厘米，体重可达 5～7 公斤，寿命可达 30 年。

白鳍豚有着相当发达的大脑，大脑的表面积大，沟回复杂，因而很聪明，专家认为它比长臂猿、黑猩猩还聪明。尤其有意思的是它的大脑两半球轮流工作、休息，因此白鳍豚在睡觉时也照样游动不误。

1980 年 1 月 12 日在洞庭湖口的城陵矶附近，我国首次捕捉到一只活的白鳍豚，这一重大新闻迅速传遍全国、传遍全世界，动物学家们以极大的热情关注着这一重大新闻。我国的动物学家给其命名为"淇淇"。1982 年 12 月初，江苏省镇江市的渔民在谏壁镇附近的江面上又捕捉到一头白鳍豚，江苏省淡水水产研究所将其放入该所的养殖试验场的养殖池内饲养，取名"江江"，可惜由于这只白鳍豚是被滚钩捕获的，终因伤重难治，不久就死了。1986 年 3 月 31 日又捕到一只活白鳍豚，取名"珍珍"。现在"淇淇"、"珍珍"被放养在武汉市美丽的东湖附近的中国科学院水生生物研究所内。如今这两只白鳍豚吸引着国内外大批的生物学家前来考察、研究。国内各地前往的参观者更是相当踊跃，人们争相目睹世界上仅有的两只人工饲养的白鳍豚。而所内的科学工作者则从生态学、生理学、仿生学、行为学等方面对这两只白鳍豚进行研究。

白鳍豚数量极少，属于濒危动物，而且濒危度还有日益加剧的趋势，应当引起我们的高度重视。为此，学术界曾不止一次发出呼吁，但捕杀白鳍豚的事仍未禁绝。就在捕获到"淇淇"在全国引起轰动的热潮尚未平息时，洪湖县竟发生扎死活捉到的白鳍豚事件。那只被扎死的白鳍豚长两米有余，重 122.5 公斤。"淇淇"被捕获时身长才 1.47 米，体重仅 36.5 公斤。20 世纪 80 年代中期在安徽省的安庆、铜陵之间的江段内，竟发生过一个月内捕杀 4 只白鳍豚的惨痛事件，不能再发生这样的惨剧了。让我们共同努力，为保护白鳍豚，保护所有的珍稀、濒危动物作出努力。

7. 抗寒勇士——白唇鹿

全世界属于鹿科的动物，总共有 38 种之多，在我国出现过的有 19 种。在这 38 种中有 5 种为我国所特有，而白唇鹿就是这 5 种中的 1 种。

白唇鹿，顾名思义，它的嘴唇是白色的，所以称它为白唇鹿。其实这一说法又是似准非准的，因为白唇鹿不只嘴唇是白的，上至鼻端两侧，下至下颌都是白色的。白唇鹿的别名较多。它常活动于高山的悬崖峭壁上，因而又叫岩鹿。它的体毛夏季呈黄色，因此又被称做黄鹿。它唇部的白色，上及鼻端两侧，又有人称它为白鼻鹿。在它的栖息地青藏高原的藏民则称它为"卡夏"，译成汉字就是"白嘴"。

白唇鹿在鹿类家族中虽算不上首席巨人，但也称得上壮汉了。它形体高大，肩高 1.3 米左右，体长 1.5 米左右，有的可达 2 米以上，体重 130 公斤以上，有过 250 公斤以上的记录。

白唇鹿体毛粗而硬，呈灰褐色，头部、腹部颜色较浅，臀部有浅黄色的毛斑。它们在初夏开始脱落冬毛，盛夏时又长出新的体毛。有意思的是，它们的体毛粗硬，但都是空心的。这样的体毛正适合于抵御冬季零下 35℃的严寒。而在春夏季节，又有发挥类似救生衣的作用，可以泅渡过水面。

雄性白唇鹿头上长着一对硬角。从基部至尖端多在 1 米以上，有过长达 1.4 米的记录。每只角一般有 4~5 个叉，也有多达 8~9 个叉的。白唇鹿的角，每年 4 月长出新茸，新茸的外层上包着皮肤，皮肤上长着细绒毛，因为包在外层的皮肤内有丰富的血管，看上去呈灰褐色，显得很醒目。大约到 7~8 月，新茸完全长成，到 9 月则全都骨化为干角，至第二年 3 月干角脱落，4 月又继续长新茸。与长长的鹿角相映成趣的是它那几乎被粗心人忽视的尾巴，它的尾巴短得只有三四厘米，最长的也不超过 15 厘米。

白唇鹿是名副其实的"抗寒勇士"。它只栖息在我国青藏高原海拔 3 500 ~ 5 000 米的高山上。多数时间活动在 4 000 米上下的范围内，但是当夏季到来时，它抵不住 15℃左右的"高温"，就上升到海拔 5 000 米左右的地方去"避暑"。高原地区空气很稀薄，但大自然给它造就的那只发达的大鼻子，使得它能悠闲自在地生活。白唇鹿的栖息地，除了"高"之外，还必须是草甸地带、灌木丛林地带、针叶林地带或次生灌木丛林地带，高山裸岩带它是不去的。俗话说："民以食为天"，鹿也不例外，高山裸岩地带缺少它所需要的食品，它当然不能生活在那里。为了觅食，随着食源的变化，它常常作垂直迁徙，哪里水草丰美，它就往哪里去。它的食物不下百种植物，但是蒿草类、针茅类植物是它最喜欢吃的食物，因为这些东西的含氮量较高。

白唇鹿喜欢结群生活，每群少则三五只，多则数十只不等，只有当交配季节到来时，才有超过百只的大的结群。一般情况下，鹿群由母鹿带队，但是真正的领袖还是离它们不很远、保护着它们不受侵犯的那只强壮的公鹿。白唇鹿平常性格温顺，即使几只公鹿在一起也能和平相处，但是到了交配季节，公鹿为了争夺配偶，免不了要争斗一番。得胜的公鹿凭着强壮的体格，总是妻妾成群，而且它会尽力保护自己的妻妾，不允许其他公鹿占有自己的妻妾。白唇鹿的发情期在9～11月间，孕期大约8个月，每胎仅产一只仔鹿，哺乳期约4个月，幼鹿3～4岁才发育成熟，公鹿在发育成熟前，一直生活在母亲的身边。成熟后再独立生活，去组织新的家庭。但是刚成熟的年轻公鹿，大多不是壮年公鹿的对手，一般难以在短期内组成自己的新家庭。白唇鹿的寿命大多为20年。

白唇鹿有一些有意思的习性，在夏季它常常泥浴。泥浴既可以帮助解除燥热，又可以防止虫子的叮咬，对它们颇有益处。白唇鹿还喜欢吃一点带咸味的食物。牧人们常常就利用这一点，在牧场上撒点盐，以此诱来白唇鹿，馋嘴的白唇鹿，有时就因此被捕获。

白唇鹿胆小而机警，又生活在那种特殊的环境中，想捕到它是相当困难的，因而动物园里也不多见。为了加快白唇鹿的繁殖，近年来我国已经进行人工饲养繁殖。但是由于白唇鹿的生活习性所限，这些饲养场只能建在青藏高原上。据资料记载，人工饲养的成活率在5％左右。为了保留人工饲养的白唇鹿的野性，现在已经试验进行放牧式的饲养。

白唇鹿与梅花鹿一样，全身都是宝，鹿茸、鹿鞭、鹿盘、鹿胎，无一不是名贵的滋补佳品，其中尤以鹿茸广为人知。

目前，世界上除我国以外，只有一两个国家有白唇鹿展出，那还是我国作为礼品赠送去的。由此也可以看出它的珍稀程度。我国已把白唇鹿列为一类保护动物，严禁随意猎捕。

8. 鹿中极品——梅花鹿

提起梅花鹿，似乎不大容易让人与"珍稀"这个概念联系起来。参观动物园，大多能见到梅花鹿；逛公园，常见到公园里有动物展览，在展览地点也不难见到梅花鹿。既然梅花鹿不难见到，谈何"珍稀"？说梅花鹿珍贵，还算不难理解，因为它全身都是宝，它的鹿茸尤为珍贵；说它稀少，似乎就难以让人接受了，因为与事实好似不大符合。这里有一定程度的误会，我们说梅花鹿珍稀，是指野生的梅花鹿而言，大家在动物园、公园看到的是人工驯养的梅花鹿。现在野生的梅花鹿，确实是不多见了。

从分布面来看，野生的梅花鹿在我国分布得比较广，东北、华北、华东、中南地区都曾有过梅花鹿栖息地，或者说都曾经有过梅花鹿。但目前华北的梅花鹿已经绝迹；在华东，仅江西彭泽县的桃花岭，估计还有百头左右；原来产鹿数量较多的东北、中南，野生梅花鹿的数量也少得可怜了。幸而20世纪70年代初，在四川、甘肃的交界处又发现了一群野生梅花鹿，但数量也只在一二百头。

梅花鹿体格不算魁伟，体长在120～150厘米之间，尾长约15厘米，体重约80～100公斤。头部尖圆，面部呈较长的近似梯形状，有一对大而圆的眼睛和不太长的耳朵。雄鹿头上长着一对分着4个叉的角，眉叉不长，但主干较长，可达40～50厘米，第二个叉离眉叉较远，主干末端分成两叉。梅花鹿的四肢细而长，有利于快速奔跑。它的体毛颜色不固定，春夏季略浅些，秋冬季深些，基本色调为棕色。背部有显著的白色毛斑，"梅花鹿"的美称就是由此而来的，有意思的是这些白色毛斑排列比较规则，近乎成纵行分布。梅花鹿背脊上有一条黑色背毛，而腹部则是一片白色皮毛。

梅花鹿栖居于针阔叶林的边缘地带或山地的大片草原地带，但具体地点不固定。不同的季节，它们的栖息地点也不一样，夏季多在林荫中栖息，冬季则寻找朝阳避风的山坡栖息。梅花鹿的活动时间多在早晨和傍晚，一边觅食，一边嬉戏。它们的食物多为青草、树叶、苔藓，或者树木的嫩枝、嫩芽。梅花鹿很机警，它的嗅觉、听觉都很敏锐，在觅食时它们多迎风而立，这样便于嗅到敌兽的气味，以便采取自卫行动或逃跑。一旦听到响动，它们就停止觅食和嬉戏，静听动静，如果确认有敌情，就立即迅速奔逃。

在平时，母鹿与未成年幼鹿结群生活，公鹿则单独居住，但到了发情期公鹿便回到鹿群与母鹿合群。梅花鹿的发情期在8～11月，进入发情期的公鹿，再也不像平时那样温文尔雅，性情变得粗暴起来，不仅常常大声鸣叫，遇到情敌总要斗个你死我活，不分胜负，决不罢休，格斗用的武器就是那已经骨化的鹿角。获胜的一方即可妻妾成群，对这些妻妾，它是不允许第三者插足的，只有一种情况下例外，那就是第三者比它强大。偶尔也有在交配季节末期，强壮的公鹿疲惫而无力赶走第三者，有被第三者乘虚而入的情况。梅花鹿的孕期220～240天，每胎一般产一只仔鹿，偶有产两仔的。梅花鹿的哺乳期在3～4

个月之间，仔鹿一落地，即能站起来找母亲吮奶，约 2～3 岁性成熟。成熟的公鹿一般就离群活动，准备成家立业了。幼仔的体毛较成年鹿的体毛颜色浅，但白色毛斑清晰可见。

野生梅花鹿在朝鲜、越南也有少量存在。我国动物园中供观赏的梅花鹿多为经人工驯养的野生梅花鹿的后代，真正直接捕自野外的，极为个别。

梅花鹿是以植物为食的反刍动物，这是中学动物教科书中早已经告诉人们的。但是在山西太原的动物园中不止一次发生过梅花鹿吃麻雀的趣事。

梅花鹿的珍贵，与它满身是宝密切相关，尤其是那享誉全球的鹿茸。在医药界，只有 4 种鹿的茸被认为有药用价值。这 4 种鹿就是梅花鹿、马鹿、水鹿、白唇鹿。梅花鹿的鹿茸被称为"黄茸"，是鹿茸中品位、等级最高的。鹿茸有补虚健体强筋骨的功效。每年春季，雄鹿头上会长出一对嫩角，外部包着带有绒毛的皮肤，其中血管很丰富，血液循环很旺盛，用手触摸有温热感。这对角长到两个月时割下来就是名贵的鹿茸，过期不割，就会逐渐骨化，变化鹿角。鹿角也是一种中药，但药用价值比起鹿茸就差得多了。以前割鹿茸时，由几个身强力壮的大汉，把鹿按倒在地，再由一个人操一把特制的锯，把鹿茸割锯下来。后来采用药物麻醉法，先把药物注射到鹿身上，鹿就麻醉卧倒，任凭人们割锯。锯完后再打一针解药，鹿就又苏醒过来了。用这种方法割锯鹿茸，既能保证人畜安全，又不损伤鹿茸。除了鹿茸以外，梅花鹿的鹿胎、鹿鞭、鹿筋、鹿血、鹿尾都有药物功能。鹿肉能壮体，鹿皮能制成名贵的鹿革，有很高的经济价值，不过现在用以制药、制革的原料，都来自人工饲养的梅花鹿。真正的野生梅花鹿，已被列为国家一级保护野生动物，严格禁止捕猎，更不允许捕杀。为了野生梅花鹿的繁殖，国家也已划定了一些野生梅花鹿的自然保护区。

20 世纪 70 年代初，在四川、甘肃交界处发现群梅花鹿，那是梅花鹿的一个新发现的亚种。这一亚种梅花鹿，为我国所特有。在其他国家不仅没有分布，即使在那里的动物园中，也从来没有展出过。如此看来，把野生梅花鹿列入珍稀动物，是绝对名实相符的。

9. "鸟类明珠"——朱鹮

朱鹮，在动物分类学上位于脊椎动物，鸟纲，鹳形目，鹮科。

朱鹮又称朱鹭，红鹤。

朱鹮是世界公认的濒危鸟类。据文献记载，朱鹮曾广泛分布在亚洲东部。苏联的南部，中国的东北、长江下游、秦岭、台湾岛及日本诸岛，都有过朱鹮的踪迹。有一本名为《中国东部的鸟类》的书中记载，朱鹮有两种类型：一种是白色的，另一种是灰色的。自20世纪30年代起人类大量的捕杀，使之变为自己的美味佳肴；再加上栖息地的树木被人类滥采和砍伐；还有一些动物如乌鸦、豹猫、青鼬、猛禽等经常捕食它们，使得朱鹮的种群数量急剧下降，分布区明显缩小。到了50年代，朱鹮基本绝迹了。到了1982年8月为止，日本只剩下两只，我国的野生种仅有7只。这7只朱鹮的发现有一段复杂经历。中国科学院动物研究所组织了一个调查小组，从1978年秋季开始，前后用了3年的时间，踏遍了万水千山，克服了重重困难，行程5万余公里，历经辽宁、安徽、江苏、浙江、陕西、甘肃、山东、河南、河北九省，终于在1981年5月23日和5月30日，在陕西省秦岭南坡洋县的金家河山谷和距离金家河两公里的姚家沟一带的海拔1 200～1 400米的山林中发现了尚存的朱鹮营巢地。金家河有一对成鸟，4枚卵，但育雏没有成功，姚家沟的巢中发现3只幼鸟。这证明朱鹮在我国不但没有绝迹，而且还有繁衍后代的能力，这说明拯救这种珍鸟免于绝种有了希望。

朱鹮自从被发现以后，世界各国的动物学家们把保存朱鹮的希望寄托到了中国。中国科学院动物所的同志们就在姚家沟建立了一个"秦岭一号朱鹮群体观察站"，在朱鹮栖息的青桐林畔搭了观察棚。他们24小时值班，日夜用望远镜及其他仪器观察记录朱鹮的全部生活情况，研究朱鹮的生活习性，为以后朱鹮数量的增加提供了宝贵的信息。

朱鹮的幼鸟羽毛颜色呈灰色，随着幼鸟的长大，羽毛颜色逐渐变为白色。朱鹮有两种类型：白色型和灰色型的，这种说法不正确，所谓两类，实际上指的是它的成鸟和幼鸟，只是一种而已。

朱鹮是一种美丽的中型鸟类，称为东方鸟类明珠。它体形较为肥硕。远远望去朱鹮的体羽为白色，走近观看全身雪白的体羽中的羽干、羽基、翅膀边缘的飞羽都略带淡淡的粉红色，初级飞羽为鲜艳的粉红色，闪烁着晚霞般的光辉。它的额顶和面颊都裸露无毛，且为朱红色。长长的喙略向下方弯曲，为黑色，喙尖为朱红色。后枕部有十几根冠羽，冠羽呈柳叶形长而下披，触及到后背部，别有一翻俏丽的风味。它的腿和脚都为橘红色，和它头部的朱红色遥相呼应。朱鹮的虹膜也呈淡红色。朱鹮的全身色彩基调为红色，有深有浅，恰似化妆师精心妆扮的披着头纱的新娘，真是吉祥、喜庆之鸟。

朱鹮身长60～80厘米，体重1.5～2公斤，为中等体形的涉禽。

朱鹮栖息在沼泽、水田、河滩、溪流附近，多为群体活动。互相之间团结友爱，和睦相处，夜晚在高高的大树上栖宿过夜。朱鹮休息的时候，常呈"金鸡独立"的姿势，并且转动它那长度适中的颈部把喙插入背部的羽毛中，盘头养神，此时好像在向人们展示它那美丽的冠羽。朱鹮只有在白天才共同外出觅食，它们主要到水田、河溪、沼泽地中以鱼、虾、泥鳅、青蛙以及软体动物为食。它尤其喜欢吃泥鳅。

在每年的早春二月，朱鹮成双成对飞回繁殖地，要做的第一件事就是占领地盘，然后选择高大的树木：或者是高大的白杨树，或是松树，或是栗树，或是高大的青冈树，在距离地面 10～20 米左右的粗树枝上，早出晚归，叼材建巢。在建巢的过程中，它们经常遭到邻居，比如喜鹊等其他鸟类的捣乱。喜鹊经常把朱鹮刚刚叼来的巢材抽走，常常使得朱鹮还没有来得及把巢建好，雌朱鹮就已迫不及待地把第一枚卵产下来了。它们只好一边产卵，一边补建巢穴，一直到所有的卵都孵化成雏鸟为止。

朱鹮一般每窝产卵 2～4 枚，每年产一窝。卵呈青绿色或蓝灰色，上面带有褐色的斑点。卵似鸭蛋样大小，每个约重 60～75 克。雌雄鸟轮流共同孵卵，经过近 1 个月的孵化，小朱鹮一个个出世了。幼雏绒羽为淡灰色，腿呈橘红色。幼雏为晚成鸟，不能独立生活，必须由双亲进行育雏。人们观察到小朱鹮的亲鸟将稻田里的泥鳅，水中的小鱼、青蛙、甲壳类动物以及昆虫，吞进食道的夹袋里，制成半流食，再飞回巢边。喂食时，亲鸟把嘴张开，先让最先出壳的雏鸟把喙伸进夹袋里掏食，然后再给第二个出壳的雏鸟喂食，然后是第三只……当雏鸟吃饱的时候，它们就会把头低下。亲鸟每次喂食都严格按照这个顺序进行。如果一窝雏鸟数量较多，有 4 只左右，那么轮到最后一只雏鸟吃食的时候，亲鸟夹袋里的食物已经被前面的雏鸟吃光了。这样下来，后面的雏鸟因为没有食物吃，身体会逐渐瘦弱下来，最后被弃之巢外。所以一般情况下，根据亲鸟的喂养能力，喂养两只雏鸟是理想的，喂养 3 只就吃力了。

在"秦岭一号朱鹮群体观察站"，1981 年人们就发现一窝 3 只雏中的"小三"因为吃不上食物，身体瘦弱，最后被弃之巢外。1985 年一窝 4 只雏鸟中的"小四"也遭到遗弃。这种现象又一次证明了，自然界中自然淘汰的残酷现实。

后来人们一旦发现了朱鹮有弱雏在挣扎，就立即从巢中取出，送往北京动物园，由人工精心饲养。遇到有弃之巢外的幼雏，也同样处理。现在北京动物园至少有 5 只以上的朱鹮就是在这种情况下送来落户的。

雏鸟由于进食半消化的食物，因此长得很快，大约 1 个月就能长大，可离巢觅食。1～2 年性成熟，寿命 20～30 年。

朱鹮目前仅分布于我国陕西省的洋县，为世界最濒危的鸟类之一，列为我国一级保护珍禽。1983年在陕西省洋县建立了朱鹮自然保护区，面积达20平方公里。

10. 稀世珍禽——黄腹角雉

黄腹角雉，在分类学上位于脊椎动物门，鸟纲，鸡形目，雉科，角雉属。

角雉在全世界共有5种，有分布在西藏西南部，在国外克什米尔地区的黑头角雉；有分布在西藏南部、喜马拉雅山北坡和国外尼泊尔、印度北部、不丹地区的红胸角雉；有分布在西藏东南部，国外的不丹东部和印度阿萨姆地区的灰腹角雉；有分布在西藏东南部，云南北部、四川、甘肃、陕西、湖北及湖南等山地的红腹角雉；还有分布在我国东部亚热带高山森林里，如福建、广东、广西、浙江及湖南等地，海拔相对较低的地区曾经发现过的黄腹角雉，现在已多年未见到了。这几年只有在广西东北部的海洋山脉和苗儿山一带发现少数黄腹角雉。

这5种角雉都属于角雉属，角雉最主要的特征有三点。第一点：雄鸟头上具有身体冠羽。第二点：两眼上方各有肉质的角状突起，所以角雉又叫做"角鸡"。第三点：喉下围着一个肉质的"围裙"，叫做"肉裙"，也叫"肉裾"。这些肉角和肉裙平时体积很小，收缩着，到了繁殖期，这些肉角和肉裙都会膨胀竖展起来，色彩非常艳丽，以达到吸引雌雉，并与雌雉交配的目的。

这里主要介绍黄腹角雉。黄腹角雉为我国所特有。体形比家鸡略大，体长约60厘米，尾长20～23厘米，体重约2.5公斤。雌、雄雉羽毛颜色不同，雄雉羽毛色彩极其华丽。头顶具有前面的黑色，后面为橙红色的冠羽。冠羽下面隐藏着一对长约20厘米的翠蓝色肉质角，喉下长着一个橙黄色的肉质裙。身上的羽毛大部分为栗红色，其间点缀着许多卵圆形的黄色斑块。圆形斑块的周围镶着黑色的边。身体下部呈皮黄色。因此得名黄腹角雉。雄雉的尾为棕黄色，尾的尖端布有黑色的横带，尾部为圆形。

雌雉个体稍小于雄雉。上体羽毛主要呈棕灰褐色，其间散布有形状不规则的黑褐色或白色的斑纹。雌雉的肉角没有发育，也没有肉裙，还没有冠羽。雌雉的体色显然不如雄雉华丽。

黄腹角雉生活在海拔800～1400米的亚热带常绿阔叶林、落叶阔叶林和针叶林的混交林内。经常在流水的沟谷中、灌木丛林中觅食。主要吃植物的嫩叶、花、浆果、种子，也吃昆虫。到了秋季和冬季主要吃青冈的种子、交让木的叶和果实。这些树木数量极少，只生长在人迹罕至的高山地区，因此就决定了黄腹角雉生存范围狭小，数量也就极少了。所以黄腹角雉这种我国独有的珍禽被定为国家一级保护动物，也是世界濒危物种。

3月中旬黄腹角雉开始发情，在发情求偶期间，雄鸟常在清晨时发出短暂的、激烈的、好像婴儿啼哭的声音。这声音实际上是求偶的鸣叫声。在人们听来，这声音不怎么好听。可是对于雌鸟来说，却是非常美妙的声音。与此同时雄鸟在雌鸟面前上下起伏，它那位于头部后方的冠羽不断竖起，抖动它那暗蓝色的肉角（有3厘米长），以引起对方的注意。雄的黄腹角雉平时肉裾比较小，不显眼，到了发情求偶期也变得颜色特别鲜艳，翠蓝色的条纹纵横交错在充血膨胀的肉裾上。那条纹远看似繁体的"寿"字，故有人又称其为"寿鸡"。这肉裾交替舒缩，突然充血膨胀展开，下垂在胸前，一边抖动，一边鸣唱，直到使得它面前的雌鸟满意为止。

黄腹角雉的巢筑在高大的树干上。它的巢非常简陋，雌鸟把枯树枝等较细的枝条，用腹部压成一个浅浅的窝，这就是它的巢穴。4月初产卵，卵的大小比鸡蛋稍大，为棕土色，其间分散有褐色的细点。产卵时不是一次都产出，而是隔日产1枚卵，平均每窝2~4枚左右，每年产一窝。

孵卵的任务由雌鸟担任。雌鸟在孵卵期间非常认真负责，每天只离开巢1个小时左右外出觅食。有时遇到天气不好，或下雨，雌鸟可以1~2天不离巢，它用自己的身体或张开双翅把雨水挡住，以保持卵的温度。一般情况下，孵化期为28天左右。刚出壳的雏鸟身体表面布满了棕褐色的绒羽，在出壳的当天，雏鸟即可煽动它那幼小的双翅，这说明雏鸟的翅羽成熟得很快。雏鸟出壳之后，亲鸟对它还是百般地爱护，一直用身体给雏鸟保暖，一直到第三天的清晨，雌鸟才带着雏鸟从巢中飞落地面，雏鸟跟随雌鸟到处寻觅食物。幼鸟生长发育较为缓慢，一般两年以后才能发育为成鸟，性成熟。

由于黄腹角雉飞行能力差，行动缓慢，反应迟缓，易被天敌捕食，故又称"呆鸡"。又加上它生存的环境范围狭窄，数量本来就稀少，再加上它的生态环境被破坏，繁殖能力差，性成熟时间长，人为的捕猎等因素，黄腹角雉现已成为濒危物种，被列为我国一级保护鸟类。1975年在黄腹角雉的原产地浙江省泰顺县鸟岩岭建立了自然保护区，面积达6.1平方公里，并于1987年首次人工繁殖成功。1986年又在广西省建立了西岭岗自然保护区，面积有200平方公里。1988年至1989年又在北京师范大学内人工饲养并繁殖出幼鸟，且两年以后达到了性成熟。1990年又进行人工控制光照促使发情提前的实验，同样获得成功。经人工驯养的黄腹角雉，提前1个月发情并产卵成功。

11. 高原神鹰——黑颈鹤

提起鹤，人们就会想到仙鹤，想到松鹤图、松鹤延年，想到诗人以鹤为题材的诗："昔人已乘黄鹤去，此地空余黄鹤楼，黄鹤一去不复返，白云千载空悠悠……"这些都足以说明中国的鹤是深得人们赞美的。

早在 4 000 万年前的始新世，地球上就已有了鹤类，比人类的出现早得多。当时，地球上的鹤类有 300 多种，随着地球的变迁，生态环境的破坏，目前世界上只剩下了 15 种鹤，在这些鹤中，中国占有 9 种。中国占有这些鹤类，全部都属于一、二级保护动物，它们分别是：丹顶鹤、白鹤、灰鹤、黑颈鹤、赤颈鹤、白头鹤、白枕鹤、蓑羽鹤、加拿大鹤。其中丹顶鹤、黑颈鹤和白鹤在 1984 年的时候就已经总共有大约 1 800 多只，在数量上为世界之首。这 3 种鹤均为一级保护动物。

在我国黑龙江扎龙有一个世界上少有的"鹤乡"——鹤类自然保护区。在这个保护区内活动着 6 种鹤类，有丹顶鹤、白头鹤、白枕鹤、蓑羽鹤、白鹤和灰鹤。这些鹤类在这里筑巢搭窝，生儿育女，不断增加儿孙的数量。

鹤类栖息于浅水之中，它们在水中站立睡觉时，常常将一条腿弯曲着收起来，将头埋在双翅之间，挡住露水和寒冷，或就地而卧。

鹤类气管的下端盘绕曲折，且随着年龄的增长而逐渐长大，盘成的圈也是增多的。可想而知，老鹤的气管会有多么的长。

鹤类鸣叫起来声音高亢且洪亮，这主要是由于它们体内的气管长到已经进入胸骨内的原因造成的。古人用"鹤鸣九皋，声闻于天"来形容鹤的鸣声高亢洪亮。

黑颈鹤在分类学上位于脊椎动物，鸟纲，鹤形目，鹤科。

黑颈鹤为大型涉禽，是我国特有的珍贵鹤类，又是世界上唯一的高原鹤类。

黑颈鹤是世界 15 种鹤中最后被人类发现的。那是 1876 年在我国的青海湖，被一位探险家发现的。

说它是大型鹤，是因为它身高 120～140 厘米，体长约 120 厘米，翅阔而强大，翅长约 57 厘米，体重 6～8 公斤。

黑颈鹤体羽大部分灰白色，且发亮。有时背部偶有黑色或灰色的羽毛，头顶部裸露无羽的地方为朱红色，头、颈、尾、初级和次级飞羽均为黑色。腊黄色的长喙直而稍稍偏偏。一对黑色的长脚，好像穿上一双黑色的高筒袜。因为它的颈部油黑发亮，故名为黑颈鹤。

黑颈鹤栖息于海拔 3 000 ~ 5 000 米的高原上，是世界上唯一的高原鹤。它主要生活在高山草甸、高原湖泊区以及沼泽和芦苇沼泽地区。每年 3 月中旬至 4 月中旬，黑颈鹤群陆续由越冬地区——西藏的东南部、四川南部、云南和贵州的西部迁徙到青海省、西藏南部和四川北部的繁殖区进行繁殖。这时，这里的水生动植物为黑颈鹤提供了丰富、充足的食物来源。这样的生活环境为黑颈鹤进入繁殖期创造了良好的生活条件。

进入繁殖期的鹤成对生活，它们在纷纷把幼鹤赶走之后，就开始筑巢。一般 5 月产卵，每窝产卵两枚，卵呈绿灰色或橄榄灰色，其间散布着红褐色的斑点。雌、雄鹤轮流趴窝孵卵，孵化期为 31 ~ 33 天。6 月中间雏鸟出壳，雏鸟体重平均 128 克，棕色绒毛，红色的喙。雏鸟之间不团结，经常打架，最终的结果是一方死亡。亲鸟对雏鸟非常疼爱，耐心地照料和护理。亲鸟到处捕捉一些小动物，比如小昆虫、蚂蚁、蜂、蝇等喂给雏鸟吃。亲鸟不管外出觅食距离有多远，也总是把捉到的小动物叼回来，喂给雏鸟吃。雏鸟 3 ~ 5 年性成熟，一般能活 50 多年。

黑颈鹤在趴窝孵卵期非常尽职尽责，不管天气如何变化，它们都趴在窝里一动不动，任凭风吹雨打，以保持窝里的温度。

黑颈鹤对于气候的变化非常敏感，它们的不同鸣叫声，预示着不同的气候。人们根据清晨时它的鸣声，就可以预先知道这一天的气象是阴还是晴，所以它还有一美称——"神鸟"。有时，在黑颈鹤的繁殖期，气候发生变化，有汛情，它能将繁殖期提前 1 个月，在汛期到来之前把幼鹤带到安全地带。

到了 8 月，亲鸟带领幼鹤开始练习飞行。到了秋天，9 ~ 10 月黑颈鹤带着自己的孩子，排成一定的队形，有"人"字形，有"V"字形，还有"一"字形，飞到遥远的南方去过冬。

黑颈鹤是文献上记载最晚的一种鹤。由于人们发现黑颈鹤的时间太晚，对它的生活习性和繁殖特点等还不十分清楚。黑颈鹤的生活环境严酷，它们反抗天敌、保护幼雏的能力不强，幼雏的死亡率很高，种群的数量得不到发展。每年 9 ~ 10 月黑颈鹤们南迁的时候，幼鹤的数量少得可怜。黑颈鹤目前野生的种群数量很稀少，是世界罕见的珍禽。国际鸟类红皮书和濒危物种公约都把它列为急需挽救的濒危物种。我国将它列为一级保护动物。1984 年在云南省的纳帕海建立了黑颈鹤的自然保护区，面积达 20.7 平方公里。

1987 年 6 月 26 日，北京动物园人工授精，繁殖黑颈鹤成功，而且打破了每窝产卵两枚的纪录，使一只雌鹤产下了 7 枚卵。这一科研成果，为增加黑颈鹤的种群数量，作出了震动世界的贡献。

12. 中华土龙——扬子鳄

扬子鳄在分类学上位于脊椎动物，爬行纲，鳄目，鼍科。

扬子鳄又名鼍，或称中华鼍、土龙、猪婆龙。将扬子鳄称为鼍，早在商殷的甲骨文里就有记载了。古人常认为鼍是龙的一种。李时珍的《本草纲目》一书就将扬子鳄称为鼍龙。老百姓则将它称为土龙、猪婆龙。总之，古代人们将扬子鳄视为"龙"。

扬子鳄身长 2 米左右，体重 10～30 公斤。全身有明显的分部，分为头、颈、躯干、四肢和尾。全身皮肤革制化，覆盖着革制甲片，腹部的甲片较高。背部呈暗褐色或墨黄色，腹部为灰色，尾部长而侧扁，有灰黑或灰黄相间手术纹。它的尾是自卫和攻击敌人的武器，在水中还起到推动身体前进的作用。四肢较短而有力，它的一对前肢和一对后肢有明显的区别：前肢有五指，指间无蹼；后肢有四趾，趾间有蹼。这些结构特点适于它既可在水中也可在陆地生活的特点。

扬子鳄的吻短而纯圆，吻的前端生有鼻孔一对。有意思的是，它的鼻孔有瓣膜可开可闭。眼为全黑色，且有眼睑和膜，所以扬子鳄的眼睛可张开可合闭。

扬子鳄是水陆两栖的爬行动物，喜欢栖息在人烟稀少的河流、湖泊、水塘之中，它大多在夜间活动、觅食，主要吃一些小动物，如鱼、虾、鼠类、河蚌和小鸟等。它忍受饥饿的能力很强，能连续几个月不进食。

人们常常用"鳄鱼的眼泪"来比喻那些假惺惺的人。因为人们看到扬子鳄在进食的时候常常是流着眼泪在吃一些小动物，好像是它不忍心把这些小动物吃掉似的。那么扬子鳄流眼泪是怎么回事呢？它的眼泪并不是出于怜悯，而是由于它体内多余的盐分主要是通过一个特殊的腺体来排泄的，而这个腺体恰好位于它的眼睛旁边，使人们误认为这个腺体分泌的带有盐分的液体就是它的眼泪，当它进食的时候，腺体恰好在分泌带盐分的液体，所以人们常常认为它是在假惺惺怜悯这些小动物了。

扬子鳄有冬眠的习性，因为它所在的栖息地冬季较寒冷，气温到 0℃ 以下，这样的温度使得它只好躲到洞中冬眠。据观察，它冬眠的时间从 10 月下旬开始到第二年的 4 月中旬左右结束，算来扬子鳄冬眠的时间有半年之久。它用以冬眠的洞有些不一般，洞穴距地面 2 米深，洞内构造复杂，有洞口、洞道、卧室、卧台、水潭、气筒等。卧台是扬子鳄躺着的地方，在最寒冷的季节，卧台上的温度也有 10℃ 左右，扬子鳄在这样高级的洞内冬眠，肯定是非常舒适的。它在冬眠的初始和即将结束的这两段期间内，入眠的程度不深，受到刺激能够有反应。中间这段时间较长，且入眠的程度很深沉，就好像死了似的，看不到它的呼吸现象。

刚刚从冬眠中苏醒过来的扬子鳄，首先要全力以赴去觅食，这时洞外已经是暮春时节了。过不多久，体力充分恢复后的扬子鳄们，雌雄之间开始发出不同的求偶叫声和雌雄一呼一应，在百米之外可听到雄鳄洪亮的叫声，雌鳄较为低沉的叫声。它们以呼叫声作为信号，逐渐靠拢，聚合到一起。这时大约已经到了6月上旬。扬子鳄在水中交配，体内受精。到了7月初左右，雌鳄开始用杂草、枯枝和泥土在合适的地方建筑圆形的巢穴供产卵，每巢约产卵10~30枝之间。卵为灰白色，比鸡蛋略大。卵上面覆盖着厚草，此时已是夏季最炎热的季节了，很快，部分巢材和厚草在炎热的阳光照射下腐烂发酵，并散发出热量，鳄卵正是利用这种热量和阳光的热能来进行孵化。在孵化期内母鳄经常来到巢旁守卫，大约两个多月的时间，母鳄在巢边听到仔鳄的叫声后，会马上扒开盖在仔鳄身体上面的覆草等，帮助仔鳄爬出巢穴，并把它们引到水池内。仔鳄体表有橘红色的横纹，色泽非常鲜艳，与成鳄体色有明显的不同。

需要说明的是，在扬子鳄的群体中，雄性为少数，雌性为绝对多数，雌雄性的比例约为5:1。到底是什么原因造成的呢？这是一种有趣的自然规律。动物学家们经过研究才发现：纯吻鳄的受精卵在受精的时候并没有固定的性别。在它的受精卵形成的两周以后，其性别是由当时的孵化温度来决定的。孵化温度在30℃以下孵出来的全是雌性幼鳄，孵化温度在34℃以上孵出来的全是雄性幼鳄，而在31℃~33℃度之间孵出来的，雌性为多数，雄性为少数；如果孵化温度低于26℃或高于36℃，则孵化不出扬子鳄来，扬子鳄的受精卵在孵化时大多在适宜孵化雌性的气温条件下，这就造成了雌多于雄的情况。

第二节 濒临绝迹——世界珍稀动物

1. 智商超人——黑猩猩

猩猩是哺乳动物里最高等的种类，人们把它们称做"类人猿"。现在世界上有4种猩猩，黑猩猩是其中最聪明的一种，主要分布在非洲的中部和西部，它们一般身高1.2~1.4米，体重60~75公斤。头部较圆，眉骨高耸，眼睛深陷，耳朵大而且向两侧直立起来，鼻子小，嘴巴突出，唇长而薄，没有颊囊，手脚粗大，臂比腿还要长，没有尾巴。全身除了面部外，都披着乌黑的毛。炎热而潮湿的非洲热带丛林是它们栖居的地方。它们成群地在树上筑巢而住，居住很简单，并经常迁移，黑夜在巢里睡，白天外出觅食。喜欢吃野果、野菜、谷物，地上爬的蜥蜴、昆虫，天上的飞鸟及鸟蛋等都吃。它们能活到30岁左右。

黑猩猩的脑和面部的肌肉很发达，能作出喜、怒、哀、乐的许多表情和复杂多样的行为。它还善于用前肢作出各种动作和手势，来表达它的感情和思想，还能学会使用简单的工具。由于黑猩猩和人类有着很近的亲缘关系，仔细研究它们的生活状况，有助于推测一二百万年前古人类的行为和生活的一些特点。因此长期以来，科学家对它进行了大量的研究。

20世纪初，科学家把黑猩猩看成是理想的实验动物，用它们做过大量的医学解剖和动物心理实验。它们总是很驯服地进行配合，特别是从小养大的黑猩猩更是这样。美国耶基斯灵长类生物实验室的海斯及其丈夫抱来一只小黑猩猩进行饲养，起名为"维琪"，让它和同龄儿童一起生活。经过训练，它能模仿主人教给它的许多动作和表情，像扬眉毛表示注意到了，摸摸鼻子表示友好，拍手表示高兴，等等。它还学会了使用锤子、锯子等工具，能把木条钉起来，把木块锯开来。它还挺爱劳动，用吸尘器清扫地毯，开罐头，换灯泡，给客人送香烟也不会灼痛人的手指。主人还教会它说"爸爸"、"妈妈"、"起来"、"杯子"等几个英语单词，它还每天和主人同桌吃饭，会使用刀叉和汤匙。

有的科学家还做了这样的实验，在一间空房子里的天花板上高高地挂了一串香蕉，墙边放了几只大小不等的空木箱，把饲养的黑猩猩放进屋里，观察它怎样取食香蕉。开始只见它在地上站起来一次次地向空中比画，为够不着香蕉而焦急。后来当它发现有木箱后就搬了一只在香蕉下方，站上去还是够不着，于是再搬来一只叠着放上去，终于攀到了喜爱的香蕉。还有的试验是，放一张断裂散开的小凳，再摆上铁锤、小钉和木板等东西，黑猩猩居然能把小凳修理好，站在上面玩耍起来。美国斯坦福大学生物学家观察一只名叫贝尔的雌黑猩猩，当它发现另一只雄黑猩猩牙齿有病，痛得老捂着脸，贝尔很热心地拣来一根小树枝，仔细地摘去叶子，把一头弄尖。然后让同伴躺下，用树枝来剔牙，一直到把同伴牙缝里塞的脏东西清除干净。雄猩猩为了表示感谢，轻轻地用嘴吻了一下雌黑猩猩。

黑猩猩有没有学习的能力呢？科学家做了许多实验，说明它们能够学会使用符号语言和手势来表达简单的意思，还可以用不同颜色和形状的塑料板，拼出"苹果"、"香蕉"、"水桶"、"放入"等词组成的句子。有一只叫萨拉赫的黑猩猩，经过训练能按照用塑料板拼成的句子，准确地把苹果放进桶里，把香蕉放到盘子里。20 世纪 80 年代，美国亚特兰大市岳克斯灵长类研究所举行了一场轰动一时的考试，参试的是两头经过训练的黑猩猩山姆和奥斯汀。让它俩分别坐在两间与外界隔绝的计算机房间里，只见屏幕依次显示一个个它们学过的象形文字：香蕉、莱果、杯子等等，要求每显示一个文字图像，就按一下标有"食物"或"用具"的按钮，把主考官出的这些象形文字题加以归类。结果 17 道题的考试，奥斯汀全对，山姆错了一题，它把"调羹"归入了"食物"类。大概这是因为山姆平时特别喜欢用调羹吃东西，弄不清它和食物有什么区别了。这个实验说明黑猩猩已经有了极简单的归纳能力。科学家还发现黑猩猩在 4 岁以前，学习能力比同龄小孩要强些。但 4 岁以后，黑猩猩由于没有语言，就无法进一步学习更多东西了。

上面这些事例都是在实验室或动物园里进行的，虽然很有价值，但还不能完整地、真实地反映出黑猩猩在大自然里的本来面目。要想真正了解黑猩猩的心理状态和各种行为，包括萌芽状态的原始的劳动情况，就只有到野外去考察黑猩猩。由于黑猩猩生活在赤道附近的非洲森林里，那里猛兽活动频繁，气候恶劣，荒无人烟，所以极少有人去做这项艰苦的事情。19 世纪末，一位叫嘉纳的探险家第一个踏进西非加蓬的热带雨林。他在那里建造了一个大铁笼子，自己住在里边，经过连续 112 个昼夜的观察，几只胆子大的黑猩猩只是在很远处张望一下就溜走了，他除了听到猩猩们吼叫的声音以外，什么也没得到。

大约过了 30 余年，美国佛罗里达州耶基斯灵长类生物研究所，派尼森到西非考察黑猩猩。他到了那里，采用极为隐蔽的方式，悄悄地接近黑猩猩，从远处用望远镜观察到了它们觅食、筑巢等方面的一些情况，但时间很短，只有两个多月就结束了。只能说是极为肤浅的调查了。到了 20 世纪 60 年代初，一些科学家在非洲中部、东部等三个地点建立了探索野黑猩猩的基地，三位著名的科学家是柯特兰、里诺尔兹和珍妮·古多尔。他们当中历时最长、成绩最为显著的是年轻的古多尔，她揭开了许多野生黑猩猩的秘密。

密林里的黑猩猩通常是成群外出活动，有时一大群竟有四五十头之多，平时只是三五只一家成员在一起，是母亲和它的子女。小黑猩猩只认其母，不认其父，作为父亲的公黑猩猩是游离于这种家庭之外的，毫不承担一家人的任何义务。黑猩猩最爱吃的是香蕉等水果，淡季里水果少了，也吃昆虫等动物。非洲森林里白蚁极多，筑有高高的蚁巢。黑猩猩常常来到巢前用指头把蚁巢捅一个洞，找来一根草棍或树枝，轻轻地塞进洞里，待棍上爬满白蚁后，立即拉出来放到嘴里，把白蚁一个个舔着吃掉。草根、树枝断了就修整一下，或换一根新的，继续"钓"白蚁吃。

黑猩猩还会用枝条或麦秆抠鼻子，用树棍擦去身上的泥土或拉屎后擦拭屁股，有时候身上碰破了，还会采来一种树叶贴在伤口上，止住血流。在干旱的季节里，口渴得找不到水喝，黑猩猩会把嚼过的一团树叶当做"海绵"一样，用来吸取树洞里残存的水喝。黑猩猩也不总是吃素和小昆虫，它们还会集体行动围捕一些狒狒、羚羊、小野猪、疣猴等小动物。当抓获猎物后总是由占有者撕下一部分兽肉，分给大家吃。这也许是人类原始部落以前最早的狩猎行为吧！

黑猩猩之间是怎样交流和沟通思想的呢？通常当两群黑猩猩久别重逢的时候，总是互相发出大声的喊叫，或者互相搂抱亲吻。它们能够发出许多不同的声音来表达感情，但更经常依靠的是动作姿势和丰富的脸部表情。例如，当一头黑猩猩捕获野兽后，别的黑猩猩就会伸出手来讨着要；如果同伴里哪一个过于急躁，甚至发起脾气来，别的黑猩猩就会把手捂在它肩上，好像是劝慰它别激动发火。

最有意思的是，野生黑猩猩群体间有严格的等级制度，有一只公的做"首领"，其他所有成员都要看它的眼色行事。只要它一来到跟前就给它让路，"俯首称臣"，同时也需要看看"皇后"的态度怎样，即使在它们求爱时也有这样的等级，而在日常生活中从不会有例外。当一个二等黑猩猩和三等黑猩猩同时发现一个香蕉时，二等的就有优先享用权。当你看到两头黑猩猩坐着互相提虱子的时候，这表明它俩是同一等级的好朋友。其实这并不是在捉虱子，而是互相挑去毛下的小块干皮，梳理粘在一起的毛。如果一个低一等级的黑猩猩要想升级加入高一等级团伙时，它往往先用吓唬同级猩猩的办法，捡起一根粗树棒，勇猛地挥舞着，发出可怕的声音，把同伙一一赶跑，然后再想办法挨近高一等级的黑猩猩。如果它发现一只高一级黑猩猩坐在那里，它就走过去先伸出一支胳膊，脸上作出痛苦而又可怜的表情。而那只高一级的黑猩猩往往一开始并不理睬它，好像根本没有看见它似的。于是下等黑猩猩显得非常气恼，使劲地把胳膊伸得又近一些。但是那只高等黑猩猩仍无动于衷，好像是考验这个下等黑猩猩的诚意和耐心。这么僵持了一段时间，高等黑猩猩才抬起头来看了看伸过来的胳膊，用手指头只轻轻地碰了碰下等黑猩猩的手指，算是友好地接受了入伙者的请求。这时候下等黑猩猩激动万分，立即扑向高等黑猩猩的怀抱，于是高等黑猩猩就给它提虱子，表示地位的平等，于是一只黑猩猩升级的仪式就算结束了。

在野外除了深入到黑猩猩的"社会"里进行观察研究外，科学家们还做了一些比实验室和动物园更为有意义的实验。长期以来科学家训练黑猩猩说话的实验总是不能成功，野外的实验教它们做手势动作，取得了意想不到的效果。一头名叫渥索的年幼母猩猩，经过学习，很快就能够做"请"、"早安"、"再见"等动作，几个月后它竟掌握了400多个"示意动作"，能用手比画一大堆事情，简直和聋哑人的手语不相上下了。手势学得多了，渥索还能触类旁通，当它学会了一个表示"开着的门"的手势后，还能继续作出没有教过的"开着的窗"、"开着的抽屉"等许多"开着"的事物，这说明黑猩猩的手势动作还具有表达思想概念和联想等思维的功能。这是有史以来的类人猿研究的最大发现。后来渥索结了婚，生了一个小宝贝。科学家又继续教小猩猩做手势动作，这样渥索和它的孩子居然能互相用手势交谈了。奇怪的是还能表达一些比较抽象的概念。例如，让它们用笔画画，居然能用不同色彩画出人们无法理解的"抽象画"来。一次，那只小黑猩猩在纸上画了两个倒着的"V"形，顶端由一个圆圈相连。当研究人员用手势问它画的是什么时，它用手势回答"一只鸟"。喔！真有意思，两个倒"V"原来代表了鸟的两个翅膀，一个圆圈则代表了鸟的身体。黑猩猩画出了有内容的画来了，这真是破天荒地头一回。

2. 埃及神兽——狒狒

4 000多年前的古埃及人已经开垦了富饶的尼罗河流域。当地的山野里有一种动物，头很大，嘴巴很长，脸的两颊以上直至肩背部长着像雄狮般的直立长毛，从背后看像是个披着蓑衣的老者，人们叫它"蓑狒"，因为它头大，很像狗，又叫它"狗头猿"。埃及人很早就把这种狒狒当狗一样驯养来看门或让它们上树采摘鲜果。由于狒狒很聪明，四肢灵活能爬树上房，比狗能干多了，所以古埃及人尊称它为"神兽"。

狒狒和众多的猴是一个类别的动物，因为它分布在非洲东北部和亚洲西部的阿拉伯地区，所以人们都叫它"阿拉伯狒狒"。雄狒狒个子比雌狒狒大得多，一般身长70～75厘米，站立时身高1.2米左右。雌狒狒头小，嘴巴短，头两侧和肩上的毛也短，看起来很像猕猴。狒狒身上的毛都是灰褐色，脸上没有毛，是淡淡的粉红色。它的四肢发达粗壮，尾巴细长，犬齿特别强大，既能咬坚硬的多汁植物的茎、叶和根，又善于捕捉昆虫和小动物。狒狒生活的环境比较差，大多是半荒漠地带树木稀少的石头山上，爬山本领很大，崎岖陡峭的高岩都能飞快地爬上去，爬树则算是平常的事了。狒狒也很善于适应新的环境，改变自己的饮食习惯。津巴布韦大学的动物学家约翰·菲尔柏斯发现，在非洲南部卡里巴湖中的小岛上生活着一群狒狒，当它们找不到习惯吃的水果和植物的茎、根、叶时，也会上树捕捉小鸟充饥。原本这里是没有湖的，只是在20多年前修水坝建水库时，才出现了水面，又有了鱼类的繁殖。偶然的机会，狒狒从水边拣到了几条蹦上岸来的小鱼，它们试着撕下鱼肉一尝，还挺鲜嫩可口，以后它们就常到水边守着，看看有没有鱼跳上来，当然这样的机会是难得的，于是狒狒开始下水捕鱼了。当它们发现集体下水围捕收获最大时，就纷纷跳到岸边浅水里，用前肢兜着捉鱼吃，不仅有效还挺有乐趣。狒狒也是群居的，几十只甚至几百只一大群，由一只体格强壮的雄狒狒当头领。狒狒虽然性情凶横，但从小饲养驯化后，又很温和，善解人意。

3. 高山之王——雪豹

雪豹是豹的一种，又称艾叶豹、打马热、荷叶豹。雪豹的生活环境不像金钱豹那样广泛，雪豹终年生活在高原地区，也就是生活在高山雪线一带，因其所处的生活环境而得名。雪豹产于中亚的高山地带，我国主要产地是青藏高原、新疆、甘肃、内蒙古等地。雪豹原本应该生活在高山雪线以上，但是在冬季雪线以上雪豹难以觅食，因此也会下到雪线以下有人烟的地带觅食，一般在海拔1 800～3 000米的地方。到了夏季，为了追逐各种高山动物，比如岩羊、北山羊、盘羊等高原动物，又上升到海拔3 000～6 000米的高山上。

在五六千米高的崇山峻岭中，没有树林，也没有低矮的植物，雪豹大多生活在空旷地带，并且多岩石、岩缝的地形中，雪豹的体色恰恰也就适应了这样的生活环境。雪豹体表为灰白色，略微显出一些浅灰和淡青色，体表上还有许多不显眼和不规则的黑色斑点、圈纹，显得华丽珍贵。雪豹的体色是动物学家所公认的猫科动物之中最美丽的一种动物。正是由于雪豹的这种体色，与周围的环境特别协调，即使白天从它身边经过，也不易发觉，因此雪豹便于隐蔽猎食，这也是人们很难捕猎到雪豹的一个重要原因。

雪豹体形大小与豹相似，但头比豹稍小，体长1.3米左右。雪豹与普通豹除了毛色不同外，最大的特点是它的尾又粗又长，其长度约1米。几乎与身体差不多长了。它的尾毛蓬松而肥大。雪豹体毛比普通豹毛长，腹部的毛最长，背部的毛虽然比腹部的毛要短，但也有6厘米长。雪豹的体毛长且密又柔软，这也是雪豹极其耐寒的重要原因。一头雪豹体重约30～50公斤。

雪豹属于岩栖性动物。多栖息在高山的岩洞或岩石缝间，有固定的巢穴，而且居住数年不换，以至身上落下的毛在窝内铺得厚厚的。雪豹夜间活动多成对栖息，黄昏、黎明时也很活跃。白天在洞穴内，不外出，人们很难见到它，因此也很难捕到它。生活在高山上的雪豹，凶猛机警和敏捷的程度连金钱豹也比不上它。它的弹跳能力极强，三四米高的岩石，雪豹跳上去就像是走平地一样，十几米宽的山涧亦不在话下，可一跃而过，因此有"高山之王"的美称。

雪豹两岁多时性成熟，大约在二三月间发情，五六月间产仔，怀孕期大约为95~105天。一胎通常产2~3仔。雪豹的寿命一般为20年左右。

雪豹是稀有的展览动物，也是价值比普通豹贵几倍的动物，我国已把雪豹列为一级保护动物。

4. 性情通人——海豚

经常出海远航的船员们，常常发现这样的情况：船体周围有一群动物追随着它前进，边游动边跳跃嬉戏，这种动物个头儿不大，也就2~3米长，但游泳速度可不慢，它就是鲸类家族中的"小老弟"——聪明的海豚。

海豚，体形像鱼，嘴部细而长，上下颌各长有46~66个尖细的牙齿，身体瘦而长，一般长约2~2.4米。在流线形身体的背部，长着镰刀状的背鳍。背部灰黑色，腹部白色，腹部靠近头的地方长着一对胸鳍。体重在100~200公斤之间。别看它的嘴吻长，口内有那么多牙齿，可是它却不能咀嚼食物，只是以小鱼、小虾、乌贼等为食。

海豚生活在温暖的近海水域，几乎遍布于温暖海域中。它们喜欢群居，一群海豚少则10余头，最多则可数百头。它们没有固定的发情交配季节。当雄海豚发现中意的情侣后，会长时间地尾随这只雌海豚，在漫游中逐渐靠近，进而用胸鳍摩挲对方，直到对方发出信号，表示接受恋爱，然后进入交配阶段。海豚的孕期约9个月，一胎只产一个幼仔，但幼仔体格惊人，其体长约相当于成年海豚的一半，但体重只相当于成年海豚的六分之一到七分之一。幼仔生下后，由母亲陪伴着它。在喂奶时母亲侧身卧在水中，幼仔紧靠着母亲吮啄乳汁。刚生下的幼仔不到一小时就要吃一次奶，但是过不了多久就要每天只吃几次奶了，哺乳期大约一年。由于海豚是群居性动物，当了妈妈的海豚，常常采取"值班制"来保护幼仔，即每次由一只当了妈妈的海豚来照看一群幼仔，其余的妈妈们到远处去采食。

海豚的大脑很发达，它的脑重占体重的1.2%，是一种高智能海洋动物。它的大脑表面积大，沟回复杂。有的专家认为，它的智能超过猿类，其重要依据之一就在于海豚的脑容量大于猿类。经过训练的海豚，能够在较短时间内学会敲钟、扔球、吹喇叭、钻火圈的本领。据记载，海豚不仅会模仿猫狗的叫声，还会说出一些简单的英语单词。海豚的这些本领，都源于它有发达的大脑。

海豚是一种性情温良、敏感、爱嬉戏、好奇、喜欢交际的动物。我们前面谈到海豚是群居动物。在一个群落中，如果有一只海豚有了伤病，它的伙伴们就会悉心照料它。它们的伙伴遇难时，立刻就有同伙游上去，把受伤的伙伴托起来，使同伴获得呼吸新鲜空气的机会。据说，曾有一条病海豚，被同伴们连续轮流"托游"了四天，直到它恢复了呼吸能力，在此后的近半个月时间内，伴随着它的同类，还不时轮流值班，把它托出水面呼吸，直到它完全恢复，能自由游上水面呼吸为止。

海豚的善良不只表现在救助同类，它们还多次救助过人类。在近代航海史上，多次记载过它们救助遇难人类的事件。1972 年曾有过海豚游出 100 多海里，把一名落水妇女托救至岸边的事。甚至还有一次海船沉没，乘客落入海中，适逢有鲨鱼在落海者附近，而一群海豚恰好游经乘客落水处，海豚就一分为二，一部分勇斗鲨鱼，一部分把落水者保护起来。据动物学家研究证实，海豚的救助行为是一种本能的表现：同伴有难，群体救助；遭遇天敌，如鲨鱼、逆戟鲸，则群起而奋力攻击。而推物出水更属本能，在海中遇到木块、汽垫等物，也会将其推出水面。

海豚有时也爱找海龟游戏。它们常常成群游到海龟的身子底下，用又尖又硬的鼻子一顶就把海龟推上了水面，然后把海龟翻转过去，让它仰面朝天。有时候一群海豚同时跃出水面，一起压向海龟，把它压到水下好几米，不等海龟恢复平静，又有几个海豚来逗着海龟玩。海龟没有办法，只好把头和四肢都缩进了龟壳。海豚开了这样的玩笑，自己却飞快地游走了。

海豚有一种发射和接收超声波的能力。它们凭着这种能力，能够准确判别障碍物或猎物的位置；能够与自己的同类互相联系；在求爱时，雄海豚也能凭此与失去联系的女伴接上关系。海豚发出的超声波，具专家测定，在 250 赫至 200 千赫之间，频率范围极为宽广。在发射声波时头部的气囊发出频率高低不同的声音，前颚的两个角度气囊随着头部的摆动，向不同方向定向发射。而接受超声波时则有所分工，耳朵接收低频率声波，颚部接受高频率声波。正是由于它有这种高超的发射和接收超声波的本领，因而它在海洋中高速游动时，也不会碰上障碍物。它的这种避碰的本领，又使得它常能为海轮导航，使海轮避免触礁。据记载，在新西兰近海海域，有一片海礁密集区，在这片海域，曾有过一条白色海豚，从 1871 年开始，连续 40 年为海轮领航，直到老死为止，真可谓"鞠躬尽瘁，死而后已"了。

我们称海豚为"人类的朋友"，不只因为它曾救助过海上遇难的人们，曾为海轮忠实地执行过导航任务，还因为它能友好地与人类相交。根据资料记载，海豚喜欢音乐，尤其喜欢七弦琴的琴声，当海船上有人用七弦琴弹奏乐曲时，它能应声而来，靠近船身游来游去。有一次一群小朋友在浅海岸边嬉戏，一只海豚闻声而来，和小朋友一起相嬉，高兴时还把小朋友们玩的水球顶起来，表演托球的技巧。就这样一次成友，以后每天这只海豚都来和孩子游戏，甚至一名叫贝克的小女孩骑到它背上，它还友善地驮着贝克在海上游一圈。有的海滨浴场，还有经过训练的海豚专门执行陪同游客游玩的任务，甚至它们还能潜入水底为游客们找回丢落到海底的物品。至于表演一些节目，那当然不在话下了。有些人亲眼目睹过这种表演，更多的人通过电视机的屏幕欣赏过许多精彩的表演。

海豚的肉可以食用，它的皮可以用来制革，它的脂肪可以炼油。它更被当做观赏动物饲养在动物园里供人们供赏。而专家们则倾心于对它的生活习性、生理特征进行观察和研究。前联邦德国有一位叫克莱默的科学家，在一次航行中观察到海豚有异乎寻常的追随海轮高速游泳的本领，后来经过研究发现海豚的真皮层里的毛细血管，对船体造成的湍流有消振功能，而它的皮肤在海水的压力下又能分泌油状的润滑黏液，减小摩擦力。克莱默从这一发现中大受启发，进而运用仿生学原理，制造了人造海豚皮，将人造皮套在鱼雷和潜艇的表面，大大提高了鱼雷和潜艇的航速。后来又将这种仿生技术用在飞机上，飞机也因而提高了飞行速度。

海豚可以分成许多类，如白海豚、侏河海豚、短吻海豚等等，分布在我国东南部、南部沿海一带以及东南亚海域的中国白海豚（中华白海豚）是白海豚的一个亚种。我国已将它划定为一类重点保护动物。

5. 庞然大物——蓝鲸

自从地球上出现了生物之后，最大的要算是恐龙了，可是后来就消失了，现在人们只能在博物馆里看到它那十几层楼高的骨化石了。那么，现在地球上最大的动物是谁呢？也许你会说是大象。不过，无论是个头还是体重，冠军应该是蓝鲸。

在海洋里生活的鲸类有 90 多种。鲸不是鱼，是水里的哺乳动物。原来，它们的祖先大约在 6 000 万年前是生活在陆地上的，有四条腿。随着自然条件的变迁，陆地沉入海洋，它们被迫在水中生活，长期的进化，身体便慢慢地适应水中生活而起了变化，前肢退化成鳍，后肢只留下一点点痕迹了。整个身体变成了像鱼似的适于游水的形状，简直可称得上游泳和潜水好手了。抹香鲸可下潜几百米至 1 000 多米，经受一二百个大气压，停留两个多小时。人类带了水下呼吸设备的潜水服，也只能下潜百米左右，停留不过几十分钟，还要不断供应与水压相等气压的空气呢！要知道水深每 10 米，空气压力就增加 1 个大气压。鲸的家族也不少，可以分为须鲸和齿鲸两大类。可爱的海豚就是齿鲸，嘴里有牙齿没有须，身体也小得多。

蓝鲸是须鲸里最大的，体长三四十米，重190吨，如果把它解剖开分类称一下，那么肉有七八十吨；脂肪四五十吨；骨头二三十吨；内脏五六吨；舌头三四吨；血也有近10吨。蓝鲸寿命也长，可以活到100多岁。蓝鲸的身体像一把长长的剃刀，所以人们也叫它剃刀鲸。它的背鳍很小，在体背的后部稍稍隆起一片；尾巴扁平而宽大，是游泳前进的动力，也是在水中起伏的升降舵。它的嘴巴很大，能吞下一艘不小的船。它嘴里长着800多条角质的须板，像大木梳样，当吞下了一大口海水和鱼虾后，把大嘴闭上，海水排走了，无数鱼虾就被须板挡在嘴里吞下肚子。这一口非同小可，足有一两吨可口的鱼虾呢！

鲸是靠肺呼吸的，蓝鲸的肺更大，足有10.5吨重，肺活量真惊人，吸一口气肺里可以装上15 000公升空气。这样便于它在水下待的时间长一些，但是过了十来分钟之后，还是要赶紧出水透一下气的。鲸的头顶上有两个外鼻孔，呼气时从鼻孔里喷出十来米高的雾珠状水柱，像喷泉一样，很是壮观。它的胸腹部有好几百条褶沟，这是因为这些皱褶可以像手风琴那样伸大缩小，使它在水里吃起食物来很方便，食物和海水一起吞进肚子往往有几十吨，便可以立即把肚子撑大；当它闭上嘴巴把水从板须间压出后，肚子又可以马上缩小了。蓝鲸全身蓝灰色，背上还有许多斑点状花纹。它生活在北太平洋、北大西洋和南冰洋等深海区。南极地区的蓝鲸最爱吃那里的磷虾，一天能吃五六吨。

蓝鲸谈恋爱和交配一般选在春暖花开、气候回暖的季节，雄雌蓝鲸成双成对地游到浅海区，互相追逐、嬉戏、求爱、交配。雌鲸怀孕后经过长达12~24个月的怀胎期，它生小鲸是很有趣的。人们爱到墨西哥的加利福尼亚半岛的浅海区来观看这生动的场面。由于水浅，墨西哥炽热的太阳能把海水晒得暖洋洋的。每年生殖期间，大群蓝鲸由雄鲸带队，母鲸紧跟其后游到这里。这是因为即将出生的小鲸脂肪少，怕冷的缘故。母鲸分娩时，肚子朝上仰浮在海面上，雄鲸一步不离地守在旁边，用自己的鳍轻轻地、不停地拍打雌鲸的大肚子。经过一番阵痛，一头白白胖胖的幼鲸生了下来。嘿！这婴儿可真大啊！身长六七米、体重7吨。幼鲸一出生，它爸爸妈妈立即亲切地游过来，紧紧地把它夹在中间，将幼鲸轻轻地托出水面两三次。这是训练初生鲸学习呼吸哩！小家伙在父母指导下很快学会了游泳和换气，又活泼又调皮地嬉水玩耍起来。当它看见附近人们划动的橡皮艇，就会欢快地游过来嬉闹一番，可能是它把小艇当成小伙伴了。这时候鲸妈妈就会发疯似地冲过来，摇动尾鳍，阻止自己的孩子惹是生非。如果坐在橡皮艇上的游客过于大胆地靠近刚出生的幼鲸，很容易被发怒的鲸爸爸　鲸妈妈兴风作浪，直到把小艇掀翻。

小蓝鲸吃奶要七八个月呢！乳头长在母鲸身后下方生殖孔旁，共有一对，便于幼鲸在游动中或左或右地吮吸乳汁。断奶后小鲸仍亲密地跟随在鲸妈妈身边，大约 60 个月后，也就是 5 年时间，它才长大"成人"过起独立生活来。这时候，小蓝鲸便告别鲸妈妈，游到更加广阔的大洋中去"成家立业"了。

蓝鲸虽然庞大无比，但性情很温顺，加上它全身是宝，占体重 27% 的脂肪是提炼工业生产用的高规格润滑油的原料；肝脏含有大量维生素 A、维生素 D，用来制造营养丰富的鱼肝油；鲸肉鲜美，可以制作食品罐头和动物用高级饲料；皮可制革；骨可做高效有机肥料；鲸须又是制作高级工艺品的贵重原料。因此，它就成为人类捕猎的重要对象，数量正在急剧减少。

为了保护这地球上最大的珍贵动物，保护生态环境，我们应该动员各国人民反对滥捕滥杀可爱的鲸。

6. 陆上"巨人"——亚洲象

现存的陆上动物中，个体最大的莫过于象了，无怪乎人们在看到象时，总要在"象"字前面加个"大"字，称之为"大象"。象可以分为两类，一类是亚洲象，一类是非洲象。在我国云南省西双版纳原始森林中栖息着的象就是亚洲象。

说起西双版纳原始森林中的亚洲象，其中还有一段小小的曲折。在解放前，国内外的动物学著作，在谈到产象的国家时，从来不提中国。这倒不是因为他们有偏见，而是因为动物学的作者没有深入实地进行过考察。后来经过调查发现，不仅西双版纳森林中有亚洲象生活，云南西部的中缅交界处附近，也发现过亚洲象的足迹。

亚洲象虽然在形体上比非洲象小一点，但是除了亚洲象以外，陆地上没有个头儿比它再大的了。它肩高 250～350 厘米，体长 550～650 厘米；尾长 120～150 厘米；体重约 5 000 公斤。刚生出来的幼象肩高就达 100 厘米左右，体重将近 100 公斤。说它是庞然大物那是再名副其实不过的了。其体色为灰褐色，皮肤上有极稀疏的体毛，毛色与皮肤又很接近，以至于有人误以为象身上没有毛。亚洲象身上最明显的就是那条又粗又长而又灵活的鼻子。象鼻子与象的上唇连成一体，找不出明显的分界。这条长鼻子的功能很多，用以呼吸自然不用说了。亚洲象渴了，就用它的鼻子吸水，水流被鼻子灌进嘴里，再被吞咽到身体内。当它淋浴时，它同样先把水吸进鼻子里，然后再把水喷淋到身上。在觅食时，亚洲象也是用它那灵便的鼻子把食物卷住，再送进口腔。母象在生下幼象时，它用鼻子帮助幼象站立起来。它的鼻端长着一个指状的突起，借此亚洲象能从地下捡起一根细小的针。当它发怒时，还会用鼻子抽打对方。经过训练的亚洲象，还会用鼻子运重物。至于动物园中经过驯练的亚洲象，还能用鼻子表演摇铃、吹口琴等许多节目。令人不可思议的是这条看上去软软的长鼻子，有时竟能向上直竖起来，这时，它能嗅出两公里远处的各种气味。亚洲象长着一对蒲扇似的大耳朵，常常扇来扇去，那是为了散热，或者是为了驱赶蚊蝇。雄象还长着一对长长的象牙，这对象牙是由长在上颚上的门齿发展起来的。其长度可达 2 米左右，每只可重达五六十公斤。但是雌象不长象牙。在这一点上，它与非洲象不一样。非洲雄性的长象牙（长得比亚洲象长，已知的最高纪录长 350 厘米，重约 107 公斤），雌性的也长象牙。亚洲象的前额上长着两大块隆起的肉瘤，其最高点正好位于头的顶部，这两块肉瘤被称为"智慧瘤"。非洲象就没有这种智慧瘤。亚洲象长着四条粗壮的大腿，每条腿的周长都有 1 米多，如果四条腿不是这么粗壮，怎么能支撑起 5 000 公斤左右的体重呢？这四条腿每天几乎 24 小时全都支撑着它那沉重的身体，因为它是站着睡觉的。亚洲象站着睡觉，是一种自卫的本能。如果它躺下睡觉，一旦遇到敌害，那笨重的身躯无法作出即时的反应，岂不是糟糕透了。

亚洲象的食物主要是青草、树叶、芭蕉、野果和树木的嫩枝。但是对于坚硬的食物，它也来者不拒，因为它长着 4 颗可以磨碎粗硬食物的臼齿。它的食量很大，一天要吃掉 100 多公斤食物，而且它又有边吃边扔的习惯，这就使得它不可能有固定的栖息地，它每天边吃边走，一天往往要走几十公里的路程。据说一只象一年要走 16 000 公里左右的路程。水也是亚洲象每天必不可少的生活用品，仅仅喝一次水，就需要 60 多公斤，更何况它还喜欢洗澡，通过洗澡达到解热消暑、恢复体力、驱赶蚊蝇的目的。说到洗澡，不能不提到亚洲象的"泥浴"。亚洲象常常在泥水中"泥浴"，让泥水浸入皮肤的裂纹中，上岸晒干后再抖掉泥块，这样皮肤裂缝中的寄生虫也就随之被抖掉了。亚洲象离不开水，还在于它喜欢游泳，它几乎每天都要在水中游几个小时，游泳既清洁了身体，又免去了粗腿的沉重负担，当然还能解除暑热，这真是一举数得的美事。它的游速大约每小时 1 600 米。

亚洲象每天活动的时间大多在早晨和傍晚，在月光朗照的夜晚，它会出来活动；在中午，它就避开高温，站着午休。即使在休息时，它的耳朵仍在不停地扇动，尾巴也不停地甩来甩去，为的是驱赶蚊蝇之类。

亚洲象喜欢结群活动，小群五六头，大群 20 头左右，一个象群就是一个小的"母系社会"。这个"社会"由一头壮大的母象充当领袖，其他几只就是成年母象，未成年的幼象以及唯一的一只已经成年的公象。幼象中有几只公象那是无所谓的。在这个"社会"里"女皇"具有绝对的权威，象群的行动路线、觅食地点、行止时间都由"女皇"决定，那头壮大的公象只是个警卫员的角色。象群行动时，"女皇"在前面领着，其余的象在后面跟随，成年公象在最后担任警卫。停下来吃食或睡眠时，成年公象远远地在一边待着，一旦有敌害，它就要奋不顾身地冲上去保卫群体。只有当交配期到来时，成年公象才被允许加入群体。

象的生育能力较低，一只象从落地到具备生育能力大约需要 15 年以上的时间。而母象每隔 3～4 年才能生一只小象。象的发情期不固定，在 10 月到 11 月间发情的较多一些。亚洲象平时很温顺，但是到了发情期的公象却一反常态，常常暴怒，毁物伤人。饲养在动物园中的公象，处在发情期时，对一贯友好相处的饲养员也会毫不客气地进行攻击。为了安全，饲养员只能用粗铁链将它锁起来。公象发情的标志是两颊流出分泌物，所以动物园中的饲养员只要一发现公象两颊流出黏液，就毫不犹豫地把它锁起来，直到发情期结束才给它自由活动的机会。母象的孕期长达 21～22 个月，每胎产一只仔象。产下的仔象如果不能立即站起来，它的母亲或其他母象就会用鼻子帮它站起来，因为如果仔象不站立起来，它那八九十公斤的体重会挤破嫩弱的肺部。仔象出生后，象群一般要停下来等待两三天，以便幼象能够具备跟上群体活动的能力。幼象的哺乳期约 2 年。大约 15 年，幼象就长成熟了。

小象开始进入成熟期的标志之一，就是长出了门齿。10 岁左右公象开始长门齿，这时它们就开始与同性打斗了。在不停的打斗中，青年公象各自明白了自己的实力，也知道了此后在群体中的"地位"，以后，吃喝、走路以至交配就都各自按自己的身份行事了。到 15 岁左右，青年公象就得离开群体去独立生活了，直到找到自己的伴侣才又有了自己的群体。当然，它的地位仍然只是一个"警卫员"而已。

亚洲象性情温和，一般不会去伤害其他动物，即使是当敌人入侵时，它也只是先以巨声吼叫来吓唬外敌。如果外敌不识相，继续入侵，它就会用那 100 多公斤重的大鼻子甩打敌人，或者用脚去踢，有时也会用它那雄伟的躯体去冲击，直到把敌人赶走为止。

亚洲象对自己的同伙很友爱。象群中哪只母象生仔了，它们就会给予照料；哪只生病了或者受伤了，别的象就会跑过来用鼻子"搀扶"它，使它不至倒下；在寻找新的生活场所的中途上，哪只象走不动了，同伙也会过来用鼻子架着它走。如果某一只象死去了，伙伴们更是悲痛万分，它们不吃、不喝，流着悲伤的眼泪，发出哀痛的吼叫，哀嚎声传到几公里以外。然而有一种情况例外，象群对于老年公象却意外地无情，老年公象只能游离于群体之外，过着孤独的生活，群体也不会照顾它。这时的老公象性格会变得很古怪，对其他动物和人类常常发动攻击。一头象活到七八十岁，就寿终正寝了。

亚洲象的记忆力很强，对于爱抚过它的人，即使隔了很长时间，它也会表现得很友好。动物园中管理亚洲象的饲养员，调离开之后许多年，当他再回到原来的亚洲象身边时，那只象会立即辨认出来，并且激动不已。同样对于伤害过它的人，它也会牢牢地记住。

有一种流行的传说，说大象最怕小老鼠，因为老鼠会钻到象鼻子里，使得大象非常痛苦。这是一种错误的说法，因为象的鼻子虽然粗大，但是大而灵活，老鼠不可能接近大象，以至钻进象鼻子。再说，动物园中的事实也证明：许多兽舍里有老鼠出没，而象舍里却没有见过老鼠的踪迹。单是它那巨大的吼声就足以吓得老鼠拼命奔逃。

亚洲象不只分布在我国云南，南亚和东南亚的印度、缅甸、马来西亚、印度尼西亚等国家也分布着亚洲象。据估计，全世界的亚洲象总数约三四万头，而在我国，除动物园饲养的以外，野生象大约不足 200 头。这些野生亚洲象不仅数量少，而且分布得又比较散。许多又栖息中缅、中老边境，它们享受着随意穿越国境的自由，因而很难保证固定的数量。

对于亚洲象这样稀少而珍贵的动物，我国政府十分珍视，已将它列为一类保护动物。在西双版纳已经设置了 3 个自然保护区。

7. 硕果仅存——野马

这篇文章的标题中用了"硕果仅存"这个成语，其中"仅存"一词用在野马身上，绝不是夸张之词，而是切切实实反映了客观实际。在我们生活的这个地球上，曾经生活过 350 多种野马，然而几经大自然的变迁和人类活动的影响，尤其是人类对大自然的缺乏远见的开发和对野马的捕杀，到如今野马已经灭绝了 349 个马种，仅余下一个野马种，这是绝对切合实际的"仅存"了。

野马，又叫蒙古野马，因为它产生于我国新疆的准噶尔盆地、玛纳斯河流域和蒙古的科布多盆地。它还有个名字，叫做"普氏野马"，那是因为在 1878 年，一个叫普热瓦尔斯基的俄国军官在新疆准噶尔盆地捕猎到了一只野马，该国的动物学家坡里亚科夫为了纪念普热瓦尔斯基，就把它定名为"普氏野马"，后来国际动物学界也接受了这一定名。

普氏的上述发现，引起了国外冒险家的捕猎欲，自 1899 年到 1901 年，从我国捕获走 50 余头，而我国作为野马的故乡，从 1878 年到 1980 年却从未捕猎到一只野马，甚至从未展出一只野马的标本。1980 年 9 月我国才从美国动物园引进一对野马。1985 年我国从国外引进 11 只野马，放在乌鲁木齐动物园进行过渡性饲养，1986 年年底又放回准噶尔盆地进行饲养繁殖。1960 年蒙古人民共和国已经正式宣布野马在该国绝迹。1980 年我国的地质勘探队员宣称，他们在卡拉麦利山一带数次见到过野马。为此，1981年夏季和1982年夏季我国动物学家曾组织过几个科学调查队，多次到卡拉麦利山一带进行野外调查。他们虽然没有能亲眼看到野马，但是发现了一些有价值的线索和踪迹。如此看来，我国也许是唯一在野外残存有野马的国家。

野马的体格与家马相似，但形体略小。野马身高（实际是肩高）1.3～1.4米，身长约2.2～2.8米，尾长约40～60厘米。这显然赶不上家马。但从比例上讲，野马的头要大得多，腿要粗壮得多。野马的颈鬃短而直立，家马的颈鬃长而向两侧纷披。野马没有额毛，家马有明显的额毛。以上这些区别，使得有动物学常识的人一眼就能区别出野马和家马来。

野马的体毛呈土黄色至深褐色不一，脊背中央有一道黑褐色鬃毛，而腹部及四肢内侧则接近白色。野马的尾基部为短毛，而自尾根10余厘米以下长着长长的尾毛。

野马栖息在草原、丘陵和沙漠的多水草地带，喜欢群居。常常由一只雄性公马率领，一二十只结为一群，过着游牧式生活，逐水草而居。其主要食物为野草，在冬天食物缺乏时，它也会觅食积雪下的枯草和蘑菇。野马一昼夜约食用10～20公斤野草。它耐渴，而饮水量大，喝足一次水，能两三天不喝水，喝水时间多在清晨或傍晚。每年6月前后为交配期，雄性与雌性都会因为争夺配偶而争斗。孕期为11个月，每胎产一只幼仔，幼仔落地后就会奔跑，约3～4年性成熟，寿命一般为25～30年。

野马性情凶悍，听觉与嗅觉都很灵敏，反应机敏，又极善奔跑，因而人们很难接近它，更难捕获它。即使饲养在动物园中的野马，也是野性十足，常与隔栏的动物寻衅打斗，连饲养员喂食时都得小心翼翼，时刻提防遭受攻击。

由于野马与野驴有不少相似之处，在远距离不大容易分辨清楚，因而一般人常常以驴作马，把野驴误认为野马，于是野马山、野马泉、野马滩、野马南山、野马渡的地名也就随之而出现了。这些地名的出现，绝不意味着野马的分布面。我国是唯一还有野生野马的国家，但是专家们只断定数量极稀少，而难以估计出个概数来，这更显出野马的珍贵。我国已将野马定为一级重点保护野生动物。新疆也已把卡拉麦利山一带约14 000平方公里的地方，划为自然保护区。

8. 身跨两类——鸭嘴兽

自然界中还有一种动物，它具有哺乳动物的特点：用乳汁喂养幼仔；同时又具有爬行类、鸟类的特点：生殖孔与排泄孔全在一起，生殖方式是卵生，而且还孵卵。它的嘴外形又像鸭子的嘴。从发现这种动物到给它定名，这中间经过了漫长的一百年，在反复琢磨后，科学家们才给它起了一个合适的名字——"鸭嘴兽"。

为什么给鸭嘴兽定名这么困难呢？是因为鸭嘴兽身上有许多稀奇古怪的地方。

从它的外形来看，就很奇特。它的身体像兽类，全身被毛，毛是浓密的短毛，体形为流线形，身长约50厘米。它的嘴是颌部的延长，外形极似鸭子的嘴。别看它的嘴像鸭嘴，可比鸭嘴高级得多了。它的嘴里面是角质的，覆盖在角质上面的是一层柔软的、富有弹性的黑色皮肤，皮肤里还有一些特殊的结构，能感觉到动物肌肉里电场的移动。这使得鸭嘴兽的嘴能准确地把藏在水底淤泥里的小动物捕捉到。它的嘴的前缘还有脊纹，可以咬碎或咬紧食物，下颌两旁还有"过滤器"，把水挤压出去。

从鸭嘴兽的头部看不出长着耳朵，实际上它也有耳孔，它没有的只是外耳，当它在潜水的时候，耳孔和眼紧靠在一起，耳孔和眼睛上的肌肉褶皱把耳孔和眼睛严密地遮盖起来，水无法进入。

鸭嘴兽有短而粗的四肢。更为特别的是与它那四肢比例不相称的发达的脚，脚上长着蹼。当它在水中游泳的时候，蹼便伸到爪外；当它在陆上的时候，蹼就缩回去，好像一把折扇，可以打开、关上一样。鸭嘴兽的爪极其锐利，当它为自己建造洞穴的时候，其爪好似挖土机，大约15分钟就可以挖出深50厘米的洞穴。鸭嘴兽的爪子不仅锐利，在雄兽后脚的大拇趾上还长着锋利的角质距，终身都存在。这个角质距能分泌毒液，此毒液能使狗很快死去。如果到了兔子的皮下，两分钟之内家兔也死去了，可见距分泌的毒液毒性之大。如果人碰到了毒液，及时治疗是可以痊愈的。

鸭嘴兽的尾扁而平，样子像船上的舵，起到了舵的作用，尾长约是体长的1/3～1/4。它的尾不仅起到舵的作用，尾巴还会铲土造墙。墙的厚度有20～30厘米左右。可见，鸭嘴兽的尾巴力气之大。

鸭嘴兽喜欢在水边挖洞而居，尤其是在近水的树下建造它自己的地下室。地下室有两个洞口，一个在水下，一个在岸上。岸上的洞口容易被敌害发现，鸭嘴兽就在洞口用杂草、碎石伪装起来，这样敌害就不容易发现了。水下的那个洞口主要是为了到水下觅食方便，还有逃避敌害的作用。

鸭嘴兽主要在水中捕食小鱼虾、青蛙、螺蛳、蚯蚓等食物。由于它的活动量大，所以食量也很大。鸭嘴兽的食量几乎和它的体重相等，有人观察到一只鸭嘴兽一天吃了540条蚯蚓，2～3只虾，还有两只小青蛙。

每年的10月，对于澳大利亚来说正是初夏时节，雌兽和雄兽在水中交配。

这里需要说明的是鸭嘴兽是"单孔目"动物。"单孔目"是什么意思呢？就是鸭嘴兽的大肠末端只有一个孔，这个孔泄殖尿液、排出精子或卵细胞，被称为"泄殖腔孔"，"单孔目"的称呼就是这么来的。而动物界只有爬行类和鸟类有泄殖腔孔，在这点上，鸭嘴兽与它们是相似的。大约半个月鸭嘴兽通过泄殖腔孔产下1～3枚卵，卵为白色，壳软，卵个头约似鹌鹑蛋大小。这时雌兽就把卵抱在胸前孵化。雌兽孵卵时，它的地下室就不同以往的地下室那样了，在产卵前鸭嘴兽把地下室收拾得可舒服了，先把洞里的通道加长加宽，然后在原来"卧室"的基础上再挖宽一点，最后把用水泡了一天一夜的许多草茎、树叶，整齐地摆在洞里，这就成了它的舒适的床垫。鸭嘴兽就在这样高级的床上产卵、孵卵。

大约经过10天，小兽从软壳内爬出。小兽大约只有2.5厘米长，全身裸露无毛，闭着眼睛，靠吃母兽的奶长大。小兽吃奶时，姿势奇特，母兽仰卧在地上，它的腹部没有乳头，只有乳腺区，在母兽腹部中央凹陷下去，小兽趴在母兽的凹陷部分用嘴挤压母兽的乳腺区，奶水就流入凹陷部分里，这时小兽就可以舐食乳汁了。所以说，鸭嘴兽又具有哺乳动物的特点。

两个月后小兽长出体毛，4个月左右小兽发育完全，可以离窝外出觅食了。这说明小兽长大了，开始独立生活了。鸭嘴兽寿命在10～15年。

鸭嘴兽的体温低，一般体温维持在26℃～35℃之间，而且体温随着外界环境的变化而变化，但是变化是有范围的，当环境在30℃～35℃持续不变时，它将失去调温能力而死亡。这一生理特点决定了鸭嘴兽生存范围极为狭窄。

由于鸭嘴兽有这么多奇特的特点，生物学家们经过约100年的争论，终于将鸭嘴兽定为哺乳动物纲，单孔目，鸭嘴兽科。全世界只有这一科一属一种。

人类通过对鸭嘴兽的研究，发现了哺乳动物与爬行动物的亲缘关系，同时也进一步发现了哺乳动物起源于古代的爬行动物。还确认了单孔目动物是最低等的哺乳动物。鸭嘴兽是世界上极其珍贵的动物，它只分布在澳大利亚的东部。

9. 长寿之鸟——丹顶鹤

丹顶鹤在分类学上位于脊椎动物，鸟纲，鹤形目，鹤科。

丹顶鹤为大型涉禽之一。为世界著名的珍贵鸟类。丹顶鹤身体高大，直立时1.5米左右，体长1.4～1.5米，体重10～12公斤。雌鹤略小一些。丹顶鹤是由于它头顶皮肤裸露无羽，且突出，呈朱红色而得此名。黑颈鹤头顶的朱红色没有丹顶鹤的红，也没有那么突出、那么大。黑颈鹤的头上，有一长长的喙，呈淡灰绿色。全身体羽大都呈雪白的颜色，只有它的面颊、喉和大部分的颈部为黑色，此外，两翅的飞羽不仅黑而且发亮。翅羽收羽时复盖在白色的短尾上面，有人误以为丹顶鹤的尾羽为黑色，其实不然。知情的人把丹顶鹤的体表颜色描写为"白尾、黑瓴、丹顶、绿喙"，这才是正确的说法。它还有两条呈钻黑色的长可及尺的纤细的双腿。这就使得它的身材显得婷婷玉立，身姿秀丽。

丹顶鹤主要栖息于湖泊、河流边的浅水中，芦苇荡的沼泽地区，或水草繁茂的有水湿地。通常栖息地有较高的芦苇等挺水植物以利于隐蔽。

丹顶鹤迈着纤细的长腿，在浅水中漫步，这是在寻找食物。它们一般吃鱼、虾、昆虫类、蛙类等动物性食物，有时它们也吃禾本科植物的根、茎、叶、嫩芽等。所以丹顶鹤属于杂食性动物，它的食性面广，饲养起来也较为容易。

丹顶鹤喜群体生活，往往以家族的方式3~4只一起涉水、觅食等，它们也成双成对地一起活动。

春天来了，丹顶鹤们带着幼鹤飞回繁殖地区。在进入交配期之前，雄鹤将它们家庭中的幼鹤赶走。一般是很难将幼鹤赶走的，要几次三番地下狠心把幼鹤强行赶走。被赶走的幼鹤开始单独行动，到后来它们互相之间就聚到了一起，形成幼鹤的群集体。

丹顶鹤一夫一妻制，若一方死亡，另一方会悲痛欲绝，发出凄惨的叫声。丹顶鹤在交配期间，雌、雄鹤翩翩起舞，并发出高昂的鸣叫声，因为雌鹤叫声比雄鹤稍低一点，所以听起来，就好像是"二重唱"似的。在雌鹤产卵前的几个小时，雌、雄鹤共同筑巢，它们的巢穴很简陋，一般用水生植物的茎、叶及干枯的芦苇、苔草等筑起巢来。巢穴一般筑在近水的有较高植物作屏障的地方或筑在芦苇丛的深处，总之是人和大型兽类很难到达的地方。巢的形状像一个大圆盘。

雌鹤一般在4月中旬至5月中旬产卵，年产一窝，一般每窝产两枚，偶尔3枚。卵较大，有250~300克重，卵壳厚实，坚硬，呈淡灰褐色。卵的表面布满棕色斑块。如果卵被破坏，它们还有补充产卵的习性。雌雄鹤轮流孵卵，夜间孵卵任务大多由雌鸟完成。在孵卵期间，亲鹤大约1个小时用喙翻动卵一次，进行凉卵，凉卵时间约为1~2分钟，新鹤还能根据天气温度的高低，来决定凉卵的次数和凉卵的时间。经过31~33天，雏鹤出壳。出壳前，雏鹤在卵内，先用喙将卵壳啄出一个小洞，并逐渐扩大洞口，此时亲鹤在旁边焦急地等待雏鹤出壳，大约经过25~26小时，雏鸟才艰难地破壳而出。当雏鸟破壳而出时，亲鸟展翅起舞视雏鸟为宝贝，不离左右，总是在雏鸟周围保护着它。新出壳的雏鸟体重约150克，全身羽毛呈黄色，背中线颜色较深，腹部颜色较浅，出壳即睁开眼睛，2~3小时后即能站立，1天以后就能进食。

雏鸟为早成鸟，可以自己蹒跚走路，但还是离不开亲鸟，不久以后，雏鸟即能跟随亲鸟在浅水处涉水觅食，主要吃小鱼、昆虫、蝌蚪和各种植物的嫩芽。幼鹤还能学着亲鹤的样子，跳跃，展翅，梳理羽毛等。幼鹤发育很快。从 9 月下旬开始到 11 月初，幼鸟随亲鸟陆续南飞越冬。幼鹤长到 4 ~ 6 岁性成熟，寿命一般50 ~ 60 年，有的能活 80 年。

雌、雄丹顶鹤的外形基本相同，分辨不出有什么不同，只是雌鹤的体羽稍暗浅一些，不如雄鹤的羽毛华丽。人们发现雌、雄鹤的叫声和习惯动作不同，雄鹤叫的时候把颈高高竖起，头向后倾，喙直冲蓝天，双翅高举，但不全展开，并且发出连续的单音，而雌鹤叫的时候将喙水平方向伸向前方，双翅不高举，发出间断的双音节，声音没有雄鹤宏亮。尽管雌鹤叫声宏亮程度稍逊雄鹤，但它们的叫声都称得上是引颈高鸣。声音宏亮之程度，可远及两公里之外。人们以鹤的叫声和行为来区分雌、雄鹤。

丹顶鹤为典型的候鸟。据调查，东北的松嫩平原以东至黑龙江下游、乌苏里江流域的低地沼泽为我国丹顶鹤的繁殖区。我国在东北的扎龙地区建立了以丹顶鹤为主的第一个水禽综合自然保护区。在保护区内，由于饲养人员的精心管理，野生的丹顶鹤已不南飞越冬，反而定居下来了。后来我国又陆续在吉林省建立了向海自然保护区、莫莫格自然保护区，在辽宁省建立了双台子河口自然保护区，在安徽省建立了升金湖自然保护区。丹顶鹤为世界珍禽，被我国列为一级保护鸟类。

10. 蛇中巨类——蟒

蟒在分类学上位于脊椎动物，爬行纲，蛇目，蟒科。

蟒科内的动物可以说是蛇类中体形最大的一类动物了。世界上最大的蟒叫水蟒，也叫森蚺。它产自南美的热带森林中。体长可达 11 米，腹部直径最粗约为35 厘米，体重能有 300 多公斤重。中国产的蟒是印度蟒的一个亚种，长约 5 ~ 7米，体重约为 60 公斤。中国古代并不是把蟒称为"蟒"，而称它为"蚺"。

蟒的体表覆盖着鳞片，并具有非常独特的美丽的金黄色的花纹。

蟒一般生活在山区的森林中。蟒是热带的动物，所以它喜热怕冷，在动物园里饲养的蟒，温度要有保证，若温度低了，蟒就不能正常进食。所以蟒舍内要保证有一定的温度，还有树木、草地、水池及供它冬眠的地洞，这样蟒才能很好地生存下来。

蟒是肉食性动物，它吃鸟、兔、鼠、鸡等。蟒饱食后，它可以和这些动物和平共处，但当它饥饿时，会立刻把这些动物吞进肚中。别看蟒的腹径最粗也就 1尺左右，它也能吞下比它的腹径大许多的大型动物。蟒捕食的时候，先是用突然袭击的方式咬住猎物，然后用身体把猎物缠起来，并且越缠越紧，最后把猎物体内的骨头缠碎后从头部开始吞食。

据记载，十几年前在香港，有一蟒蛇捕食一头几十斤重的小牛，也是由头部吞吃，整个吞到肚里后，它自己的肚子也被牛啼子弄破了，疼得躺在那里不能动，最后在人们的帮助下，蟒吐出了小牛，又被放回到野外去了。有人还看到一个身长十几米的大蟒吞下一头大雄狮后，它的肚子鼓起有 1 米多粗。

秋天时，蟒更加频繁地进食，到了天气寒冷的时候，蟒体内已经储备了大量的能量，这些能量足以使它可以用冬眠的形式度过寒冷而漫长的冬季。到了春天，万物复苏的时候，蟒的冬眠期结束，开始外出活动、觅食。

每年 6 月，蟒进入产卵期，每窝产卵几枚到数十枚不等。卵大约重 75~100 克，像鸭蛋那么大，白色，卵壳不是像我们常见的鸡蛋、鸭蛋的壳那么硬，而是又软又有韧性。雌蟒将卵堆在一起，并将身体盘卷在卵上孵卵。雌蟒在孵卵期间体温比其他时间要高，这样有利于卵的孵化。孵卵期约为两个月，在这两个月期间，雌蟒不吃不喝，耐心孵卵，直到小蟒破壳而出。小蟒从破壳到爬出蛋壳约需 1 天的时间。刚出世的小蟒约有 150 克重，不到 2 尺长。这些小蟒从破壳而出之时起，就开始了自己的独立生活。

蟒是无毒的动物，许多人不知道这一点。蟒的外表非常可怕，人们总以为它会主动伤害人类。但是在巴西，人们常常饲养和训练蟒，让它和人们在一起生活。经过训练它能照看并保护外出的孩子，使孩子不致被毒蛇伤害。

蟒很粗大，一般的人把捕捉蟒蛇当做一件很困难的事情，其实捕蟒并不算难，据说古书上记载，将带有汗腥臭味的脏衣服盖在蟒的头上，它会很听话地任人摆布。

蟒主要分布在我国南方的两广、云南、贵州、福建、海南等地。在国外，蟒主要产于印度支那地区，蟒为国家一级保护动物。

南方人多喜爱吃蟒肉，蟒的皮可制革、工艺品和乐器，其他部分也可药用。而且国内许多动物园内都有蟒蛇供人们观赏，所以蟒的经济价值还是较高的。

第三章　形形色色——动物趣闻

第一节　各显其能——鱼类天地

1. "缘木可求"——弹涂鱼

我们都知道"缘木求鱼"这句成语，它的意思是说，人爬到树上去抓鱼，结果是白费力气，用以嘲笑那些做事不得要领的人。可是，在我国南部海岸，的确有一种"缘木可求"的鱼，它就是水陆两栖的会爬树的弹涂鱼，又称"跳跳鱼"或"泥猴"。除了我国的南部海岸，在西非和太平洋的热带海岸，都生活着这种鱼。它们经常会从海水中跳到平坦的沙滩或潮湿的低洼地上。

为什么弹涂鱼有这种本领呢？因为弹涂鱼的胸鳍基部长得长而且粗壮，有点像陆地动物的前肢。它的胸鳍已不仅仅是游泳器，而且能够起到支撑器的作用。它依靠臂状胸鳍的支持、身体的弹跳力和尾部的推动，才得以在沙滩上跳动和匍匐爬行，有时还能爬到海边的树枝上。

更特别的是，这种鱼虽然不能长期离开水生活，但是也已习惯于陆地生活，它必须不时爬到陆地上来。除此之外，它们还具有猎取陆生昆虫和甲壳类动物的本领。

弹涂鱼既然是鱼类，它离开水后，靠什么进行呼吸呢？我们知道，一般鱼是依靠鳃在水中呼吸空气的，而弹涂鱼除了鳃以外，主要还依靠皮肤来帮助呼吸，因此它能离开水生活。

从这种鱼身上，我们可以清楚地看到，生命进化的过程，的确是从水生渐渐进化到陆生的。它为生命进化提供了一个强有力的证据。

2. 电光十足——淡水电鳗

到达美洲的第一批西班牙人，虚构了一个故事：说在南美大陆的丛林中，有一片极为富饶的地区，那里的树木上都挂满了纯金。为了寻找这个天然宝库，由西班牙人迪希卡率领的一支探险队，沿亚马孙河逆流而上，来到了一大片沼泽地的边缘。时值旱季，沼泽几乎干涸了，只有远处的几个小水塘在中午的阳光下闪烁着。

探险队来到了小水塘边。这时，探险队雇佣的印第安人大惊失色，眼中充满恐惧的神情，拒绝从很浅的池水里走过去。迪希卡命令一位西班牙士兵，做个样子给印第安人看看。于是，这位士兵满不在乎地向水中走去。可是，才走了几步远，他就像被谁重重地打了一下似的，大叫一声倒在地上。他的两个伙伴冲上前去救他，也同样被看不见的敌人打倒在地，躺在泥水之中。几个小时以后，见水中毫无动静，士兵们才小心翼翼地走到水里，把3个伤兵救了出来，可是，这时他们3人的脚都已麻痹了。

后来，人们才知道，这个不明真相的怪物就是淡水电鳗。

南美的电鳗是一种大型的鱼，它的模样像蛇，体长2米多，重达20多千克。平时，电鳗一动不动地躺在水底，有时也会浮出水面。电鳗会发电，能使小虾、鱼儿和蛙等触电而死，然后饱餐一顿。当它遭到袭击的时候，也会立即放出电来，一举击退敌害的进攻。电鳗不仅利用放电来寻找食物和对付敌害，还将它用于水中通信导航。有人发现，当雄电鳗接近雌电鳗时，电流的强度会发生变化，这是它们在打招呼呢！

其实，放电的本领并不是只有电鳗才有。如今人们已发现，在世界各地的海洋和淡水中，能放电的鱼有500多种，像电鲟、电鳐、电鳐、电鲶等。人们将这些鱼统称为"电鱼"。有一种非洲电鲶，能产生350伏的电压，可以击死小鱼，将人畜击昏；南美洲电鳗可称得上"电击冠军"了，它能产生高达880伏的电压；北大西洋巨鳐一次放电，竟然能把30个100瓦的灯泡点亮。

为什么电鱼能放出这么大的电流呢？科学家经过一番仔细的解剖研究和实验，终于发现在电鱼体内有一种奇特的电器官。各种电鱼电器官的位置和形状都不一样。电鳗的电器官分布在尾部脊椎两侧的肌肉中，呈长棱形；电鳐的电器官像两个扁平的肾脏，排列在身体两侧，里面是由六角柱体细胞组成的蜂窝状结构，这六角柱体就叫电板。电鳐的两个电器官中，共有200万块电板。电鲶电器官中的电板就更多了，约有500万块。在神经系统的控制下，电器官便放出电来。单个电板产生的电压很微弱，但由于电板很多，所以产生的电压就很可观了。

有趣的是，世界上最早、最简单的电池——伏打电池，就是19世纪初意大利物理学家伏打，根据电鳐和电鳗的电器官设计出来的。最初，伏打把一个铜片和一个锌片插在盐水中，制成了直流电池，但是这种电池产生的电流非常微弱。后来，他模仿电鱼的电器官，把许多铜片、盐水浸泡过的纸片和锌片交替叠在一起，这才得到了功率比较大的直流电池。

研究电鱼，还可以给人们带来很多好处。例如，一旦我们能成功地模仿电鱼的电器官在海水中发出电来，那么船舶和潜水艇的动力问题便能得到很好的解决。

一些科学家打算模仿电鱼的发电机理，创造新的通信仪器。在这方面，电鳗和象鼻鱼可以提供宝贵的启示。象鼻鱼是生活在非洲中部河湖中的一种电鱼。它的鼻子特别长，有点像大象鼻子，所以人们就叫它象鼻鱼，这种鱼的电器官在尾部，它的背上有一个能接收电波的东西，好像雷达的天线一样。当敌害迫近到一定距离时，反射回来的电磁波被背部的电波接收器收到后，就会发现敌情警报。这时，象鼻鱼便急忙溜走。

3. 深海"鱼翁"——角鮟鱇鱼

人类会钓鱼，大家都知道，如果说鱼也会"钓"鱼，你一定感到惊奇吧？这种会钓鱼的古怪鱼，就生活在深海中，名字叫角鮟鱇鱼"。

它是怎么钓到鱼的呢？原来，这种鱼的头上长着引诱须，就像我们人类手中的钓鱼竿，而须的顶端有一种最讨其他鱼喜欢的诱饵，这种诱饵是发光的。发光诱饵实际上是一种发光的腺体，它能分泌出颗粒状的东西，里面有许多发光的细菌。它分泌出一种液体，养活了这种细菌，而细菌发光又能使它捕到小鱼。角鮟鱇鱼和发光细菌过着共栖的生活，但是，这种发光腺只有雌性的角鮟鱇鱼才有，雄鱼引诱须的顶端是没有发光腺的。

有些角鮟鱇鱼的引诱须短而粗，有的则细而长。不同的角鮟鱇鱼发光的颜色也不同，有紫橙色、黄色、蓝绿色等等。由于深海暗淡无光，当它们连续发出闪烁的光芒时，就引起周围鱼、甲壳动物的注意和兴趣，并冲向闪光，"自愿"上钓，落入鱼腹之中了。

角鮟鱇鱼的外表形象，也为它的"垂钓"提供了方便。它身体的背面是褐色，并有许多突起的小东西，显得与周围环境很相似，所以别的动物很难发现。它长有一个很宽大的嘴巴。嘴巴的宽度有它身体的 1/4 长，里面长着锐利的牙齿。

这种鱼游泳的本领不是很好，在深暗的海洋里总是慢慢地滑行着，一路上，它不时把引诱须向前伸出，闪烁的诱饵受肌肉的牵引，不时地抖动着。用它的测线器官探测周围捕获物的动静。由于角鮟鱇鱼的这种动作，往往使一条迎光扑来的鱼以为找到了自己心爱的饵料，就用嘴巴去试探这种发光的诱饵。这一接触，就惊动了角鮟鱇鱼，它就马上发出一连串的捕食动作。它突然把引诱须抬向后，张开血盆大口，形成一股向嘴巴流动的水流，把猎物轻而易举地吞入宽敞的口腔之中。

角鮟鱇鱼就是这样"不劳而获"，它自己不需要怎么动，小鱼就会自动地送到它的嘴巴里，成为它充饥的食物，比我们人类钓鱼可高明多了。

4. 喜温怕冷——热水鱼

根据一般的常识，鱼只有在凉水中才能生存，如果将一条鱼放到50℃以上的水中，它仍能自由自在地游水，你一定觉得奇怪。然而，自然界常常会给我们一些意外。

1936年夏天，法国有位叫雷普的旅行家，不幸在海上触礁，被海浪卷到千岛群岛的一个多山的火山岛。当时，他饥饿难当，正想找寻些食物时，忽然发现小河里躺着几条腹部朝天的死鱼，于是他把鱼捞了上来，拿出身边仅存的炊具来煮鱼汤。烧了一会儿，雷普就迫不及待地揭开锅盖来看，岂料这一看吓了他一跳，原来的死鱼都变成了活鱼，正在悠然地游着。这是怎么回事呢？这位旅行家简直大惑不解了！

后来，经过人们调查研究，才知道，这岛原是一个巨大的古火山口。这些怪鱼是被火山岩烫热的一个小湖沼里的"居民"。当年，它们的祖先就是这次火山爆发的幸存者。据测定，这湖里的水温高达63℃，一般的鱼是无法在这样的环境里生存的。这种热水鱼却能很好地生活。更让人惊奇的是由于它们已经适应了热水，一旦落到凉水里，就会立即被冻死。

在自然环境里，热水鱼是非常罕见的，除了上面说到的地方，在贝加尔湖附近的温泉、加利福尼亚的某条河里，也偶尔可以见到，那里的水温一般在45℃～55℃。看来，生物所能适应的温度范围比我们所想象的要大得多。

普通生物也能够接受锻炼，来扩大它们能适应的生存范围。一个环境的改变，是对一种生物韧性的考验，物种的延续，总要经过几代的适应演变。不过，关于生物提高对高温的耐受力的机制，科学家还研究得很少。

5. 以口代孵——越南鱼

传种接代是自然界中生物的本领，是延续生命的重要保证。像狮子、老虎那样凶猛的食肉动物，却对自己生下的小狮子、小老虎很"慈爱"，给它们哺乳、喂食，还教它们捕食方法。再如天上的飞鸟、猛禽，对自己生下的蛋，也是精心养护，保证幼雏安全出壳、长大。虽然动物们繁殖后代的方式不同，但它们对后代的爱心是一样的。

越南鱼的繁殖习性，在鱼类中是比较奇特的。

越南鱼在繁殖期间，会将身子贴近池底，然后侧身用劲翻，逐渐挖成一个锅形的窝。雌鱼在窝里产卵，雄的射精在卵上。卵受精后，雌鱼将卵含在口中孵化，在水温25℃~27℃时，约4~5天，小鱼可孵出。小鱼孵出后，仍需在雌鱼口中生活大约一星期。在这段时间里，小鱼遇到什么危险，会跑到雌鱼口中躲避，而不会被雌鱼吃掉。但过了这段时间，雌鱼保护的责任就完毕了，将小鱼放出口外，从此一反以前"慈爱"的母性，如果遇到小鱼，包括它自己生的小鱼在内，统统都会被吞食下肚。

在口中含卵孵化和保护刚孵出的幼鱼，是越南鱼的一种本能。这种本能使得每次产卵仅几十粒到几百粒的越南鱼，得以很好地生存。

6. 水中"狙击手"——水弹鱼

在印度和东南亚一带生长着一种号称"活水枪"和"神枪手"的射水鱼，也叫水弹鱼。身长十五六厘米，银白色，扁扁的身体，外表并不奇特，它的特异功能是射水捕食。当它游动时，两眼始终警惕地注视水面上空以观察有没有好吃的。当它发现苍蝇、蚊子、蜻蜓等昆虫在水面飞掠过，或停在水边草叶、石块上时，便会轻轻地游到离昆虫1米左右的地方，摆开架子，把头伸出水面，撮尖嘴，坚直身体，把事先准备好的满嘴巴水，对准目标，以极大力气像射箭一样喷射出一股"水弹"，将猎物击中跌落水中，它便游来吞下。澳大利亚等地的人们很喜欢喂养这种有趣的鱼，当你观赏它时可得小心点，它会不分青红皂白地乱射一通。如果你去喂食料时，它也会把你的手当做目标，喷水射击；你如果俯视鱼缸，那更有危险性了，因为你的眼睛只要眨一下，也会引起它的重视，趁你不备毫不客气地向你"开枪"射击，用"水弹"击中你的眼睛；客人来访，千万不要在鱼缸边抽烟，那一闪一闪的火光，更会吸引它游过来向香烟射击，真像导弹一样可以百发百中地把烟头击灭。

射水鱼为什么能喷发"水弹"，而且命中率又这么高呢？这除了与它口腔的构造特殊，能把大量储存的水迅速形成一串水珠喷出外，还和它的眼睛视力特殊有关。射水鱼的眼睛大而突出，可以灵活转动，视网膜又特别发达，一般鱼在空气中看东西是模糊不清的，因为没有水作眼球的润滑剂。而射水鱼既能在水中看，又能露出水面看。科学家用高速摄影机拍下了射水鱼发射"水弹"动作的照片，发现太阳光进入水中经折射后，射水鱼在瞄准目标时，能对光线折射造成的位置变化，进行复杂的校正；而且使身体变成垂直姿势，使发射的"水弹"直线抛出，这就可以克服光线折射时的偏差，确保射击百发百中，真是个优秀射手哩！

7. 能跳会飞——鱵鱼和飞鱼

一般的鱼类都能跳跃出水面，如我国民间常说的"鲤鱼跳龙门"就是一例。但它们跳离水面都不太高，而且都是借助鱼体肌肉的力量，主要是尾部肌肉的强有力的扭跳运动才跃出水面的，都不是靠鳍的作用。真正称得上"跳高"冠军的要算是鱵鱼了，它最高能跳离水面6米，比人们撑竿跳的一般记录还高哩！

目前世界上发现的鱵属鱼类仅两种，按其体形分为大小两种，分布较广，我国南海常有它的踪迹。它们常在上层海面活动，便于随时跃出水面捕食。这种鱼的跳高动作是依靠巨大而强有力的鳍，拍打水面后一跃而起。它们跳高的本领是长期在捕食飞鱼的过程中锻炼出来的，因为它最爱吃飞鱼。

讲到飞鱼，本领也不小，它胸前有两个能展开的鳍，好像鸟的两个翅膀。当它遇到鱵鱼追赶时，便以极快的速度冲出水面，长而有力的尾柄和尾鳍下叶猛击水面，使鱼身腾空而起，并立即展开宽大的"双翅"——胸鳍，在海面滑翔，一般每秒能滑翔18米远，高度可达8~10米，最远距离可滑翔到300米或更远一些。所以鱵鱼要捕捉飞鱼也不易，于是在生存竞争中发展了跳高的特长——你能飞，我能跳，有时候跳得竟比飞鱼飞的还高。因此，常常可以看到有趣的场面，当飞鱼悠闲地在海面上滑翔时，忽然鱵鱼一跃而上，在空中将飞鱼咬住，享受一顿美餐。

8. 鱼类"建筑师"——三棘刺鱼

在鱼类中有名的"建筑师"要算是三棘刺鱼了。每当它们将成婚立家时，事先要进行设计、施工、建筑一座既坚固又漂亮的"新房"。房子的地基一般选在水草间或岩石地带的池洼间，要求水的深浅合适，并经常有水流动。地基选好后，便开始备料，收集一些水草根、茎和其他植物屑片。雄鱼从自己的肾脏中分泌出一种黏液，把这些材料粘结在一起，再用嘴巴咬来咬去，直到咬出窝的形状。为了加固，它又用身上的黏液在房子的内外上下涂抹、摩擦、修饰，使表面整齐、光滑，好似刷了一层清漆一般。建成的房子，中间空心，略带椭圆形，有两个孔道，一个出口一个进口。这才算大功告成，于是雄鱼在四周游来游去，美滋滋地欣赏自己的杰作。这位未来的新郎就开始找未来的"新娘"了，一旦看中，便会作出一套复杂的求爱动作，把雌鱼引到自己精心建造的房旁，征求"新娘"的意见，如果雌鱼满意，便双双进入"洞房"；如果"新娘"羞羞答答故作姿态不肯进房，于是"新郎"便不高兴地竖起背上硬刺逼着"新娘"进去。雌鱼进窝后便产下二三粒卵，然后穿堂而过，雄鱼立即在卵粒上注射精液。第二天雄鱼又另拉一条雌鱼产卵婚配，直到房子里充满卵粒为止。这种精美的"新房"，就变成很安全、很舒适的育儿室了。

另一个会营造房屋的要算是章鱼了。它们生活在海底，身上有很多长长的触手，当章鱼吃饱之后，总要在一个安静的地方美美地睡上一大觉。为了不受打扰，它拖着吃得胀胀的肚子，建造睡窝。它用触手搬运石料，一次能搬四五公斤石头，垒起围墙后，再找来一块平整的石片做屋顶，于是小房建好了。它便懒洋洋地钻进去睡大觉了。为了防备敌害，它让两只专司保卫职责的触手伸出室外，不停地摆，好似"站岗放哨"一般。一旦有敌害侵入，章鱼便会醒来，或是应战或是弃屋逃跑。

还有一种会建造像竹筒似的房屋的鱼叫钻洞鱼。它们生活在大西洋西部深海底，身长1米左右，身上有黄斑，尾巴蓝色，色彩美丽。它的特长是钻洞，只要遇上大鱼追赶或渔人捕捉时，它便能迅速而灵敏地钻进洞里。它的洞就是自己造的窝，像蜗牛一样随身带着，不过形状像一根竹筒。它找来植物碎片、小石块等，然后用嘴里分泌的黏液，把它们一片片地粘连成圆筒状，围在身子周围，洞口小，便于躲藏，平时行走时带着房子一起行动。

9. 海中"剑客"——会击剑和刺杀的鱼

在印度洋等热带海域中有一种凶猛的大鱼，长3米左右，上颌突出，形成长而扁平、坚硬的"剑"，称为"剑鱼"。它游动迅速，在海里横冲直撞，连鲨鱼也怕它。剑鱼攻击鲸类时，常常飞速地用利剑般的长嘴直刺鲸的要害；它对待小鱼则用剑嘴左劈右砍，然后把刺死或砍伤的吃掉。有一次，英国的一条特里拿脱号船，在从伦敦到锡兰（今斯里兰卡）的航行中，船底竟被剑鱼刺穿了一个洞，使船漏水，由于奋力抢救，才避免了沉船。要知道这条船的船身是包着厚厚的铁皮的，剑鱼居然能刺破它，足见这种鱼攻击力之凶猛了。

堪称味美上乘的淡水鱼——鳜鱼，周身银灰色带有黑块状花斑，身长60厘米左右，背上有锋利如刀的背鳍。它也善于操起"背刀"捕食别的鱼来充饥。

最有计谋的是它能诱捕水蛇，本领堪称一绝。在春末至秋季的漫长时间里，鳜鱼总是栖息在大石附近游动，常常一动不动地装死侧身浮躺在水面。当蛇发现这么鲜美的鱼竟送上门来时，就立即游近鱼的身边，并把它缠住，当蛇把鳜鱼越缠越紧时，突然鳜鱼用足全身力量张开背上刀一样的背鳍，同时迅速扭动旋转身体。不一会儿，只见蛇的肚腹等处划开一道道很深的口子，蛇痛得潜入水底，鳜鱼紧追不舍，将受了重伤的蛇咬死，然后美餐一顿。

还有一种满身长刺像陆上刺猬似的鱼，叫刺钝。全身卵圆形，体长仅10厘米，遍体生着粗棘，每根棘又生有两三根棘根，这些都是由鳞片演变成的。它的嘴很小，上下颌的牙齿都连在一起，尾鳍像把扇子。当它遇到威胁时，便急忙升到海面吸足空气，膨胀成一只滚圆的刺球，每个针棘都竖了起来，并滚动着游过去向前来威胁它的大鱼猛扎一通。这一手还真厉害，吓得大鱼逃之夭夭。刺钝也用这种方法捕食小鱼。

10. 以小欺大——吃大鱼的小鱼

历来都是大鱼吃小鱼，可是自然界偏偏还有小鱼吃大鱼的，而且是专吃凶猛的鲨鱼一类的大鱼。鲨鱼最大的有20多米长，一口能吞食几十至几百条小鱼。但是它却有个克星，就是小小的硬颚毒鱼。这种鱼身体短粗，背扁腹圆，外皮松弛，除了口缘和尾部之外，满身长有尖锐的棘刺。它吸足空气之后，身体便能鼓成一个圆球，原来倒伏的棘刺立即笔直地竖立进来，变成一根根锋利的尖刺。当大鲨鱼大口吞食鱼群时，硬颚毒鱼便像孙悟空钻进铁扇公主肚子里一般，混进了鲨鱼的大肚皮里，之后它便运足了力气，全身鼓圆，把满身棘刺向鲨鱼胃四周乱撞乱扎。大鲨鱼痛得在海里打滚翻腾也毫无办法。不多一会儿，鲨鱼的胃就被刺穿了，接着两肋的肉也被硬颚鱼啃得血肉模糊。当硬颚毒鱼钻出来时，鲨鱼也就一命呜呼了。

在希腊的可那伊河里有一种旋子鱼，它在水里像旋子那样呈"S"形螺旋式前进。它有一个尖硬的嘴，小鱼碰上它，会被旋得稀烂，马上成了它的美餐。大鱼遇上它，目标更大，也会被它的硬嘴巴旋得千疮百孔，悲惨死去。如果大鱼吞下了它，那更是大祸临头了。旋子鱼就在鱼肚里到处乱钻乱旋，把大鱼的内脏吃去许多而使大鱼死去。但旋子鱼也不是无敌的，它最怕河蚌，如果它的硬尖嘴被河蚌壳夹住，即使它拼命旋转嘴巴，也无法脱身，最终成了河蚌的食物。

在我国青岛附近的海里也有一种专吃大鱼的小鱼叫盲鳗。由于它长期在大鱼肚里生活，所以双眼已经退化失明。它的样子像鳗鱼，前面是圆棍状，后面是扁圆的尾巴，灰黑的颜色，肚子下方是灰白色，长约20～25厘米，嘴上有个小吸盘，口盖上长着锐利的像挫刀似的牙齿，舌头也强而有力，伸缩灵活。它先吸附到大鱼身上，然后从大鱼的鳃部钻进腹内，吞吃大鱼的内脏和肌肉，一边吃一边排泄，直到把大鱼吃光为止。它每小时吞吃的东西，竟相当于自身体重的两倍半。

还有一种小小的猛鲑鱼竟能吃掉凶猛的大鳄鱼。这是生长在南美洲的一种鱼，身长不过30多厘米。鳄鱼可以吞下一头小猪，可是遇到这种猛鲑也只好甘拜下风了。原来猛鲑的颚骨力量奇大，一口可以咬断钢制鱼钩，人称"锯齿鱼"。它们常常合群出游觅食，如果碰上一条大鳄鱼，它们便会一拥而上用利齿咬住鳄鱼不放，鳄鱼皮再坚固也没用，顷刻之间，几百条猛鲑就可以把巨鳄吃个精光，连骨头也不剩。所以凡是有猛鲑鱼的地方，河流里很难有别的鱼类可以生存。

11. 美丽"杀手"——食人鱼

在南美亚马孙河有一种食人鲳鱼，这种鱼体表面有黑色小斑点，腹部呈橙黄色，腹鳍也是黄色，非常美丽。可是它的牙齿，像锯齿般锋利，它可以咬掉吞食任何肉类。在原产地，无论怎样巨大的动物，如果涉水而过，便会被这种食人鲳群起袭击，一旦被其咬伤，都会因流血过多而失去支持力量，陷入水底被淹死。当尸体还未全部沉入水底之前，就已被食人鲳把皮肉撕成一块块，吃个精光，只剩下骨骼。这种鱼还会在河边以迅速的动作把汲水者的手指咬掉。

食人鲳是不好惹的家伙。据说，泰国有人把食人鲳引进国内作为观赏鱼饲养，惊动了曼谷警方。他们多方收集食人鲳的"犯罪"资料。警方决不是小题大作，因为泰国气候温和，适合这种鱼生长，如果私人饲养的食人鳍趁河水泛滥之机偷偷溜走，大有可能在当地繁殖成灾，那人就会惹祸上身了。泰国渔业部门一位研究这种鱼的科技人员的手指就曾被食人鲳咬伤，因为他把手指伸进养有这种鱼的鱼缸里。据说，美国早就知其厉害，很久之前就禁止它们入境了。

然而，也还是有人把它养在水族箱里，譬如，香港就有人饲养。经过人工繁殖，这种鱼的凶性也日渐减退。

活跃在南美洲奥里诺科河口的比拉鱼是杀人鱼。它有巴掌大小，貌不惊人，乍看倒有几分温驯，可是它专门成群结队地袭击人和其他动物。一条海豚，若被比拉鱼发现，顷刻间，几十条甚至上千条比拉鱼包抄过来，冲上去，用锐利的牙齿撕咬起来，几分钟后就把它吃个精光。它吃人也有个妙法，先用牙齿把人咬伤，鲜血会招来一大群食人鱼，层层围住，紧吃不放，直到把人吃得剩副骨架才心满意足地游向远方。当地印第安人利用比拉鱼嗜食人的习惯，人死后进行"鱼葬"。

欧洲有一种食人鱼更是胆大妄为。由于欧洲人不吃鲶鱼，使鲶鱼得以大量繁殖，初时偷鸭吞鹅，后来竟吃玩耍的孩子。有一位渔民奋力杀死一条鲶鱼，发现其腹内有女人的残骸和她的钱袋。

非洲几内亚湾有一种 1 尺长左右、身体呈流线型的颌针鱼，它能突然从水中蹿起，把 10 厘米长的骨质尖嘴刺向人的胸膛。巴斯医生作了统计，颌针鱼在一个月内杀死了 20 多人。

我国南海有一种鱼，则是一种美丽的"杀人"天使。它体态优美，颜色俏丽，摆动着布满条纹的躯体，张开颜色斑斓的鳍，简直就像一艘披红挂彩的"小船"。"小船"上长有 18 根毒刺，如果人被刺一下，轻者疼痛难忍，重者失去知觉，以致丧命。

12. 海里的"天然火箭"——墨鱼

墨鱼（俗称乌贼）并不属于鱼类，按照生物学家的分类，它应该同海里的蚌、河里的螺、陆地上的蜗牛一样，同属于贝类。

属于贝类的软体动物，一般都行动较迟缓。那么墨鱼是不是也行动缓慢呢？答案是否定的。它不但能够游泳，而且游起来比一般鱼类都要快！据专家们测定，一条小墨鱼在海中快速前进的时候，每秒可以达到 150 米以上，这比起一些小电船还快得多。

为什么墨鱼能游得这样快呢？原来，它们的远祖也像蚌、螺、蜗牛一样，有一个外壳，保护着它的软体。但在海里生活，这个沉重的壳是相当不便的。为了适应生存，这种壳便日渐退化，被包在体内的一层外套膜里（这就成了墨鱼的骨）。就墨鱼的生理组织而言，最奇妙的便是这个外套膜，它薄得像玻璃纸一样，边缘是张开的，可以吸进海水。当墨鱼游泳时，它便饱吸了海水，将套膜紧闭，然后用软骨压迫套膜，使海水从头部的漏斗中喷射出去。这种喷射的力量是很大的。当水向后喷出，身体便被推着向前。这原理正像今天火箭的道理一样。它能游得这样快，便是利用了这种反向动力；而不是依靠身体的其他部分活动，才像鱼类那么游泳的。所以人们给墨鱼起了一个很有意思的绰号——海里的"天然火箭"。

13. 劫后余生——鳄鱼

在远古遗存下来的动物品种中，鳄鱼是最赫赫有名同时又最古老的一种。从化石发掘出的资料可以看出，早在2亿年前，也就是恐龙主宰世界的时代，鳄就存在了。只不过在中生代晚期，不知什么样的大祸临头，恐龙被扫地出门、彻底绝灭；鳄类却经过顽强抗争，生存下来了。

中国古代很早就有关于鳄的记载。中国人崇拜龙，科学家考证说，实际上就是以鳄为蓝本臆想出来的。我们的祖先把鳄称为"喷火的龙"，也称为"鲛龙"，使之成为人们顶礼膜拜的对象。

当然，人们崇拜的只是被异化了的鳄，而不是现实生活中的、活生生的鳄。现实生活中的鳄，不仅没有龙那样的堂堂仪表、凛凛威风，反而是个奇丑无比的家伙。它长着扁扁的头、扁扁的身子，身上披着角质的鳞，要多难看有多难看。

提起鳄鱼，人们往往会想到它那骇人的血盆大口，如锯齿般排列的钢牙，从而认为它是很凶猛的动物。但实际上，大多数的鳄并不主动攻击人类，而是以水生昆虫、甲壳类、鱼类、蛙类为食。当然，也有些种类的鳄，如生活在热带地区的非洲鳄，东印度的食人鳄，的确是很凶残的动物，它们有时会突然跃出水面，把岸边的牛、羊等大牲畜拖下水吃掉，有时也会袭击人类。

鳄在吃东西的时候，往往边吃边流眼泪，因此，就有了一句谚语："鳄鱼的眼泪"。意即强者对被他伤害的弱者所表示的假惺惺的、廉价的怜悯，更反衬出强者的虚伪和凶残。但其实，这只是鳄，也包括其他一些爬行动物的生理特点。这类动物的肾脏不发达，流眼泪只不过是要排出身体内多余的盐分。至少对鳄鱼来讲，这其中没有丝毫的情感象征意义。

在远古的中生代，鳄的种类很多，数量也很多。仅仅在我国，发现的鳄鱼化石就有17个属。但时至今日，鳄鱼的数量已经十分稀少了。这或许是因为鳄鱼具有很高的经济价值，肉可食，皮可制革，因而历来都遭到人类的滥捕滥杀。此外，随着人类生产活动的增加，围湖造田，放干沼泽等，严重地破坏了鳄鱼的生态环境，这也是使它数量锐减的原因。鳄鱼可以躲过中生代的天灾，却难逃后世的人祸，不能说不是一大悲剧。

中国现存的鳄，以扬子鳄最为有名。这种鳄是十分聪明的动物。它的洞穴被弄得纵横交错，宛若迷宫。这样，一有敌害侵袭的警报，它就可以逃之夭夭了。它也是鳄类动物中唯一冬眠的一种，每年10月，它就进入冬眠期，直到第二年4月才苏醒，也就是说，一年中，它大约有半年处于昏睡不醒的状态。

由于鳄鱼是远古遗存的少类动物之一，因此，它具有很高的科学研究价值。科学界因此称它为"活化石"。现在，为了挽救濒临灭绝的鳄鱼，使它免遭恐龙的下场，人们已经发出了"救救鳄鱼"的呼声，并采取划定自然保护区、人工饲养等多种措施。也许，在现代科学技术的保护下，鳄鱼可以大难不死而和人类共存共荣了。

14. 多姿多彩——奇鱼拾趣

美人鱼

"美人鱼"原是生活在热带海湾里的哺乳动物"儒艮"，也叫海牛。它肉质肥厚，身体前部有对长而软的很像手的胸鳍，雌性还有对又高又大的"乳房"，用以哺育幼海牛。它喜欢夜晚活动，常用双鳍抱紧小海牛在海面浮游，在月色朦胧时，远远望去，还真像一个上身裸露，抱着孩子的女人呢？就这样，人们把海牛叫做"美人鱼"，还为它编出了许多美丽有趣的故事。

火焰鱼

火焰鱼比普通的鱼长相奇特，它的头呈扁圆形，周身无鳞，而是长着长长的绒毛，这种绒毛离水就会泄净水分，自动弹起。每根绒毛都会呈"S"形。由于绒毛是火红的，而且弯曲，长短又不一，在风中吹拂，翁翕挥动，如同一团火焰。

秘鲁的一位老人法雅脱·求纳登一次在河边钓鱼，突然发现鱼钩上竟"燃"起一团火来，仔细一看，原来那团火就是一条鱼——火焰鱼。后来，法雅脱·求纳登将这条火焰鱼送给吉利动物园。这条怪鱼活了1个月零3天，终因饲养方法不当而死去。

鹦鹉鱼

关于鹦鹉鱼，有许多新奇而有趣的故事。

穿衣服的鹦鹉鱼。有一种鹦鹉鱼生活在印度西部的一些岛屿附近，这种鱼一到傍晚就分泌出一种透明的胶状流体把自己包起来，如同穿上一件"睡衣"，然后躲在石头或珊瑚丛中过夜。第二天醒来便将"睡衣"毁掉，开始新的一天。

患难与共的鹦鹉鱼。地中海产有一种色彩斑斓的鱼，当地人称它为"海中鹦鹉鱼"。这种鱼有一个奇异的特点，就是当它们被渔人的诱饵钓住时，其同类们会立刻起来救助，甚至会咬断鱼索，帮助受难者脱险。

蜡烛鱼

北美洲沿岸的浅海中，有一种叫"艾乌拉霍鱼"的小型鱼类，这种鱼有 1 尺来长，呈细椭圆形，体表光滑无鳞，乳白色，本身就像一只蜡烛。它的肉很粗糙，又有土腥味，所以没有人吃它。但是它的脂肪非常丰富，晾干后往肚子上插一根草棒就能点着，发出一种黄白色的光，可以照明。几千年来，当地人一直把它当蜡烛使用。由于它发出的光很美，又没有任何怪味和烟气，所以还一直被用来制造高级蜡烛。

有四颗心脏的鱼

在堪察加半岛周围海域，生活着一种盲鳗，它有四颗心脏，分别与头、肝肌、肉和尾相连。这种鳗鱼有惊人的耐饥力，半年内不吃食也能畅游自如。

电筒鱼

加勒比海大开曼岛附近的深海里，有种电筒鱼，长约 15 厘米，这种鱼由于长年累月地生活在漆黑一团的海底，依靠双眼根本无法辨别物体。为适应这种环境，它们就在眼睛下面生出一个袋。袋为绿色的有机体，就像我们平时用的电灯上的电珠一样，能发出一种白光。平时，它利用这种白光，在海底吸收和捕食其他小鱼和生物。当然，在漆黑的深海里，有了这点微弱光亮，也会暴露目标，引来杀身之祸。不过，如碰上危险，它能立即关闭"电筒"，逃之夭夭。险情解除后，它又亮起"电珠"，悠然自得地游玩、觅食。

有三只眼睛的鱼

加勒比海生活着一种奇特的小鱼，它长着三只眼睛，中间的那只眼睛像一盏小探照灯，能够发出光亮，照亮约1.5米距离，如果这只发光眼生病或因其他原因不能发光，另外两只眼睛就会顶替它，轮流发光。

有照明灯的鱼

在马来西亚群岛的水域里，生活着一种奇特的鱼，在黑暗中，它能够自己照明，这种鱼每只眼睛上方有一根水管伸向前方，管内有能发出萤光的细菌，好像汽车的前灯，有趣的是，这种鱼头上的"前灯"能根据自己的需要"关"或"开"。

两层眼的鱼

在中美洲的河流里，有一种个头不大，警觉性非常高，极难捕捉的鱼。不久前，科学家们终于揭开了它的奥秘。原来，这种鱼的眼睛很特殊，能同时看清水中和水面上的情况。它的眼睛分上下两部分，每一部分都有自己的焦距和感受神经。当它把头露出水面时，能同时看清水面和水下的物体，因此它既能跟随在水面上飞行的昆虫，同时又能观察到水下虾类等动物的活动。如果有人顺着河岸向它走近，它在2 000米的远处就可以发现这个人，很快就潜入水中，隐藏起来。

没有眼睛的鱼

在我国云贵高原和四川、广西等地的山洞中，生活着一种没有眼睛的鱼。这种鱼喜欢觅食岩底的糟粕，数星期不食也照样能活下来。由于长期生活在黑暗的环境里，眼睛便逐渐退化，但它的触须由于眼睛的退化而十分灵敏。对声音特别敏感。

会走路的鱼

鱼离开水以后，大都难逃死亡的厄运。但是，有一种会走路的鲶鱼却能在干燥的陆地上存活好几个小时，因为在它的鳃的后方有一种类似肺功能的特殊器官，能直接呼吸空气。

性别一日发变的鱼

一种生活在加勒比海和美国佛罗里达海域的蓝条石斑鱼，它的性别一天内变更数次。这种鱼在产卵的时候，一对婚配的蓝条石斑鱼，其中一条先充当雌鱼，产下鱼卵，而另一条则充当雄性，稍后，它们的性别互相改变，原来充当雌性的变为雄性放射精子。据生物学家的观察，在一天之内，蓝条石斑鱼总共发生五次变性。

雌雄互变的鱼

在红海里有一种叫"鲩"的鱼，喜欢集体生活，其"首领"是一条体大强壮的雄鱼，它也是鱼群中唯一的一条雄鱼。当这位"首领"衰弱到不能控制所带的雌鱼群时，鱼群中就有一条雌鱼会应运而变成雄鱼，并和原来的那条雄鱼争夺"王位"，占有它的"妃子"。

在印度洋里，有一种和海葵共生的鱼类，这种鱼群常常是以一条体大的雌鱼为首，率领一些小的雄鱼和更多的幼鱼，洄游于热带的珊瑚礁附近。这条最大最老的雌鱼还率领那些小一点的雄鱼不断地攻击幼鱼，破坏它们的性发育，防止它们的性成熟。最为有趣的是，一旦这个鱼群中的"女皇"遭到不幸，雄鱼中最大的一条，便会在两个月内变成雌鱼来继承"女皇"的王位。

太平洋中有一种鳝鱼身兼两种性别，它们在一生中都要经过雌雄两种性别的发育过程。从幼鳝到成鳝，属于雌性的黄鳝，成鳝有产卵的本领。可是，在产过一次卵之后，就变雌为雄了。这种奇异的生理变态现象，科学上称之为"性反转"。

可不可以根据人类的需要，用人工的方法使得鱼类变性呢？实践证明是可以的。比如非洲鲫鱼是一种肉多味美和营养价值很高的鱼类。但是，在自然的环境中雌的多，雄的少，而且雌的生长慢，体形小。为了提高这种鱼的食用和经济价值，在鱼苗孵出不久，往水中施放小剂量的荷尔蒙药剂，数周后，雌鱼就变成雄鱼了，从而鱼的产量可以倍增。

世界上最懒惰的鱼

世界上最懒惰的是鲄鱼。它是海中一种小体形的鱼类，身体只有24～34英寸。这种鱼懒惰得连自己吃食也不愿意去找，每当大鱼进食时，它就在大鱼的周围，接食大鱼口中漏食的残羹。再者，它不会游泳，而是靠天生的口中大吸盘，吸住其他大鱼身体，随大鱼到任何喜欢去的地方。它非常熟悉各类大鱼的性格和常去的地方，所以它想去哪里，就免费搭上它所需要的"顺路船"。

非洲马达加斯加的渔民们，利用鲄鱼的这种惰性将鲄鱼饲养在用石头围起来的小海湾里，出海捕鱼时，在每条鮣鱼尾巴上系一根绳子，它们吸附在大鱼身上时，渔民一拉绳子，大鱼就可以被捕获。

会发光的"蛤蟆鱼"

"蛤蟆鱼"的头部有一个又细又长的杆状器官，顶端上能发射淡蓝色的光，它一般生活在深海底，在海底黑暗的世界里像一盏小灯似的闪闪发亮。"蛤蟆鱼"每条达几十斤重，特别不爱运动，即使捕获食物也不挪动地方，而是张嘴等食物自己送上门来。它捕获食物的手段就是利用一些小动物好奇地向亮光围拢，其结果是还没等靠近"灯光"，就被张着的大嘴一口吞食下去。

"蛤蟆鱼"头顶上的小灯之所以发光，是因为它的杆状器官里寄生着一种发光细菌，在这种细菌内含有荧光素和荧光酶，荧光素可以和氧气发生化学反应生成氧化荧光素，荧光酶在其中起着催化作用。在产生氧化反应的同时放出能量，就产生了光。发光细菌不断发光，让"蛤蟆鱼"取得食物。

鳃旁养龟的鱼

湖南兰桂溪中有一种黄尾鱼，头大身瘦，重仅 1 两，长却有 5 寸。奇怪的是每条雌黄尾鱼鳃旁都有一个小洞，洞内养着一只衬衣扣大小、半透明的小龟，通称"鱼龟"，把它取出放进水中也能自己游动。

可作书签的鱼

我国南海有一种怪鱼，名叫"甲香鱼"。它的头朝上，尾朝下，挺着肚子，游起来就像人走路那样。这种鱼长 2~3 寸，全身披盖硬甲，不能食用，但由于它体薄透明形态美，且带有香味，晒干后可作为书签用，因而，人们美称它为"书签鱼"。

帮人捕鱼的章鱼

太平洋萨摩亚群岛的渔民利用章鱼来捕鱼。他们用绳缚着章鱼，放入海里，当绳子激烈抖动时，把它拉下来，取走章鱼触手中的鱼，然后给章鱼喂一些它喜欢吃的螃蟹，再放入水中。时间一久，章鱼同渔民结下了"友谊"，这时不再需要用绳子缚了，它每天按时游到珊湖礁边，等待主人的赏赐；然后，潜入水中，过一会儿便浮出水面，将捕到的鱼交给渔民。

冻不僵的鳕鱼

世界上最不怕冷的鱼是南极的鳕鱼。在冰水中，它能冻而不僵。这是因为它的血液中含叫糖肮的成分，功效与汽车里的防冻剂相似。

能离水生活的肺鱼

肺鱼产于非洲，这种鱼能在失水的情况下继续生活 4 年多。发生旱灾时，肺鱼就在河底挖一个坑，然后用泥和粘土做一个泥囊，并在其上开一个气孔，把自己封在里面。不多久，泥囊变得又干又硬，可肺鱼却得到了保护。待到下雨时，泥囊溶解，肺鱼就从水中游开了。

奇鱼"老鼠尾"

老鼠尾是石斑鱼的一种，由于它嘴尖而得此名，是目前十分时兴的海鲜，不少人都知道它的大名。

老鼠尾是北大西洋的一种深海鱼类，英文名是 Rat – tail，是鱼类中感觉较敏锐的一类。幼小的老鼠尾生长在浅水地方，长成后则生活在深水之中。全身有不少感觉器官，头部长有嗅觉器官，主要用以寻找食物，身躯上的侧线和头部的部分感觉器官能探测海水的震动，数尺外的小生物游动时也能被探测到。它圆大的眼睛更能感觉到海底的微弱光线，比人类的眼睛灵敏得多。

老鼠尾的身体和眼睛下部附有发光的细菌，可能有助于它在黑暗中看东西。

第二节　奇能异士——特殊动物趣闻

1. 海中突击队——海豹警察

据说，纽约警方正在积极训练一批海豹，以使它们能在接到信号之后，立即潜入人类无法到达的深海区海底去执行任务。据说，现在这些海豹已经能够从深海处确定手枪的位置，并将它带回水面。据训练员介绍，海豹不仅能使落水者脱离绳索的束缚，还能将他们拖出水面，以便人们实施救援。

2. 有奶为"娘"——会哺乳育婴的鸟

小鸟是从鸟蛋中孵化出来的，大概谁都知道，那么如果说鸟也能分泌乳汁，哺乳幼鸟，大概会让你感到奇怪了吧。

在南极地区，有一种叫"皇帝企鹅"的鸟，便属于这一类。企鹅是南极的特产，有数十种之多。这种皇帝企鹅的孵蛋过程就很特别。一般由雌雄分别孵蛋。孵卵期大约为一个月。首先由雄企鹅负责孵卵，雌企鹅负责出海觅食。雌企鹅一去便是一个多月，当它把自己的胃装得满满的，回到雄企鹅身边时，小企鹅已经破壳而出了。这时候，它们会将扁扁的小嘴巴，纷纷插进母亲的咽喉，吃那些半消化的食物。

雄企鹅在妻子"接班"之后，马上便出海去了，一来补充自己孵蛋时的体力消耗，二来也准备带更多的食物回家来喂养"婴儿"。它一去，也是一两个月。

当雄企鹅外出期间，雌企鹅完全不能离开子女。先前胃里所装的食物，不过1公斤左右，但小企鹅在两个月内，体重是要增至几公斤的。科学家们因此产生了疑问。小企鹅吃的是什么呢？它们母亲胃里的食物会有那么多吗？这显然不可能。在进一步的观察中，人们终于发现：在雌企鹅的胃壁上有一种分泌腺，可以分泌出一种富有营养的液体，这就是"鸟奶"。

除了这种企鹅，我们常见的鸽子，也是一种半哺乳的鸟类。

当小鸽子出世之后，它们照样把嘴伸进母亲的食道去，吃的是母亲嗉囊中的粥状物。人们过去以为这是母鸽把食物消化了来喂儿女，这是错误的。事实上，母鸽如不吃食物，也一样可以哺育幼鸽，并且可以支持半个月以上，当把它们解剖后，便可发现，它的嗉囊中有一种由腺体分泌出来的奶汁，这也是"鸟奶"。

由此可见，动物的生长，千奇百怪，花样繁多。

3. 神通广大——啄木燕雀

要问动物界里，谁会使用简单的"劳动工具"，你一定会说是黑猩猩了。因为黑猩猩与人最相似，也最聪明。可是除此之外，还有一种会使用劳动工具的动物，它就是啄木燕雀——一种灰色的小鸟。

啄木燕雀以吃小昆虫为生。在觅食时，它用嘴啄树干，接着把耳朵紧贴树干，专心细听，当发现其中有动静时，就把树皮啄穿，找到树洞中的小虫。如果树洞太深，嘴巴探不到里面，聪明的小鸟会找一根细树枝，衔着树枝的末端，探入洞内，把小虫逗出来。

如果细树枝很适用的话，小鸟就会长期把它带在身边。从一棵树飞向另一棵树，找小虫时就暂时把它放在树缝里。如果树枝太长，经验丰富的小鸟会设法把它截短，如果树枝上有杈，小鸟就把杈折去。

目前，世界上已发现的会使用"劳动工具"的鸟类，只有啄木燕雀一种。

4. "穿针引线"——缝叶鸟

我们知道，裁缝是一项细巧的工作，不是所有的人都能胜任的。可是，你也许想不到，有一种身长只有 3～4 寸的小鸟，竟然也会做裁缝，能够穿针引线来缝制它自己的窝。这种鸟叫做"缝叶鸟"。

如果你有机会到我国的云南、广西南部一些地区，就可以发现缝叶鸟。它的身体和麻雀差不多大，但是比麻雀漂亮得多。尖尖的嘴、丰满的胸部、长长而翘起的尾巴、纤巧而细长的腿，使人觉得是那样玲珑、可爱。

它全身的毛色也很漂亮：头是棕红色，眼圈呈浅黄色，上身是橄榄绿色，下身是浅棕色，当它在花丛中飞来飞去的时候，真是美丽极了。

它的性情非常活泼，整天在充满阳光的树林、花丛中飞个不停，跳个不停，叫声清脆悦耳。它大概知道人们喜爱它，所以总喜欢飞近人们的住宅和人接近。它平日吃的是昆虫，不吃粮食，对于人类是有益无害的，可以说是人类的好朋友。

使人觉得有趣和惊奇的地方，要算它做窝的技术了：它们的窝不是做在树枝之上，而是做在树枝之下，换句话说，就是挂在树枝上的。这是怎么回事呢？原来它们的窝是利用大树上几片下垂的叶子做的。每年夏季是做窝的季节，它们选好了树叶，就以自己的尖嘴作针，寻找一些植物纤维或野蚕丝作线，然后穿针引线，把叶子缝在一起。缝的时候，就用双脚抓住叶子，用嘴穿孔，那样子有趣极了。缝完之后，为防止以后脱线，还懂得在收尾的地方打个结。这样缝好的窝是个口袋形，中间铺上柔软的叶子和羽毛，十分舒适温暖，好像是个"吊床"。

人们对这种奇特的鸟非常感兴趣，有人曾经把它们的窝取下来观察过，发现那窝缝织得非常细密、整齐，不愧为动物界的缝纫能手。

5. 叫声奇特——猫声鸟

猫声鸟实际上是一种很文雅的鸟，它们常常躲在枝头上歌唱，歌声相当婉转，可以同画眉鸟媲美。它们只是偶尔改变音调，发出"喵呜，喵呜"的猫叫声。还有在育雏期间，邻居的同类鸟儿遭到敌人侵害搔扰的时候，所有的猫声鸟都会一起自动发出高亢和愤怒的猫叫声，使敌人受惊，闻声退却。

以其叫声而得名的猫声鸟，生活在北美洲和墨西哥一带，体形较瘦，喜欢在路旁绿荫下的野蔷薇丛造巢。它们平时吃一些樱桃、草莓、桑椹等果实，更多的是捕食蚱蜢、毛虫、飞蛾、甲虫、苍蝇和蜘蛛等。猫声鸟具有极强的团结友爱精神。雌鸟除对自己的雏鸟尽心爱抚之外，如果同伴中的一只母鸟死去了，其他的猫声鸟会主动地哺育那些失去妈妈的雏鸟，一直到它们羽翼丰满、能独立生活时为止。

当地的农场主不大喜欢猫声鸟，因为它们爱偷吃果园中的少量樱桃和草莓。可是科学家们却为它们鸣不平，指出猫声鸟在果实成熟的一个月里才吃果实，其他的时间里，都是在为农民捕食害虫，每只猫声鸟的食量惊人，每顿可以吃下30多只蚱蜢。

猫声鸟是候鸟。冬天来临，雪花飞舞时，它就飞往中美、南美洲和西印度群岛一带去越冬了。第二年的春天，又飞回北美洲和墨西哥繁育后代。

6. "绿化工人"——植树鸟

某些鸟类具备非常奇特的本领，在秘鲁首都附近，就有一种会种树的鸟，令人惊叹不已。

秘鲁首都利马的北部，有一片荒芜的土地，那里从未有人去种植过树木。后来，人们发现那里出现了大片大片的树林，而这些树林的种植者，却是一群叫"卡西亚"的鸟儿。

卡西亚长得有些像乌鸦，身上长着黑黑的羽毛，白色的脑袋上长着长长的嘴巴，所不同的是，它的叫声比乌鸦要好听多了。

那么卡西亚是怎样种树的呢？原来，它们非常喜欢吃当地生长的一种甜柳树的叶子。它们在啄食甜柳树之前，总是先把树的嫩枝咬断，衔着枝叶飞到地上，再用嘴在地上挖个洞眼，将嫩枝插进洞里，然后慢慢地啄食着树叶。甜柳树枝被留在土壤里，很容易生长，要不了几天工夫，就扎根滋长起来了。几个月以后，甜柳枝就长成小树了。

卡西亚总是成群地聚在一起啄食甜树叶，一起插枝，就这样时间长了，很自然地栽植了大片大片的树林。

卡西亚为人们植树造林，受到当地群众的爱护，谁也不随意捕捉它们，还尊称它们为"植树鸟"呢。

还有一种会植树的鸟，叫做礐鸟。它有一套很奇特的储粮方法。每年越冬前，礐鸟会携带"粮食"，寻找两棵树的中间位置，并以其为基点，每向前走40厘米，埋下一堆（二三十颗）橡子，一堆堆地埋藏。有的鸟以一根树干为基准，在离树干2.8米处先埋下第一堆橡子，然后再一堆堆地埋藏。这种有规律的储藏方式，显然是为了今后便于取食。

春天来了，埋在地下的橡子有的已经发芽了。礐鸟来到这个储粮所，将它们一个个地刨出来，用嘴衔回巢内。原来，这些发的芽橡子，是礐鸟委托大自然，为自己未来的儿女加工的食粮。因为，橡子的硬壳不易咬开，而发了芽的橡子对小鸟来说，既易消化，又富有营养。那些吃不完的橡子留在地下发芽生长，变成小树。

礐鸟也是大自然的义务植树者。据说，树林的橡树，有80%是礐鸟和松鼠等小动物义务"种植"的。

7. "特种部队"——喜鹊

喜鹊，是一种城乡居民常见的益鸟。村边大树上，每年春天都有喜鹊来做窝。

喜鹊对人们最大的贡献就是吃害虫、保护森林。松毛虫对松林的危害最为厉害。它能将大片的松林吃光。松毛虫形象可怕，满身毒毛，鸟儿见了都吓得退避三舍，所以，松毛虫有恃无恐，肆无忌惮地危害松林。为了对付松毛虫，人们一直在寻找鸟类勇士。近年来，人们发现灰喜鹊是位无所畏惧的豪杰，它见到松毛虫，就像遇到可口的美味，毫不犹豫地冲上去，一口叼住松毛虫，然后在树杈或者石块上，连续不断地摔磨与叼啄，一直到松毛虫被折腾得血肉模糊，才放心地食下肚去。灰喜鹊的饭量很大，一天之内吃下上百条松毛虫。科学家计算过，一只灰喜鹊每年可以消灭15 000条松毛虫，可以保护1~2亩松林。灰喜鹊一时成为保护森林的大英雄，人们将它拍成电影，称赞它是围剿害虫的"天兵天将"。

灰喜鹊愿意接受人的驯养，听从人的口令，服从人的指挥，这更是难得的一大优点。人们从小开始驯养灰喜鹊，经过人工饲养，驯化后的灰喜鹊，能听从驯鸟员的调遣，到任何松林里去执行灭虫任务。驯鸟员用笼子把灰喜鹊运到有松毛虫的松林内，打开笼门，放出灰喜鹊。灰喜鹊个个奋勇争先，主动出击害虫。当驯鸟员吹起哨子，灰喜鹊立即飞回笼子旁边休息。它们就像一支"特种部队"，随时开往需要它的战区，凡是它到达的地方，必是捷报频传。所以有喜鹊到哪里，都会受到哪里的欢迎。

8. 鸟中"另类"——珍奇鸟谱

白乌鸦

"天下乌鸦一般黑"，这是尽人皆知的俗语。然而，在日本崎玉县秩父郡长静河却有一只浑身雪白的乌鸦。

这只乌鸦现在饲养在长静汀鸡肉店经理大泽实义的家里。它是1987年5月25日，大泽家的街坊牵着狗外出散步时在附近的草丛中突然发现的。后来，他把这只乌鸦送给了大泽。这只罕见的乌鸦全身羽毛雪白，眼睛、嘴和两只爪子均呈粉红色。它喜欢食生鱼，又爱嬉水。据专家说，这是乌鸦的白化体，是基因变异的结果。

灭火鸟

在尼加拉瓜有一种鸟会灭火，人们称它"灭火鸟"。当它看到哪里起火时，便聚群飞往起火地点，从嘴里吐出黏液将火熄灭。据科学家研究，在它的黏液中含有灭火物质。

鸟灯笼

在非洲的基尔森林里，有一种能当灯笼的鸟——萤鸟。它的身体呈椭圆形，全身杏黄色，头部和翅膀有毛，其余部分却长着一层硬壳。一到晚上，这层硬壳就会闪闪发光，相当于2瓦电灯的亮度。当地居民把这种鸟捉来养在笼子里，就成了一个活的"灯笼"，夜行时提着，用以照明，既方便，又经济。

双鼻鸽

我国台湾省屏东一市民苏福山饲养近百只名贵鸽子，最近发现一只罕见的"变形双鼻鸽"。这只鸽子是罕见的赛鸽。

四翼鸟

鸟生两翼，便能展翅高飞，有的偏要翼外生翅，独树"双帜"，以便引诱异性。非洲发现一种世上罕见的奇禽——四翼鸟。四翼鸟生活在塞内加尔和冈比亚西部以及扎伊尔南部，是夜游动物，与昼伏夜出、啼鸣悦耳的夜莺同属一科。人们赠给它"四翼鸟"这个美名是不无道理的。到了交尾期，雄四翼鸟便在每只翅膀上生出一根长长的羽翅。飞行时，这两根羽翅，就像两面旗帜似的，有时高高地竖立在它身体上面，迎风招展；有时又收翼在身后，"偃旗息鼓"。观察者感到，这只鸟似乎有四只翅膀；然而有时又产生这样一种印象：似乎有两只小小的黑鸟，尾随其后，紧跟猛赶。

尽管四翼鸟头尾全长 31 毫米，两翼也不过长 17 毫米，然而它"羽毛旗"却长达 43 毫米，可是交尾期一结束，雄四翼鸟就折断这两根妨碍它展翅高飞的装饰品。有时可以看到被它咬剩下的长羽毛，秃秃地竖立在它的翅膀上，它们一直保存到下次换毛。给四翼鸟拍照的机会是非常难得的，因为它像夜莺一样，总是昼伏夜出，只在黄昏后的黑暗中飞出活动。英国动物学家麦拉克·科尔发现了昼伏中的四翼鸟，把它惊飞起来后，成功地拍下了一张照片，才使人们看清了这种非洲奇禽的"真面目"。

四只爪的兀鹰

1888 年 4 月间，奥地利萨尔兹动物园发现一只四只爪的兀鹰。它的两只"多余"的鹰爪缩在腹部稍为向上的位置，但与其他正常的爪一样，也能够屈伸和抓东西。

不过，据专门饲养它的鸟类专家禾芬毕图表示，这只兀鹰与一般兀鹰的性格大异其趣，它非常胆小怕事，全无凶悍之态。他说，这可能与鹰的激素分泌发生变异有关。不过，并非所有新发现的不正常动物都长出多余的器官。

没翅膀的鸟

新西兰有种基维鸟，既无两翼，又无尾巴，不能飞，只能走。全身披着头发似的羽毛，长着一个和身体不相称的长嘴。基维鸟的体形和我国的鸡差不多。

会点灯的鸟

印度有一种会点灯的"巴耶鸟"。这种鸟鸟巢的壁比较厚，巢内很暗。于是，雄鸟便会飞到附近的沼泽地，从那里衔回很粘的泥土，把它粘到巢壁上。然后，又捉来萤火虫，用爪子固定在粘泥土上，使它飞不走。这样一连捉了许多萤火虫，鸟巢内就被照得通明。接着，这种鸟又用同样的方法把鸟巢外部也装饰得一片明亮，远远望去，整个鸟巢如同一盏闪亮的灯。

喷雾鸟

在秘鲁的目不库尔林园，有一种会"洒云喷雾"的小鸟——"喷雾鸟"。这种鸟的腹囊里有一种绿色的液体。这种液体经过口腔喷出来，在空气里便会蒸发成一种白雾。每只鸟所含的液体可以喷上 1 小时的雾，而且每当液体喷射完了，经过 10 ~ 15 天，喷雾鸟又会在腹下液囊里制造出液体来。

据说 16 世纪初，西班牙殖民军侵占目不库尔时，当地居民和他们展开搏斗，正当寡不敌众时，林园里飞来一群"喷雾鸟"，向着西班牙殖民军喷出了大片大片的白雾。西班牙殖民军以为是中了埋伏，纷纷后退，目不库尔人一举反击，打了一个大胜仗。

花鸟

在非洲西部，有一种奇特的花鸟。小虫飞来时，花鸟会立刻变成一朵色彩艳丽的"花苞"。只要小昆虫一爬进"花苞"，它们就会全部被吃掉。花鸟的伪装本领十分高超，不仅能诱骗小昆虫，就是凶残的禽兽，也往往会上花鸟的当。

吃铁鸟

一个铁匠带着一袋子铁钉经过一片大森林。因为天气闷热，在树荫下打了一个盹。当他醒来时，却发现自己的袋子破了，铁钉也少了一大半。他以为是被窃贼偷去了，可是四周没一个人影。后来铁匠却在树林深处发现一群鸟，正在大嚼他的铁钉。原来这种鸟是沙特阿拉伯北部森林中的奇鸟——"吃铁鸟"。

这种鸟尖头、圆身、黑羽毛，鸣叫的声音难听，就像敲打破铜锣似的。后来一位生物学家捉到一只吃铁鸟，经过解剖，发现它的胃液里盐酸含量特别多，所以，它吃了铁后，能很快把它消化掉。

变色鸟

新疆阿尔泰山区有一种"变色鸟"，它的羽毛会随着季节的变化而变换颜色。

冬天，它变得银装素裹，浑身雪白；春天，它穿上淡黄色的春装；夏天，羽毛变成了栗褐色；秋天羽毛又变成暗棕色。这种鸟能和外界的变化浑然一体，使它的天敌难以发现。这种鸟外形像鸽子，但比鸽子大。它的名字叫岩雷鸟，是稀有珍禽。

酿蜜鸟

非洲北部，有一种"酿蜜鸟"。它胸下有一个垂囊，在吃食时附生在食道两侧的蜜管就把酿蜜的原料吸到垂囊里，进行加工。一旦垂囊装满了蜜，它就将蜜吐在树枝上，让人们取用。

礼鸟

在非洲的多哥拉拉斯山上，有一种奇异的小鸟，叫"礼鸟"。这种鸟头尖、身圆、尾长，全身长着漂亮的翠绿色羽毛，非常惹人喜爱。

它之所以被称为"礼鸟"，是因为它常常飞到人们和村庄附近，将嘴里衔的东西投到人们身上或住宅里。投下的东西，不是香气扑鼻的野花，就是香甜可口的鲜果。所以当地居民只要看到礼鸟飞来，便欢喜地呼唤和迎接它。礼鸟听到呼唤声，就真的迎声飞来，缓缓地落下，将嘴里衔的东西，丢到呼唤者的身上，然后在呼唤者周围玩耍。这时呼唤者给它食物，它会毫不客气地吃个饱。

"礼鸟"的这种习惯是长期同当地人"友好"相处的结果。由于它的记忆力很强，它会经常到对它友好的人家去做客；如果人家对它不友好，甚至恐吓或者企图捕捉它，它就永远不会再光临了。

"向导"鸟

在非洲的山谷里，有的旅客如果迷失了方向，正饿着肚子寻找出路，看见一只褐色的小鸟在前面飞，每飞一段路便停下来等待游客时，就抱着希望跟着小鸟前进。鸟飞到一个山洞前停下来，旅游者在那里找到一个蜂窝。用火把蜜蜂赶跑，就可吃到香甜的蜂蜜，吃饱了，可以回到宿营地。当地的非洲人告诫说，这种小鸟叫"向导"鸟，旅游者吃蜂蜜时，一定要给小鸟留下一点，否则下次小鸟会将你带到一头狮子面前，或一个令你不愉快的地方。

琴鸟

如果说画眉是大自然的"歌手"，那么"琴鸟"就是"音乐舞蹈家"。它是一种大型的鸣禽，是澳大利亚的特产。这种鸟嘴尖而大，颈部也较长。有三对发达的鸣管肌，鸣声优雅，而且能模仿20多种鸟儿的鸣声，琴鸟雄鸟比雌鸟漂亮，身上有16根尾羽，外侧一对特别发达，宛如洋琴状，其余尾羽如洋琴纤细的琴弦。平时，整个尾巴拖在后面，但一遇雌鸟，它那琴弦状尾羽高高竖起，且舞且鸣，舞姿婀娜。它不但可模仿其他鸟叫，而且还能模仿自然界中其他动物的声音。

姑娘鸟

丹麦有一种鸟叫"姑娘鸟"。这种鸟躯体虽然不大，可头上的丝又长又细又密。每逢枝头上出现"姑娘似的发丝"时，人们就高兴地叫喊："看，漂亮的头发！""美丽的姑娘！"这种发丝是从姑娘鸟的头上吊垂下来的。一只3岁的姑娘鸟的发丝是全身长的3~4倍，因此这种鸟的飞翔能力很差。一些爱美的姑娘，都喜欢捕上几只姑娘鸟将它的发丝取下，装饰在自己的头发上，形成长长的披发；也有的用这种鸟的发丝编织各种轻盈的"发丝"织物。

比骆驼还大的"耕田鸟"

在非洲有一种比骆驼还大的鸟，体重可达600公斤。它的颈特别长，饮水和觅食时，竟能把脖子伸到10多英尺的地方，因此人们也称它为"长颈鸟"。

当地农民结伙到山里去捕捉这种大鸟。捕到后，先锯去翅膀，并在头上拴一发绳，经过训练后，就能为主人耕田，因而人们叫它"耕田鸟"。

拔毛筑窝的绵凫鸟

在严寒的北极，有一种绵凫鸟。它生育以前，忍着剧痛，从自己身上拔下大量的羽毛来筑窝。它用嘴咬着自己的羽毛，脑袋使劲一甩，便拔下一根，每拔一根便痛得颤抖一下。但在这个松软而温暖的羽毛窝里，再厉害的严寒也休想伤害它的儿女了。

自制"棉衣"的裸体鸟

生活在奥地利克利马地区的裸体鸟，除了翅膀、头部和爪部生有羽毛外，全身光秃秃的。冬天到来之前，它就飞到棉田衔来棉花，放在巢里，它无数细小的皮囊能分泌出一种乳黄色的黏液，只要它将身体躺在棉花上一滚，就会穿上一件"棉衣"。到了春天，皮囊上又分泌出一种溶液，使身上的棉花迅速浮起，去掉黏附力，将"棉衣"脱去。

弹石击狼的鸟

在非洲布隆迪农村，有许多灰狼，经常三五成群地偷袭农家牲畜，危害极大。为了对付灰狼，当地居民家家饲养一种名叫"斯本大"的鸟。这种鸟有一种独特的本领，见了灰狼就用嘴弹石相击，狼也最怕这种鸟。

忘恩负义的杜鹃

春天来了，杜鹃东跳跳，西唱唱，趁机瞄准将来产卵的场所。

杜鹃一旦见到别的巢中母鸟飞出，它就偷偷地溜进去，把巢中原有的鸟卵衔一个在口中，自己赶快生下一个蛋，然后飞快溜走。

杜鹃大多选择柳莺、苇莺、噪鸦、林鹨、伯劳等鸟的鸟巢产卵。这些鸟就当上了"义母"，代杜鹃孵出子女。

小杜鹃被义母孵出之后，靠义母喂养，很快长大，但它极不道德，总是千方百计排挤、陷害同巢的幼鸟。开始，它静悄悄地挤到巢的一边，慢慢潜入到别种鸟卵或幼雏下面，使鸟卵或幼雏滚到它背上。然后，它靠近巢边，猛然用力站起，把鸟卵或幼雏一个个抛出巢外，只留下自己。

会喷"香水"的鸟

南美洲的丛林中生活着一种羽毛艳丽的"香水鸟"。这种鸟的唾液带有奇异的香味。每逢风和日丽的天气，一群群香水鸟就一边唱歌，一边向同伴身上喷射"香水"以作娱乐，顿时，林中香气弥漫。

有人曾将"香水鸟"关在笼里喂养，企图从它嘴里收集"香水"，然而这些鸟在失去自由时，再也没兴趣喷"香水"了。

9. 极地精灵——小企鹅极地诞生记

企鹅是世人公认的抗寒勇士，大凡与严寒、冰冷有关的商标，都常以它的形象为图案。

企鹅居住在冰天雪地的南极大陆，它们怎样繁殖后代、生儿育女呢？人们经常替它们担扰。

南极大陆异常寒冷，繁殖时生下的蛋，不是要冻成冰球吗？人们的推论当然是有根据的，但对企鹅来说，这是根本不存在的，因为企鹅具有抗寒御寒的特殊本领，能够战胜寒冷，保护儿女顺利出世。

爱护后代是企鹅的天性，雄、雌企鹅齐心合力，共同抚养孩子。企鹅妈妈对孩子体贴入微，它的爱抚无微不至；企鹅爸爸也毫不逊色，疼爱子女甚至胜过企鹅妈妈。当儿女即将降临时，它们激动万分。

雌企鹅一次只生一个蛋，它生蛋的时候雄企鹅一直守候在身旁。蛋刚刚降生地面，雄企鹅立刻奔向前去，用嘴巴将蛋滚动到自己的脚面上，企鹅的腹部皮肤松弛，肚皮下面伸出一个厚厚的皮褶，就像一个皮囊，紧紧地把它脚面上的蛋包裹起来。企鹅的皮肤含有丰富的脂肪，是天然保温防寒层。覆盖在蛋上的皮褶，比鸭绒被子还要保暖，蛋不会受到寒冷的侵害，完全可以孵化。

企鹅爸爸照料尚未出世的儿女非常用心，走路小心翼翼，左右脚交替挪动，轻轻踏地，生怕蛋会跌落下来受伤。为了蛋的安全，它几十天不吃东西，坚守岗位。企鹅妈妈对子女更是牵肠挂肚，每次下海捕食归来，总是迫不及待地奔向家园，看看孩子。它从雄企鹅身上接过蛋，亲自孵化。交接蛋的仪式是非常庄严的。雄企鹅与雌企鹅面对面地站立，脚尖碰着脚尖，雄企鹅用嘴巴将蛋推向脚背，蛋立即转移到雌企鹅的脚背上，雌企鹅再用肚皮下面的皮褶把它包盖上。

经过五六十天的孵化，小企鹅破壳出世了。刚出生的幼小企鹅当然不能独立谋生，还要依靠父母喂食。我国奔赴南极大陆进行科学考察的生物学家，发现企鹅喂养儿女的习性异常独特，它们从海中捕鱼归来，径直奔回自己的儿女身边，将食物喂给孩子。在数目多得难以计算的幼小企鹅中，父母竟然毫无困难地识别自己的亲生骨肉，而不会张冠李戴，真叫人万分惊诧！

10. 超声波专家——蝙蝠

由于蝙蝠长得奇形怪状，关于它的品类，历来就有许多不同的说法。有人说它是非鸟非兽的怪物，甚至也有人牵强附会地说，蝙蝠是老鼠成"精"，因为两者不仅外形相像，而且生活习性相同。你看，它们都住在阴暗、潮湿的洞穴里，都喜欢在夜晚出来活动，也都会发出吱吱的叫声……就这样，蝙蝠才不明不白地蒙受了"名誉"上的千古奇冤。

近现代的生物学研究为蝙蝠彻底平了反。其实，蝙蝠和鸟只是形似，在本质上却有着很大的差异。比如鸟的喙是角质的，嘴里没有牙齿，而蝙蝠的嘴里却有细小的牙齿；蝙蝠会飞，但它的"翅膀"其实只是异化了的前肢，上面粘连着一层薄薄的翼膜，这和鸟类的羽翼是根本不同的；更明显的不同是，鸟类都是卵生的，蝙蝠却是胎生的。因此，无论从哪个角度讲，蝙蝠都和虎、豹、豺、狼一样，是不折不扣的兽类，而不是鸟。只不过，它是会飞的小兽而已。

作为兽类，蝙蝠有一种出奇的本领，在迷蒙的暮色里，捕食在半空中飞走的昆虫，就如探囊取物一般。在科学不甚发达的时代，有人认为，蝙蝠一定有一双明察秋毫的"夜明眼"。但现代的科学实验证明，这家伙的视力差劲之极，即使咫尺之内的东西，它也视而不见。

那么，蝙蝠扑起昆虫来，又怎么会有那样出神入化、百发百中的能耐呢？原来，这丑东西另有一种令人叫绝的"特异功能"。据科学家观察，它的喉咙能发出很强的超声波，而它高高耸立的耳朵，又有着非常复杂的结构，成为一个接收超声波的仪器。当超声波在空中遇到空中飞行的小虫，便被反射回来。它的耳朵听到回声，便可以准确判断小虫的准确位置，然后如迅雷不及掩耳般直扑过去，把这些胆大包天、胆敢阻挡它声波的家伙抓住，美餐一顿。尤其令人不可思议的是，它甚至可以根据反射回来的声波，准确判断拦路的是食物还是树木、高墙等障碍物，从而做到百发百中、有的放矢。

我们日常看到的蝙蝠多为褐色，也有些为淡红色、黄色、白色，或夹杂有说不上漂亮的白斑、白纹。它的形体变异也很大，最小的体重仅 1.5 克，最重的一种狐蝠，则重达 1 公斤。

总体来看，蝙蝠是一种益兽。它们消灭害虫，传播花粉，扩散种子，可以看做是人类的朋友。但也有些蝙蝠会毁坏作物，传染疾病，骚扰住宅，为人类带来不幸和烦扰。

还有更奇妙的呢，世界上还有以蝙为"类"的植物呢。

在美国西南部有 130 多种植物完全依靠蝙蝠来传粉受精、繁殖后代，科学家给这些植物起了个名字，叫蝙爱植物。其中以龙舌兰最具代表性。

夜晚，月华初升，蝙蝠开始活跃起来。而这时也正是大朵的龙舌兰竞相开放的时候，它们散发出一股刺鼻的香味在林中飘荡。这种香味中含有丁酸分子，而蝙蝠身上的气味中就含有丁酸。在同样的气味的招引下，蝙蝠展开巨大的双翼向龙舌兰飞去。

龙舌兰的雄蕊花粉非常突出，当蝙蝠把头伸入花冠吸吮花蜜时，它的头和胸上就会沾满花粉，等它飞到另一朵花上采蜜时，就帮助龙舌兰完成了传粉工作。

蝙蝠喜爱这种植物是有道理的，因为帮它传粉得到的报酬十分丰厚。龙舌兰一个大花序上就能提取 50～60 毫升花蜜，其中蛋白质含量高达 16%，而龙舌兰的花粉本身也常常是蝙蝠的美餐，这些花粉中蛋白质含量甚至可高达 43%！

无论是龙舌兰的香型、开花时间、花蜜和花粉的营养，都十分适应蝙蝠的需要，难怪蝙蝠喜爱它。

11. 伪装"专家"——变色龙

在动物王国里，生活着一位奇特的居民，为了迷惑敌人，保护自己，它时常改变体表的颜色，或绿或黄，或浓或淡，变幻莫测。它就是爬行动物避役，人送绰号"变色龙"。

避役最奇特的本领，就是"变色"。它能够随着环境颜色的变化随时改变体表的颜色。假如避役生活在枝叶繁茂的绿树丛中，那么避役的体表会变成绿色；假如避役栖息在枯黄的树干中间，那么它的体表就会变得暗黄，与粗糙的树皮颜色相差无几。

避役为什么能变色呢？这引起了人们的兴趣。科学家经过反复研究，终于发现了其中的奥妙。

原来，在避役皮肤里面有着各种色素细胞，它们决定着体表的颜色。这些色素细胞服从神经中枢的指挥，按照神经中枢的命令改变着皮肤的颜色。每当避役改变生活环境，神经中枢会根据环境颜色向色素细胞发出命令，让它改变体表的颜色，与环境颜色协调一致。

避役为什么要不厌其烦地变来变去呢？原因很简单，变色是它保护自己不被伤害的法术。避役是位弱小的动物，缺乏自卫能力，万一让敌害盯住，就很难活命了，所以为了生存，在长期的生活中它练就了一身变色本领，以便蒙骗敌人的眼睛！

避役还有一处比其他动物高明，那就是它的一双眼与众不同。它的左右两眼能够各自独立运动，一只眼睛向上看的同时，另一只眼睛却能向前看，或者向下、向后看，即使身体不动，它对周围情况也能一览无余，了如指掌。

12. 海归游子——"四不像"

我国古代神话小说《封神演义》中，周朝军队的大元帅姜尚有一匹神异的坐骑——四不像。它长着麟头、豹尾、龙身，看上去威风得很。

无独有偶。我国的野生动物中，也的确有这么一种看上去什么都像，细端详又什么都不像的怪兽——麋鹿。它的角似鹿、颈似驼、尾似驴、蹄似牛，因而荣获了和姜尚坐骑平起平坐的浑名——"四不像"。

麋鹿原是我国的特产。早在几万年以前，它就广泛分布于我国中部和北部的低洼沼泽地带。3 000 多年前的周、商时期，它成群结队地漫游于黄河流域一带。仅在商都的遗址——河南安阳的小屯，发掘出的麋鹿化石就达 1 000 多具，可见它的"人丁"何其繁盛了。但以后，由于自然环境的变异，它的数量不断减少。到清代前期，只有北京南苑的"南海子皇家猎苑"中，还饲养着一群。野生麋鹿则已荡然无存了。

19 世纪中叶，麋鹿的怪模样引起了外国人的注意。法、英、德、比利时等国的外交官和传教士，通过贿赂猎苑守卫、明抢暗偷、巧取豪夺等手段，弄走了一批，饲养在各自国家的动物园里。但在我国，由于清朝末年内忧外患，战火连连，使麋鹿数量不断锐减。1900 年，八国联军侵入北京，"南海子皇家猎苑"被洗劫，其中的麋鹿，或被劫运海外，或做了砧上之肉。这种珍稀动物，自此便在我国绝灭了。

麋鹿是一种特殊的鹿科动物，草食性。雄鹿有角，但没有眉叉。尾巴比一般鹿长，还生有丛毛。在形体上，它可算鹿类家族中的大个子，一般体长约 2 米，重 100~200 公斤。随着季节的变异，它的毛色也随之改变，冬天显棕灰色，夏天呈淡红褐色。它那两条得天独厚的长腿，使它奔跑起来十分迅捷。令人不可思议的是，它虽然长得其貌不扬，却是个游泳的行家里手。而且，这家伙外表温顺，内里刚猛，如果有天敌来打它的主意，无论是人还是食肉类猛兽，它都敢用自己的角作武器，结结实实地和对方打上一架。

麋鹿的繁殖能力极低，每胎只生一仔，孕期却长达 10 个月。这也许是它在激烈的生存竞争中种群逐渐减少的原因吧！

麋鹿在中国绝迹了，在海外却得繁衍生息。到 20 世纪 80 年代，"侨居"域外的麋鹿已经达到 1 000 余头。1956 年，英国伦敦动物学会给北京动物园送来两对麋鹿，此后，英国沃旧恩庄园送归 25 头，国际自然和自然资源保护同盟、世界野生动物基金会，又送来 39 头。受尽坎坷的海外游子麋鹿，终于得以衣锦还乡，重归故土了。为了保护这种叶落归根的珍稀动物，我国在它的祖居——南海子，为它们重建了家园，并在江苏省大丰县，开辟了麋鹿自然保护区，使它回归自然。这样，它终于结束了漂泊流浪的厄运，可以再一次成为子孙满堂的动物群了。

13. 奇异王国——奇蛇录

盾尾蛇

斯里兰卡有一种蛇，尾巴像盾牌，人们称它为"盾尾蛇"。这种蛇头尖，尾大而扁平，酷似一面盾牌，上面有鳞甲一样锐利的棘状突起，遇到袭击就翘起尾巴来还击，似针刺般厉害。

果色蛇

巴西草原有一种无毒蛇，长约三四尺，浑身呈绿色，头为椭圆形。它的舌尖上，长有果子形的圆舌粒，跟樱桃的形状很相似。当它伸出舌头时，不少小鸟误认为是果子，因啄食而丧生。

蜡烛蛇

在非洲几内亚湾的一个小岛上，生长着一种全身赤红似火的蛇。这种蛇，身上含有大量脂肪，舌头的含油量更高。当地居民把它捉住，去掉内脏，串上纱芯，缚在铁棒上点燃，比煤油灯还亮。一条"蜡烛蛇"可点燃三四个晚上。

气功蛇

西班牙的马德里，有一种蛇像人练功一样，能承受很大压力。它横卧在山路中央，急驶而来的汽车从它身上轧过去后，它摇摇脑袋又爬走了。汽车为何轧不死它？原来这种蛇腹部生有个"吸气囊"，能使吸进的气通遍全身。

撒粉蛇

马尔加什的岛上有种神奇的蛇，它经过的地方会留下一条银白色的带子。这种白色带子对它们很有用处，它们离窝远了常迷路，于是撒下粉末，回去对照旧痕迹找到"家"。这种粉末是它体外脱出的皮干燥后变成的。

变色蛇

马达加斯加岛上，有种颜色时常变化的蛇，当地人叫它拉塔那。这种蛇游到青草丛全身立即变成青绿色；伸缩在岩石下或盘缠在枯木上，则马上变成褐黑色；把它放在红色土壤上，全身又很快红得像胭脂一样，它真有瞬息万变的本领。这种蛇头小身肥，样子很丑，却很有益，喜欢捕食各种害虫和老鼠。

飞蛇

生活在南亚、东南亚地区和中国福建、广东、云南等地的金花蛇，攀援能力特别强，能沿着陡岩峭壁笔直地向上爬行；常常将细长的尾巴缠绕在树枝上，以惊人的速度将身体一转，凌空滑翔，飞往另一根树枝或降落地面，故名为飞蛇。它是一种无毒蛇。

电蛇

1981年，巴西一个渔民在亚马孙河口捕获一条2公尺长的电蛇，经生物学家测量，发现这条蛇身上具有650伏特的电压，要是有人在水中碰到它，会被其身上的电轰击。科学家指出，很多生物体内都有电，这种电称为"生物电"。

食牛蛇

中南美洲有一种无毒蛇，巴西人称之为苏库里蛇，有好几米长，如小水桶粗，深绿色，背部和腹部两侧各有一条点状的黑色虚线，头顶有一块钢盔似的角质板，用来保护头部。它具有很强的进攻能力。猎羊不在话下；像牛这样的庞然大物它也照吃不误。它捕食的方法巧妙极了：先躲在岸边的丛林里，乘牛走来之际，突然蹿出缠住。可牛也不好对付，它就设法把牛拖下水。蛇和牛在水中搏斗，蛇就明显占了优势，因为它有两个能够关闭的鼻孔。它将牛越缠越紧，使其失去控制能力，不久就淹死了，然后它把牛拖上岸来，把牛骨揉碎，使牛成为一根特别的"香肠"，又在"香肠"上涂上一层又黏又滑的液体，而后从牛尾部开始狂嚼大咽起来，最后只剩下一个牛头。

当它一下子吃进这根几百斤重的大"香肠"之后，蛇身胀得又粗又大。

蛇皮也变得像一张半透明的玻璃纸，就连蛇肚子中的牛骨牛毛都隐约可见。它胀得不能动弹，只好就地休息。远远看去，这盘着休息的苏库里蛇活像一个牛头蛇身的可怕怪物。据说，它饱餐一顿之后，一睡就是好几个月，昏睡中的苏库里蛇不仅失去了进攻的能力，也失去了一切自卫能力，成为人们捕捉的大好时期。它的皮是一种珍贵的皮革，可以加工成袋子、鞋子，蛇肉可供人食用。

14. 意趣众生——蚂蚁奇闻

掠夺奴隶的蚂蚁

有一种名叫蓄奴蚁的，专干掠夺别的蚂蚁来做自己奴隶的勾当。它们先派出几个蚂蚁去侦察，当发现别的蚁巢后，就冲进去杀死守卫的兵蚁，然后从腹部分泌出一种信息激素，大队蓄奴蚁便蜂拥而来，专门抢劫蚁蛹，叼上一个就往回跑。当这些被掠来的蛹孵化成蚁后，不认得回去的路，只能给蓄奴蚁当奴隶了。这些可怜的蚂蚁奴隶专门从事搬运食物、建筑仓库、修巢铺路、挖掘地道等工作，还有的则在育儿室里当"保姆"，为主人饲养小蓄奴蚁或孵化劫掠来的普通蚁蛹。这些蚂蚁奴隶从不反抗，忍辱负重地干活，直至死亡。

酗酒的蚂蚁

有一种棕纹蓝眼斑蝶的幼虫，能分泌出令蚂蚁垂涎的甜汁。当蚂蚁在路上遇到这种毛虫时，就用触须刺它一下，毛虫被刺后便装死躺下了。于是蚂蚁立即发出信息激素，招来了自己的同伴，大家齐心协力，你推我拉地把这条肥肥的毛虫拖回了蚁穴。一顿美餐开宴了，全窝蚂蚁从四面八方爬上毛虫躯体，伸长触须，贪婪地吸吮着毛虫肚子上分泌出来的甜汁。奇怪的事发生了，不一会儿，只见蚂蚁们像醉鬼一样，一个个都醉倒了。而那条毛虫并没有死去，相反在蚁巢里找到了所需要的食物——蚂蚁的幼虫和卵，趁着蚂蚁醉倒之际，美美地饱餐一顿。几天后，毛虫变成了蛹，又化作蝴蝶从蚁巢里飞走了。而蚂蚁却因贪食甜汁而开门揖盗，醉倒之后又听任毛虫吞掉自己的儿女，弄得家破人亡。

吃蛇的蚂蚁

在南美洲的热带丛林里，有一种食肉游蚁，能向毒蛇发起进攻。热带丛林里毒蛇很多，但蚂蚁更多。当食肉游蚁碰到在草丛中睡觉的毒蛇时，它们立即蜂拥而上，把毒蛇团团包围起来，步步紧逼。一接触到蛇的身体，一些游蚁就发起进攻，狠狠地咬住不放。毒蛇被剧烈的疼痛惊醒后，开始自卫反击，向四周猛冲猛撞，企图突出重围。但寡不敌众，黑压压的蚁群把蛇叮得满身都是，和毒蛇扭成了一团，它们还边咬边吞食蛇肉。几小时后，地上就只剩下一条细长的蛇骨架了。

在亚马孙河岸边有一种"却蚁"，喜欢游行和游猎。虽然个儿不大，但竟敢攻击大蟒蛇。它们常趁蟒蛇熟睡之际，十几万只"却蚁"一起行动，一拥而上，用尖利的颚牙拼命的嘶咬。蟒蛇疼痛醒来后，在地上乱滚，企图蹭掉满身的蚂蚁。可是"却蚁"紧咬不放，一条大蛇也敌不过这么多蚂蚁的嚼咬，最后只得被群蚁蚕食，剩下一副庞大的骨架。

新西兰的邦牙岛上，也有一种能吃蛇的黄色蚂蚁，叫"拉纳摩亚林布埃"，翻译成中文是"食蛇蚁"。它们除了集体行动进攻蛇类外，还能从嘴里吐出一种含有烈性腐蚀酸黏液，蛇体遇到这种黏液，便皮开肉绽，只得任蚁宰割。

为同伴贡献自己的蚂蚁

在美国的科罗拉多州有一种名叫蜜蚁的蚂蚁，特别喜欢有蜜源的植物。一旦遇上就狼吞虎咽，吃得肚皮胀到最大限度为止。这并不是它贪吃，而是在饱餐之后立即赶回蚁巢，碰上没有进食的伙伴，便主动吐出一点蜜来供它们吃，有时竟把胀鼓鼓的一肚子蜜汁全部贡献给大家，致使自己饿瘪了肚子，也毫无怨言。

帮鸟洗澡的蚂蚁

有一种掠鸟，常常从天空中飞落到大群蚂蚁中，蓬松开羽毛，在地上不断翻转着身体，让蚂蚁咬嚼着身上的脏东西。掠鸟一会儿身体的这一侧躺在蚁群中，一会儿另一侧扑地，舒服得吱吱直叫。这就是鸟类的蚂蚁浴。因为鸟类翼下皮肤上有许多寄生虫，蚂蚁爱吃这些小虫，蚁酸又可以驱赶走这些小虫，所以这些鸟爱用蚂蚁浴来清洗自己的羽毛。

保护树木的蚂蚁

蚂蚁还能保护养育自己的一种树叫"蚁栖树"，这种树的外形像蓖麻，生长在巴西。树干表面有许多小孔，长长的叶柄上长着宽大的树叶，每个叶径部都长有一个"小蛋"，这是一种叫"益蚁"的重要食粮。"小蛋"被益蚁吃掉后还会再长出来，不断保证供应益蚁的需要。森林里还有一种破坏树木的蚂蚁叫啮叶蚁，专吃树叶，危害很大。每当这种害蚁爬上蚁栖树来啮食树叶时，益蚁便会倾巢而出，把啮叶蚁一个个咬死。因此，蚁栖树总能越长越茂盛，郁郁葱葱发育起大片树林。

最大、最小和最原始的蚂蚁

蚂蚁品种很多，大小也都不一样。生活在非洲的驱逐蚁的公蚁有 3.2 厘米长，有人认为它是世界上最大的蚂蚁。但是生长在澳大利亚昆士兰一带的公牛蚁比驱逐蚁更大，身长 3.7 厘米。不过，这种最大的蚂蚁极少，所以很难见到。

世界上最小的蚂蚁只有 0.15 厘米长，叫做贼蚁。世界上最原始也是最古老的蚂蚁，生活在澳大利亚南部的依礼半岛上，它的外形和蜘蛛相似，身长 1 厘米，黄褐色，会叮咬人畜。夜里成群出动，喜欢吃树上的小虫和甜味物品。

15. 彩蝶翩翩——蝴蝶云集蝴蝶泉

云南大理有一眼清泉，人称"蝴蝶泉"，泉边生有一株古老的蝴蝶树。每当春末夏初，繁花满树，20多种蝴蝶绕树盘旋飞舞，上下翩跹，美不胜收。尤其是农历四月十五前后，蝴蝶牵连成串，从蝴蝶树上一直垂到蝴蝶泉中，令人叹为观止。

蝴蝶为何飞至蝴蝶泉呢？生物学家从昆虫和生态环境之间找出了答案：云南大理蝴蝶泉旁边的山谷，气候湿润，花草茂密，环境条件极适合蝴蝶生活和繁殖，所以那儿春夏季节蝴蝶聚集成群。清泉旁边的那株蝴蝶树，开满白色的花儿，花的形状酷似蝴蝶儿，能散发出浓郁芬芳的气味，香气扑鼻，这香气引诱群蝶前来造访。再者，蝴蝶树的叶子上，经常分泌出来一种黏液，颜色油亮，是蝴蝶喜欢吃的美食。这些优厚的物质条件，吸引附近的蝴蝶前来光顾。蝴蝶连须钩足、成群成串地垂吊于树枝，在树下交配、产卵……便形成了一年一度的自然奇观。

同样的现象在台湾也曾出现。台湾省南部的山谷，因为与海岸线垂直，又有丛林作为屏障，冬季冷风无法吹进，山谷中草木依然青翠，所以高山地带的各种蝴蝶迁飞入谷，聚集成群，数目常常超过百万只。每当黎明时分，万道霞光穿过丛林，照射到蝶翅上，闪紫映红，变幻无穷，形成独特的自然奇观——人们称它是"紫蝶幽谷"。

很显然，蝴蝶集会只是为了寻找一个适宜生活的环境而已。

16. 纺织能手——蜘蛛和它的网

在希腊神话里，蜘蛛是纺织巧匠的化身。

蜘蛛靠它的网而生存。蛛网有很强的黏性，小昆虫一触及，有翅难逃。但蛛网粘不住蜘蛛自己。因为它身上有滑润剂，而且躲在蛛网的中心圆形部分休息，穿梭时主要沿纬丝爬动，而中心部分和纬丝不具有黏性。在蜘蛛肛门附近有六个纺织器，能产生多种不同的丝线。在显微镜下对它们观察，会看到这些纺织器犹如人们灵巧的手，拉丝，梳理，合丝为线，如流水一般。蛛丝是多种腺体的共同产物，它是由许多根不同的、更细的丝混纺而成。丝线是一种骨蛋白，在体内时，为液体，排出体外遇到空气，立即硬化为丝。在人们心目中，蛛丝是不堪一击的，但实际上，如跟同样直径的钢丝相比，强度还要大一些，水下有些蛛网，甚至可以网住小鱼。

世界上大约有4万种蜘蛛，除南极洲外，各地均有分布。蛛网大小不等，形状各异。圆网蛛的网很大，形如车轮；树林间棚蛛的网如棚；珠腹蛛的网似笼；水蜘蛛的网像钟；草蜘蛛的网则和吊床极为相似；有的蜘蛛，能织出一片密网，安装在草杆上，它在微风中展开，像船上的风帆；南美洲有一种蜘蛛，它的网很小，只有邮票那么大。这种蜘蛛没有守候的耐性，总是用前面的四条腿扯着网，见有合适的过客，随时将网蒙过去，捕而食之。

很多蜘蛛结网是在破晓前进行，因为此时温度最低。如果空气潮湿，蜘蛛会停止结网，因为蛛丝中含有的胶状物，很易吸收水分而失掉黏性，这两点，也是蜘蛛能预报天气的原因。

1794年深秋，拿破仑进军荷兰，在紧急关头，荷兰人抽开了水闸，用洪水阻挡法军。拿破仑被迫撤军，在后退途中，有人发现许多蜘蛛在忙着结网，这预示着干冷天气就要到来。拿破仑当机立断，下令就地待命。果然，天生寒潮，江河封冻，拿破仑军队踏冰进攻，荷军大败。

蜘蛛结网是专心致志的，即使是外边闹翻了天，它仍有条不紊地在织自己的网。编一个网一般只要25分钟，如受风等其他环境影响，则可能要多花一两倍的时间。有些老谋深算的蜘蛛，还会在网下另加一条保险带。

同其他动物一样，蜘蛛也经历了一个漫长的进化过程。最早的蜘蛛，仅会扯一条独丝，像晒衣绳那样单调。

有些蜘蛛网，独特而坚韧，为当地人所妙用，下面略举几例。

天然渔网

在巴布亚新几内亚，人们用来捕鱼的鱼网很特别，它不是人工织成的，也不是用机器生产的，而是由当地的蜘蛛织成的。人们只是把渔网的基底织好，然后把"半制品"挂在两棵树之间，再由蜘蛛去完成大部分的织网任务。

原来，巴布亚新几内亚的蜘蛛与众不同，它们吐出的蛛丝非常坚固结实。据说，用这样的蛛丝织成的网，是很理想的天然渔网，人们拿它来捕鱼，足可以用两个星期。

蜘蛛丝织的手套

在法国国家研究院陈列室里，收藏着许多科学家发明创造的珍品。其中有一双人类第一次用人造纤维织制的手套。它是现代形形色色的人造纤维的起点。这双手套是法国科学家卜翁研制成功的。而启示他从事人造纤维研究的就是蜘蛛。蜘蛛既然能吐丝结网，人也一定可以模仿蜘蛛的身体结构制造机器，人工生产纤维。为此，他大量地喂养蜘蛛，仔细地进行观察，并解剖其各器官，观察它吐丝结网的情形。然后再取出蜘蛛腹中的胶液，抽成细丝，用这种细丝作原料，经过反复试验，终于制成了这副人造丝手套。虽然不美不牢，无法与目前的人造丝手套媲美，但这副蜘蛛丝织的手套却是人类进入人造纤维王国的门槛。

17. 鲜为人知——蜘蛛的生活方式

蜘蛛的生活方式一向十分隐蔽，极少为人知晓。它们的恋爱、婚配、生育也是一个不易弄清的奥秘。

有人研究蜘蛛的生殖，向人们报告说，蜘蛛是运用唱歌、跳舞的方式求婚，追逐异性。这真令人难以置信。人们摇头说，蜘蛛整天在蛛网上爬来爬去，怎么会唱歌、跳舞呢？它只会捕捉飞虫罢了！其实在蜘蛛家族中，能够吐丝结网、捕捉飞虫的蜘蛛，不超过家族成员的一半。另一半是不会织网的。不会织网的蜘蛛就用歌声来联络异性，表露爱心，达到配对交尾的目的。

蜘蛛的歌声从哪里来？这倒是一个普通人难以解答的问题。昆虫学家发现，它嘴边上有白色的"小棒"。小棒摩擦能发出双音节的颤音，知音者听到这特殊的信号，便向它奔来。有的雄蜘蛛用第一对足叩击地面，发出节奏明快的旋律，像车轮辗地的"轧轧"声，有的雄蜘蛛用肚皮撞击地面，上下一起一伏，每隔3～5秒钟撞击一次，这声音在雌蜘蛛听来如同最动听的华尔兹，爱心立刻为它所启动。

用跳舞来求爱是结网蜘蛛的专长。因为它们舞姿翩翩，但不大会使用歌喉。雄蜘蛛跳舞的舞台，当然是自己编织的那张网。它舞动细脚，用劲儿牵拉蛛网的辐射线，并且有节奏地踏动网丝，好像是节奏急促的小快步舞。雌蜘蛛对于这种快步舞蹈是很为之倾倒的，它对于雄蜘蛛的求婚，感到快活，它早就盼望这位年轻舞蹈家上门求爱。

生物学家认为蜘蛛的这些奇特的求婚方式，是在生存竞争中出现的。由于雌蜘蛛大多数是近视眼，生性又残忍，即使在相爱时也会凶相毕露，一口将情人吃掉，所以爱情生活对于雄蜘蛛来说，一半是"天堂"，一半是"坟墓"。它们既然要爱，就需要作为求婚而勇于殉情的准备。长此以往，学得聪明了，不得不采取谨慎的方式，用歌舞试探对方，绝不敢贸然行事。只有当雌蜘蛛心境处在最佳状态时，才敢大胆去求婚。即使如此小心翼翼，还免不了遭到灭顶之灾，真使雄性蜘蛛举步维艰呢！

18. 蛛行天下——奇异蜘蛛种种

捕鱼蛛的绝技及其他

捕鱼蛛分布很广，除了南美洲，几乎各洲都有它的足迹。捕鱼蛛生活在水面，虽不会游泳，但有时却能钻入水底。为了避敌和捕捉猎物，它经常从一个立足点移到另一个立足点。人们常在池、河边发现捕鱼蛛后腿抓住树叶杆，其余腿和触肢轻轻拍打水面，耐心地等待猎物。

捕鱼蛛虽不结网，但水面就是它的蛛网。如有昆虫落在水面，也难逃出它的手掌。最有趣的是它的捕鱼技巧，先用触胶在水面上轻拍，以引诱周围的鱼类。一旦有鱼上"钩"，它就跳上鱼背，抓到鱼后，先用两只含有毒液的螯扑刺入鱼体，随后把鱼拖到水面，拉到干燥的地方（因为泡在水中，毒液会被水冲淡，失去效果），紧接着就把鱼悬挂在树枝上，最后享受其肉。捕鱼蛛也常在水下跟踪鱼类。有时钻到水中的树枝上，埋伏偷袭猎物。

这种蛛虽名曰捕鱼蛛，但并不是天天捕鱼，有的甚至一生中从未捕过鱼，仅靠食虫为生。

吃鸟的蜘蛛

在南美洲有一种很大的蜘蛛。这种蜘蛛有鸭蛋那么大，吐的丝又粗又牢，在树林里结网，经常用网捕捉小鸟。

与植物合谋吃人的蜘蛛

在美洲亚马孙河流域的一些森林或沼泽地带，成群地生活着一种毛蜘蛛。这种蜘蛛喜欢生活在日轮花附近。原来这种花又香又美丽，很容易将一些不明真相的人招引到它的身边。不论人接触到它的花还是叶，它很快就将枝叶卷过来将人缠住，这时它向毛蜘蛛发出信号，成群的毛蜘蛛就过来吃人了，吃剩的骨头或肉，腐烂后就成了日轮花的肥料。

水蜘蛛

水蜘蛛长时间逗留在水下，用肺叶呼吸，在水面行走如履平地。其独特之处是全身披有厚毛，它可以带着空气泡沉到水里，然后像打气一样，将空气挤入水下的巢穴里。如此往返多次，使巢里充满干的空气而鼓起来，母水蛛就在巢里产卵过冬。

猎人蛛

澳大利亚境内，有一种世界上最大的蜘蛛。它相貌丑陋，但具有猎人般的本领，是捕捉蚊虫的好手，被当地人称做"猎人蛛"。

澳大利亚的蚊子猖獗，夜间人们睡不好觉，于是请彻夜不眠的猎人蛛守夜。它简直是最好的卫士。猎人蛛有八条腿，靠脚上的探测器能准确无误地活捉所有的敢于来犯的蚊子。为了适应环境，它精心地织出五彩缤纷的卵袋，用颜色和这种方式保护卵子，繁殖后代。

大的猎人蛛有半斤多重，含有大量蛋白质，土著人取其为食，视为佳肴。

世界上最毒的蜘蛛

澳大利亚悉尼市北部有一种生活在灌木丛或草地上的黑蜘蛛。它身上有一个毒囊，其中有毒性极强的毒汁，人兽或家禽被它咬伤，几分钟内便有丧命的危险。它是世界上最毒的蜘蛛。

投掷蜘蛛

在南美洲的哥伦比亚，有一种蜘蛛，体内能合成某些蛾类的性外激素。每当蛾类交尾季节，这种蜘蛛将自己体内的蛾类性外激素放出，特别是在有风的天气，处于下风的蛾，真假难辨，便逆风而上，寻求自己的伴侣，但它们得到的是葬身于蜘蛛之口。

这种蜘蛛并不像其他蜘蛛那样拉网捕食，因为它不会拉网，但它有奇特的捕蛾办法，它把自己分泌的丝滚成圆球，用丝线连于自己的螯肢上。当有蛾子自己送上门来时，这种蜘蛛便准确地将粘丝球猛地一掷，击中飞蛾，粘球击中蛾子并粘着它之后，便将绳子收回。由于这种捕食方式，人们称这种蜘蛛为"投掷蜘蛛"。

能捕鸟的蜘蛛

在圭亚那有一种体重57克、长9厘米的捕鸟蜘蛛。它的8只脚伸开有25厘米多宽。这种蜘蛛身上长有硬毛，有6~8只眼睛，它昼伏夜出，在森林中织网捕捉小鸟。它织的网很坚固，能经得住300克的重量，小鸟常误触罗网被粘在网丝上，无法逃遁而成为蜘蛛的美餐。

会唱歌的蜘蛛

美国佛罗里达大学生物学家杰尔德·爱德瓦尔斯发现了一种会唱歌的蜘蛛。这种蜘蛛的上下颌相互摩擦会发出一特殊的声音，雄蜘蛛就是通过歌声寻求配偶的。

守商店的蜘蛛

伦敦一位名叫哈斯维尔的百货商店老板，每晚用两只毒蜘蛛守店。这种毒蜘蛛身上具有一种致命的毒素，一旦被它刺中，轻则剧痛终日，长期不愈；重则一命呜呼。因此一提到毒蜘蛛，许多英国人就感到不寒而栗，退避三舍。

编窗帘的蜘蛛

南美洲的这种蜘蛛有鸽蛋那么大，它们常常几十只聚在一起，吐出一种比蚕丝还粗的十分坚韧的彩色蛛丝，集体编织。它们编织的网是方形的，中间有八卦图案，有红的、绿的，当地居民把这种蛛网当做花纹美丽的窗帘挂在窗户上。

"陷阱门"蜘蛛

非洲有种"陷阱门"蜘蛛，它尾部呈环状杯形。当外敌来侵犯时，它就把尾部朝外堵住洞口。有些爬虫误把蜘蛛尾巴当洞穴，往前钻行，这时候，这种蜘蛛就会放出一种毒液，"陷阱门"蜘蛛的名字就是这样得来的。

不会结网的蜘蛛

不会结网的蜘蛛，也叫蝇虎，它们善于跳跃，在白昼活动，专门捕捉蝎类为食。

美国西部、南美洲和欧洲南部栖息的一种塔兰托毒蛛，也不会结网，它是全身扑过去同猎物搏斗。它只吸食流质。搏斗时射出一种强烈的毒液，使猎物身躯慢慢溶解，然后再吮吸，这种毒蛛用一天半时间就可吃光一只鼠。它耐饿力很强，即使两年不吃东西，7个月不喝水，也不会饿死、渴死。

19. 另面人生——龟趣

家养的小狗、小猫可以听人指挥，马戏团里驯化的狮子、黑熊能够表演节目，那么乌龟这种笨拙的爬行动物，能否接受调教、听人话呢？我国上海有位生物教师，在自己家中喂养了300多只乌龟，每日进行培训，结果发现乌龟也是"孺子可教"的。经过一段时间的严格训练，乌龟表现很乖，能听从主人吩咐。

乌龟有点灵性，或者说它很聪明。主人下班归家，听见开门声乌龟便纷纷从脸盆爬出，表示对主人的欢迎，有些胆大的竟然爬上主人脚面，像孩子似的撒欢，讨主人欢心。主人离家出门，故意不锁屋门，乌龟自己撞开房门，爬到院庭散步。主人归后只须拍几下巴掌，乌龟立即快步回屋。乌龟喜欢清洁，不随地便溺。它自己会找一个僻静的固定场所拉屎撒尿……

乌龟的感情颇为丰富，情绪经常发生变化，并非一本正经的。有的乌龟脾气急躁，在聚餐的时候，如果主人没有先喂它食物，它就在脸盆内翻滚，让坚硬的龟壳碰得脸盆叮当作响，意在抱怨主人："为啥不先喂我！"主人扔下一块瘦肉，两只乌龟争抢不休，没有得手的那只乌龟立刻用绝食表示愤怒，无论主人怎样劝慰，它坚决不吃。

乌龟虽然不擅于打斗，但是一旦发生纠纷，打起架来却如同狮虎一样猛烈，结果必有一方战死，另一方即使获胜，也是奄奄一息，体力耗尽，所以养龟的主人是决不让它们使用拳脚、诉诸武力的。

20. 灵蛇龟动——奇龟种种

冰龟

在坦桑尼亚的飞达浦山区，有一种冰龟，它的体温经常保持在2℃～3℃。当盛夏来临时，居民把它捉来放在菜橱里，可以起到冷藏作用，食物不易变馊。冰龟既不融化，又能忍饥挨饿，所以比冰块还好哩！

火龟

在号称世界"火炉"的马重，有个名叫萨拉卡的地方，整天热浪袭人，居民们只得把门窗关闭起来。当地有一种能驱除热气的火龟，居民将它们一只只串起来，遮在窗户上面，就能防止热气冲入室内。

双头龟

美国的一位动物商人养了一只双头、绿色的海龟。为了表示公平，每天喂它吃东西时，总是两个头一起喂，食物的分量也是一样。目前，这只双头龟的健康情况仍然非常好。

绿毛龟

这是江苏省常熟市产的一种特有观赏龟。龟背上长着细长而浓密的绿毛，最长的毛有 25 厘米左右。绿毛龟通常在洁白的盆缸里供人赏玩。它是我国名贵的出口商品之一。

香味龟

在尼日尔的喀道牧村，有一种奇特的香味龟，它的头顶上有一个香腺，能放出非常浓烈的香味。由于这种香味能杀死霉菌，又不会使食物变质，当地居民常常把香味龟放在食品柜里，以防止食物腐烂。

长寿龟

1984 年，南朝鲜顺天湾的渔民，捉到一只背甲像棋盘似的花纹老龟。它的背上面满是壮蛎和苔藓，估计有 700 余岁高龄。它在捕获者家里叫了一昼夜，第二天在居民们的簇拥下，给它灌了一升米酒，又放回了海里。

21."气象学家"——鳖

这是一个叫人难以置信，然而却是真实的故事。

故事发生在 1976 年盛夏，几位渔民沿着河岸缓缓行走，仔细地寻找着鳖卵。当时洪水刚刚过去，河床的两侧还留有洪水的痕迹。他们寻找了一会儿，终于在岸边高处沙滩上找到了鳖卵。经过实地测量，发现鳖卵产地距离洪水痕迹高出 6 米，一位有经验的老渔民断言道：

"今年还有一次更大的洪水！在鳖产蛋后的 30 天左右，洪水就会到来！"

事实果然不出老渔民所料，不久这里就连续下起暴雨，河水迅速上涨，淹没了 7 万亩晚稻。河水水位正好涨到距离第一次洪水水位 6 米高的地方，紧紧挨着鳖卵产下的沙窝。

这难道是巧合吗？不，因为他们接连发现，河岸的鳖卵沙窝都不约而同地处在同样一个高度，这不暗示着某种生物学的内在规律，这能不说明一个问题吗？

于是人们开始议论纷纷，做着各种各样的猜测。而动物学家们则从鳖的生活习性、居住环境、繁殖后代等多方面进行研究。

鳖产卵的位置、时间与洪水水位和洪水到来的时间，究竟存在什么关系？目前虽然尚不能作出令人满意的回答，但还是提出了供人思考的科学思路。

鳖卵产下以后，要经过 30 天左右才能孵化成幼鳖。如果洪水水位很低，或者洪水迟迟不来，鳖卵所处的位置很高，那么刚刚孵出来的幼鳖，在爬向河中的时候，会因路途太长而中途干死，不能进入河水之中，那么它的后代便夭折了。

相反，鳖卵孵化不足 30 天，幼鳖尚未出世，而洪水提前到达将鳖卵冲跑，它同样遭到繁殖后代的失败。因此，若想让后代安全出世，还真要动脑筋认真算一算呢！只有鳖将产卵的时间、地点与洪水到来的时间、地点保持一致，鳖才能不断繁衍生息，否则就会被大自然淘汰！

看来鳖经过祖祖辈辈的生活经验，已经计算好了这个数字。尽管这对于人们而言，至今仍然是个不解之谜！

22. 千斤力士——鼋

鼋是与龟、鳖同一类的爬行动物，它身躯硕大，体力强悍，堪称"大力士"。在大鼋的产地——我国浙江省瓯江，有人实地测量过鼋的力气。人们把 300 斤重的青石条，全压在大鼋的背上，青石条上再站 6 名身强力壮的青年。结果驮着青石条和 6 个人的鼋，稳稳当当地向河边爬去。

鼋是一种性情温和，行动迟缓的爬行动物，平常喜欢藏在水底栖身。夏天它每小时要浮上水面换气三四次，冬天则隐在水底黄沙中冬眠。

鼋食量很大，一次能吃下十几斤到几十斤重的食物，但也可以数十天不吃东西，它有异乎寻常的耐饥力，而且个性极强。

它脾气倔强，一旦被人擒住，它会采取绝食的方式，表示反抗。这时它立即将吞入肚中的螺蚬、石块一古脑儿吐出来，以死相要挟。

鼋对人来说还是友好的。它在平静的生活中是不伤人的，还有点羞于见人，瞧到人影便迅速沉入深水中，避之唯恐不速。假若有人对它不礼貌，进行挑衅，在河岸将它围困，逗引、嬉戏、踢打，那么它会恼羞成怒，对你不客气，突然向你攻击，趁你不备之时伸头咬你一口，而且咬住不放，让你活受罪。

鼋的捕食也自有绝招，它习惯于伏击，先埋身于河底黄沙之中，仅露鼻子与眼睛在外面，当有鱼儿游近时，它张嘴伸颈，以迅雷不及掩耳之势将鱼儿咬住。这办法几乎是百发百中。

鼋在我国仅分布在云南、广东、福建、浙江、江苏等地，自然界的江河湖泊中数量已经很少。不过鼋可以人工养殖，将来饲养鼋多起来，人们就能够经常欣赏到它的姿容和它的捕食绝招了。

23. 先礼后兵——动物特殊性格

"先礼后兵"一向被认为是人类的理智行为，想不到在人类出现在地球上之前，已有许多动物在实行着先礼后兵的信条。先来瞧瞧响尾蛇吧！响尾蛇的尾巴会发出声响来，这类蛇不只一种，发出声响的器官是角质的环，环既坚硬，又轻巧，尾巴剧烈地摇动，便产生"咻咻"的声音。当响尾蛇遇到敌人，例如野兽、猛禽或猎人，它立刻竖起尾巴，不停地摇动，发出清晰的声音。这是响尾蛇在警告面前的敌人，意思是说："赶快走开，不要惹我，不然我会毒死你！"如果对方对它的警告不予理睬，那么响尾蛇可真的要反攻了。看来毒蛇通常并不主动咬人，在与敌人相遇时，也希望和平解决纷争，只是在性命遭到危险时才亮出毒牙。响尾蛇的做法岂不是先礼后兵？

大猩猩在先礼后兵方面，表现得更加强烈。它对威胁自身安全的敌人，先是聒噪大叫，几只大猩猩异口同声地狂呼乱叫，捶胸顿足，仿佛要拼命向你冲击，让你感到异常恐怖。然后大猩猩的行动突然中止，静观敌人的态度。假若敌方无动于衷，它们再重复一遍佯攻、威吓的战术，企图吓退敌人。此时敌人如果还是赖着不走，那么大猩猩为了自身的安全，不能不采取行动，进行自卫反击战了。看来大猩猩也是尽力避免发生战争，在万不得已的情况下，才诉诸武力的。

动物的先礼后兵，在鸟类中也常见到。猫头鹰遇到敌人，先是竖起全身羽毛，使身躯膨胀两倍，借此警告敌人赶快撤退；冠鹤的办法是展开两只翅膀，双目怒视敌人。它们这种先礼后兵的战术，通常是会收到效果的。敌人不战自退，避免了一场你死我伤的战祸。

24. 懒惰成性——蜂猴

如果有人问："什么动物最好动？"你一定会马上想到那整日蹦蹦跳跳、攀岩渡崖、没半刻安分的猴子。但我要告诉你，大自然中的事物就是这样奇怪。因为世界上最懒的动物也是猴——蜂猴。

蜂猴也属于灵长目，看上去倒是蛮可爱的一种小动物。它身披蜂黄色的毛，背中央还有一道深栗色的红色直线，搭配得煞是好看。它的个头不大，外形有点像猫，眼睛又大又圆，周围有一道黑圈，宛若戴着一幅"现代派"的墨镜。它的身体又粗又胖，一看就知道过的是养尊处优的生活。

不过，蜂猴的生活习性可和"灵长"毫不相关，因为它太懒了，简直已经懒到了令人难以理解的程度。白天它生活在树洞或树枝间，把身体蜷缩成一个毛茸茸的圆球球，一睡就是一天。晚上，它睁开眼睛，开始在树枝上慢腾腾地爬行，遇到可吃的东西，就随便吃上一点。也许为了减少活动量，它吃得很慢、很少。为了不动嘴，几天不吃也是常事，即使有敌害袭来，它也只是慢条斯理地抬头看上一眼，就不理不睬了。因此，它得了一个雅号：懒猴。

蜂猴动作虽然慢，却也有保护自己的绝招。由于它一天到晚很少活动，地衣或藻类植物得以不断吸收它身上散发出来的水气和碳酸气，竟在它身上繁殖、生长，把它严严实实地包裹起来。这可帮了蜂猴的一个大忙，使它有了和生活环境色彩一致的保护衣，很难被敌害发现。因此，它又得了一个雅号：拟猴，意思就是它可以模拟绿色植物，躲避天敌伤害。

蜂猴又被称为原猴类，是灵长类进化中相当原始的种类。也许因为太懒了，懒得连逃跑的"运动"都不做，所以尽管它有模拟"绝活"，数量还是不断锐减。目前只有在东非和南亚，才保留下为数不多的"遗类"。

蜂猴生活在热带、亚热带的密林中，这些地方天敌较少，气候温暖湿润，四季如春，到处都是四季长存的草食树果，触手可及，张口可食。人们说，这才养成了它懒得不能再懒的生活习性。可见，过于优裕的生活条件，无论对人还是动物，都是有害的。

蜂猴每次只生一胎，偶尔也有双胞胎的。所幸的是，它还没有懒到连孩子也懒得生。否则，这一物种可就真是绝灭了。

不过，就如俗语说的"物以稀为贵"，由于蜂猴存世数量不多，反而使它跃身于珍稀动物之列，成了身价不凡的被保护对象。对蜂猴来说，这也算是不幸中之大幸了吧！

25. 人文关怀——动物学校

驯象学校

泰国政府于 1968 年建立了世界上仅有的一所驯象学校。小象在这里经过 5 年训练，象的主人即可为它拿到毕业文凭，这头小象也就取得了被分配到全国 30 多个林业站去工作的资格。凡是劳动期满 25 年的象，能享受"退休"待遇。

金丝鸟学校

南斯拉夫的彼里兹连城有一所金丝鸟学校。欧亚许多地方的金丝鸟都在这里进行训练。驯养人员用录音机播放歌曲给金丝鸟听，让它们学唱。对于勤奋好学的"学生"，训养人员以喂好吃的食物来作为"奖励"。

青蛙学校

美国南部，有一所专门驯养青蛙的学校，人们从全国各地选来一些"身强力壮"的青蛙，在这里进行专门驯养。训练的项目有跳高、跳远、举重、单杠等。毕业时，它们的表演十分出色，如单杠"明星"能做出大回环后空翻落地，三级跳远"明星"能跳出 4.937 米。

猩猩学校

印度尼西亚于 1973 年开办了一所猩猩学校。小猩猩在学校里训练的课题是：适应热带丛林生活。自开办以来，学校已经给 120 只来这里训练的小猩猩发了"毕业证书"让它们到大森林里去生儿育女，过独立生活。

驯犬学校

法国南部的葛拉马特市，有一所驯犬学校。驯养员对挑选进校的纽芬兰种犬进行潜水训练。这种犬身材高大，善于游泳，又较耐寒，经过驯养，能长时间潜伏水底。在天寒、风大的情况下，它们可代替潜水员，从事抢救和打捞活动。

动物演员学校

英国有一所专为电影制片厂和电视台驯养各种动物演员的学校。来这里接受专门训练的有熊、虎、象、狗、猫、山羊、松鼠等动物。这些"学生"，经过特别训练后，要进行考试，合格者方可发给"毕业证书"，然后分配到电影厂和电视台去充当动物演员，为广大观众表演精彩的节目。

26. 奇闻轶事——动物摆渡

牛渡

印度尼西亚有一种名叫"黑贝"的牛。它躯体大，四肢粗壮，泅水能力强，能在河中长时间地泅渡。因此，它成为人们喜欢的水上交通工具。它泅水时，背部露出水面，十分平稳。人们在他背上放个能容纳人和货物的树皮筐。"渡船"的舵手由赶牛人担任。在他的指挥下，牛载着乘客能从渡口游到对岸，有的甚至能沿河游到更远的地方去。牛渡虽然速度不快，但它水陆通行，省去了由于河流的阻挡在陆地上兜圈子的时间，而且它十分安全，所以受到乘客们的欢迎。

马渡

在非洲加纳沃尔特河的支流萨韦伊河口，没有桥梁。渡口的主人驯养了几十匹善于泅水的年富力强的马。泅水时，马背高出水面。乘客要渡河，只要向主人交纳渡河费，便有马工骑着马在前面引路，乘客骑着渡马跟随过去。马渡比牛渡快，但只能渡乘客一人和随身携带的物品。

象渡

在非洲热带地区一些乡村的河口，总是拴着一头经过特别训练的大象。大象既会游泳，而且力气又很大，脾气很温顺，听从人的指挥，因此，渡河者只要向象主人打过招呼，交上渡河费，就可以骑着大象安安稳稳地过河，显得神气十足。

羊渡

在非洲索马里南部的吉尼亚，生活着一种奇特的"水羊"。它比一般的羊要大二三倍，双角弯而长，眼睛红色。它喜欢生活在水里，肚子下面具有非常浓厚的牦毛，所以它能浮在水面上不会下沉。当地群众不仅把水羊供食用，而且作为渡河的交通工具。

蟒蛇渡

在非洲加纳特河的毕索渡口，人们用蟒蛇作"渡船"。渡口的主人从当地山中捉一种巨蟒，名叫"雪花蟒"，对它进行专门的驯养和训练，使它学会了拖渡。渡河时，渡口主人将牵引绳一端系在雪花蟒的身上，另一端系在用树木钉成的方形渡架的铁环上。这样，雪花蟒就会拖着渡架，安稳地渡过河去。这种巨蟒渡河的拖载重量可达 1 吨，速度还比人力快一两倍哩！

海龟渡

住在热带太平洋中一些岛屿上的居民，常用大海龟作为水上的渡船。大海龟体重 200~300 公斤，体长 2 米，四肢像桨，它在陆地上爬行显得笨拙，但在海洋中游动十分灵活，速度很快。海龟能听从人们的"指挥"，按人们指定的方向、地点快速游去。

鳄鱼渡

鳄鱼不是鱼，它与龟、蛇同属于爬行动物。鳄鱼样子丑恶，性情残暴，使人望而生畏。可是在非洲的一些地区，人们常把被驯服的鳄鱼当做渡河的工具。它载着乘客从渡口游向对岸。不过，乘客要有胆量，不惧怕鳄鱼才行。

27. 地质"专家"——有寻找矿藏本领的动物

很多年以前，在某个山区曾经发生过这样一件趣事：一家农户在过中秋节的时候杀了只鸭子。当清理鸭子肠胃的时候，竟然发现了一粒黄金，足有两钱多重!

不久，鸭子肚里生黄金的消息传开了，人们奔走相告，议论纷纷。这个消息很快被地质勘探队的科研人员知道了，他们经过仔细研究分析，断定农家居地的附近有金矿。于是他们立即实地勘察，不久便在一条小溪的上游，找到了一个藏金量很大的金矿。

那么，鸭子肚里的黄金是怎么来的呢？原来鸭子在小溪中经常寻找小鱼小虾来吃，偶然的一个机会，它吞进了混入沙子中的金粒。于是鸭子的肚里便出现了黄金。由于勘探人员懂得这个道理，便断定附近有金矿的存在。所以说，鸭子在无意中帮了人的大忙。

鸭子帮助人们发现矿藏的事已称不上奇闻，因为动物协助人们发现矿藏的记录在世界各国都有。相传赞比亚的铜带省罗昂地区，曾经有一位猎人猎获一只羚羊，当他背走被箭射中的羚羊时，发现羚羊血迹印在石头上竟然出现了绿色的铜锈斑！猎人迷惑不解，便将这事报告了地质科学家。科学家对此高度重视，他们在羚羊经常出没的山区进行勘察，终于发现了一个大型的铜矿。由于羚羊长期生活在这里，常吃含铜元素较多的草，因此血液中的含铜量较高，所以才会披露地下的秘密。鸟类、兽类等大多数动物都能帮助人们发现矿藏，白蚁、蜜蜂等小动物也能担负找矿的重任。比如发现蜂蜜中含有大量的钼和钛元素，就可以在蜜蜂采集花蜜、花粉的范围内找到钼矿或钛矿。

在自然界中，不仅动物能报矿，许多植物也能够帮助人们寻到宝藏。这是因为土壤中某种元素增多，会反映到植物身上，于是人们据此便知道了地下的秘密。动、植物这种奇特的寻矿作用，越来越受到科学家的高度重视。

28. 知恩图报——义犬救人的故事

义犬火海救幼主

盛夏的一天夜里，在美国宾夕法尼亚州的贵格城，货车司机乔治因事驾车去城外了，他的妻子，护士狄波拉今晚在医院值夜班，家中只留下两个孩子，14岁的小乔治和12岁的姬茜佳，还有一条德国种短毛猎狗——麦辛。它是3年前乔治与妻子到近郊森林野餐时发现的。那时，它遍体鳞伤，肋骨折断，躺在林中的腐叶上奄奄一息。乔治夫妇将它抱回家，找兽医为它治伤。小狗痊愈后，便留在乔治家中，它灵巧、听话，深得主人一家的宠爱，尤其两个孩子更与它形影不离。

那天主人出门了，孩子睡觉了，麦辛像个负责的警卫，一动不动地守在门口。突然它闻到一股奇怪的味儿，麦辛不安地站起来，开始在屋里搜寻。楼下几个房间都很平静，麦辛什么也没找到，可是当它用前爪轻轻推厨房的门时，门却异乎寻常地紧，门缝里飘出的正是那怪味。麦辛用头顶开门，只见红光一闪，火舌扑面而来，厨房着火了！麦辛大声吠叫起来，从这间屋跑到那间屋，可是没人应它。火越烧越旺，火舌穿过烧毁的窗户向二楼蹿去，立即将二楼的窗户也点着了，这间屋里正熟睡着麦辛的两个小伙伴。

浓烟开始弥漫整幢房子，麦辛飞快地上楼。它狂吠乱叫地冲进小乔治和姬茜佳兄妹的房间，不安地在里面跑来跑去，麦辛见兄妹俩一动不动，便去咬拉他们的被子，好不容易把小乔治吵醒，这时，情况十分危急，火焰已蔓延到床边柜了。小乔治一骨碌爬了起来，急急忙忙地把还在梦中的妹妹推醒。他冲下楼去，提了一桶水准备救火。可是当他想再上楼时，大火已封住了楼梯。这时，麦辛又蹿进火海，咬住姬茜佳的裙子，将她从滚滚浓烟中衔下楼来。

消防车赶到时，两兄妹已经及时逃离火场，安然无恙，而聪明勇敢的小麦辛，左腿却被大火灼伤了。

家犬接生救主妇

32岁的蒙妮卡，与其丈夫米高尔是墨西哥祖拉力土镇郊区居民。一年前蒙妮卡才结婚，怀孕几个月后接受产科检查，发觉胎位不正，而且初产年纪稍大，可能难产，所以医生打算为她施行剖腹手术。

不料，距预产期还有几星期的一天，蒙妮卡一人在家，忽然感到子宫剧烈收缩，岂知这是分娩先兆，阵痛越来越剧烈，她终于不支倒在地上，连打电话求救的气力都没有了。

在这个危急关头，唯一在她身边的是她豢养多年的德国种雌性牧羊狗费莉卡。"它好像知道该怎么做一般！大概我曾经帮助过它生狗仔，现在当我生孩子时，它反过来帮助我。"蒙妮卡事后感激地说："当我陷于半昏迷状态时，费莉卡不断在我身边吠叫，并用口轻轻咬住我的耳朵，免使我完全失去知觉，它温暖的挨擦和吠叫给了我精神上的支持。"

过了好一会儿，蒙妮卡肚里的女婴开始钻出来了，牧羊犬费莉卡竟然懂得轻轻用口把女婴拉出来，随即把脐带咬断。之后，它又跑到西瓜田去找男主人，高声吠叫，并用头推主人的腿，好像叫他马上回去。

蒙妮卡和女婴后来被送到医院，均告平安。夫妇为感激爱犬救命之恩，替女儿取名为费莉卡。

舍命救人的狗

1987年秋天的一个上午，广西怀江毛南族自治县思恩镇古岭果园场场员韦志在山上为果苗松土，突然从草堆里蹿出一条体重约1公斤重的"扁头风"毒蛇，呼呼地向他扑来。在这危急关头，正躺在地上休息的家狗"小狼"听到了主人的呼救声，立即飞跑过来，把追扑韦志的毒蛇颈脖一口咬住。于是，在狗蛇绞杀十几分钟后，毒蛇被"小狼"连咬带摔终于死了。但"小狼"的嘴巴也开始肿了起来，口吐白沫，呼吸急促，最后向主人摆了一下尾巴便断气了。

事后，韦志为纪念"小狼"对自己的忠诚，在其死地立墓而葬以示悼念。

救命犬

澳大利亚有个旅游胜地位于悬崖峭壁上。那里一家酒店养的一条狗"专职"守住峭壁边沿。凡有旅客到那里去或夜间散步至"危险区"时，它就会拼命咬住其裤子往回拉，直到脱离"危险区"为止。

第四章　妙趣横生——动物故事和词语

第一节　形象生动——动物词语的故事由来

1. 各有所长——蚕食鲸吞

如蚕一般慢吃桑叶，像鲸一样猛吞食物。比喻用种种方式侵占、吞并。孙中山《兴中会宣言》："蚕食鲸吞，已效尤于接踵，瓜分豆剖，实堪虑于目前。"

蚕是鳞翅目蚕蛾科的昆虫，以家蚕为代表。

2. 相辅相成——不入虎穴，焉得虎子

东汉时，汉明帝召见班超，派他到新疆去，和鄯善王交朋友。班超带着一队人马，不怕山高路远，一路跋涉而去。他们千里迢迢，来到了新疆。鄯善王听说班超出使西域，亲自出城迎候。东道主把班超奉为上宾。班超向主人说明来意，鄯善王很高兴。

过了几天，匈奴也派使者来和鄯善王联络感情。鄯善王热情款待他们。匈奴人在主人面前，说了东汉许多坏话。鄯善王顿时黯然神伤，心绪不安。第二天，他拒不接见班超，态度十分冷淡。他甚至派兵监视班超。班超立刻召集大家商量对策。班超说："只有除掉匈奴使者才能消除主人的疑虑，两国和好。"可是班超他们人马不多，而匈奴兵强马壮，防守又严密。

班超说："不入虎穴，焉得虎子！"这天深夜，班超带了士兵潜到匈奴营地。他们兵分两路，一路拿着战鼓躲在营地后面，一路手执弓箭刀枪埋伏在营地两旁。他们一面放火烧帐篷，一面击鼓呐喊。匈奴人大乱，结果全被大火烧死，乱

箭射死。

鄯善王明白真相后，便和班超言归于好。

这个成语是说，不进老虎洞，怎能捉到小老虎。比喻不亲历艰险就不能取得成功。

3. 舍生取义——飞蛾扑火

蛾子扑到火上，比喻自寻死路，自取灭亡。也可写成"飞蛾投火"、"飞蛾投焰"或"灯蛾扑火"。《梁书·到溉传》："如飞蛾之赴火，岂焚身之可吝。"鲁迅先生在《秋夜》一文中描述过当他面对这些投向灯火的小飞蛾时，激起了赞赏的心情。

飞蛾是鳞翅目昆虫中的一大类，与蝴蝶相对应。其腹部短而粗，休止时翅膀呈屋脊状，多在夜间活动，但有趋光性，喜欢聚集在光亮处，因此民谚有"飞蛾扑火自烧身"的说法。人们利用该习性，用黑光灯（其波长更适合昆虫的视觉）来引诱蛾类，既可用来捕杀害虫，也可用来采集蛾类标本。

4. 微不足道——九牛一毛

汉武帝刘彻听说李陵带着部队深入到匈奴的国境，士气旺盛，心里很高兴。这时，许多大臣都凑趣地祝贺皇帝英明，善于用人。后来李陵战败投降，武帝非常生气，原来祝贺的大臣也就反过来责骂李陵无用和不忠。这时司马迁站在旁边一声不响，武帝便问他对此事的意见，司马迁爽直地说李陵只有五千步兵，却被匈奴八万骑兵围住，但还是连打了十几天仗，杀伤了一万多敌人，实算是一位了不起的将军了。最后因粮尽箭完，归路又被截断，才停止战斗，李陵不是真投降，而是在伺机报国。他的功劳还是可以补他的失败之罪的。武帝听他为李陵辩护，又讽刺皇上近亲李广利从正面进攻匈奴的庸儒无功，怒将司马迁下在狱里。次年，又误传李陵为匈奴练兵，武帝不把事情弄清楚，就把李陵的母亲和妻子杀了。廷尉杜周为了迎合皇帝，诬陷司马迁有诬陷皇帝之罪，竟把司马迁施予最残酷、最耻辱的"腐刑"。司马迁受到了这种摧残，痛苦之余，就想自杀；但转念一想，像他这样地位低微的人死去，在许多大富大贵的人的眼中，不过像"九毛亡一毛"，不但得不到同情，且更会惹人耻笑。于是决心忍受耻辱，用自己的生命和时间来艰苦地、顽强地完成伟大的《史记》的写作。古人所谓有大勇的人才有大智，司马迁便是这样的人。他知道在他所处的年代里，死一个像他那样没地位、没名望的人，比死条狗还不如，因此他勇敢地活下去，终于完成了那部空前伟大的历史的著作——《史记》。

司马迁把他这种思想转变的情况告诉他的好友任少卿，后来的人便是根据他信中所说的"九牛亡一毛"一句话，引申成"九牛一毛"这句成语，用来譬喻某种东西或某种人才仅是极多数里面的一部份，好像九条牛身上的一根毛一样。

5. 坐享其成——守株待兔

解释：守在树桩旁边，等待撞死的兔子。原是韩非对墨守成规的讽刺。后常用来不主动努力，妄想不劳而获，或不知变通。

述源：《韩非子·五蠹》。

战国时期，宋国国王去世，新国王继位，继位后新王奉行前朝历制，见国力不增，人民生活每况愈下，新王忙碌之余，不得甚解，便请教贤臣，贤臣就讲了这样一个故事：宋国古时有个种田的人，每日劳累，生活却总是不见改善。一日农民在田里劳作，忽然见到一只野兔从田里窜出，农民跟进，野兔惊慌逃之，不慎撞到一棵树上，倒地不动，农民到树旁捡起野兔，已颈断而亡。农人大喜，就放下农具等在树旁，想着等在树下就能捡到野兔，这比终日劳作要轻松得多了。于是农人天天守在树旁，等候兔子再次撞到树上，但很长时间也没有等到，而地里的庄稼却无人管理，杂草丛生，毫无收成。旁人都笑他是个懒汉，不劳而获。

先王的历制，已不能满足当前国内的实际情况，人心思变，大王却是墨守成规，妄想其成，不知变革，这与农民终日守株待兔有什么区别呢？新王听罢，就明白了，便纳谏用贤，励精图治，颁布新政，受到百姓拥戴，宋国也逐渐强盛起来。

6. 多此一举——画蛇添足

解：比喻多此一举或弄巧成拙。

述源：《战国策·齐策》："楚有祠者，赐其舍人卮酒。……未成一人之蛇成，夺取卮曰：'蛇固无足，安能为之足？'遂饮其酒，为蛇足者，终亡其酒。"

战国时期，楚将昭阳率精锐之师攻打魏国，连战皆捷，攻克八座城池。昭阳得意之余欲率军趁胜攻伐齐国。楚将陈轸见部队连续激战，虽情绪高昂，却已是疲惫之师，急需休整，便竭力劝阻昭阳伐齐，并讲了一个故事：楚国有个庙宇主人春祭，赏赐给看守庙宇的几个人一壶酒。人多酒少，难以分配，此时有人提议说："仅这一壶酒不如让一个人喝个痛快，让我们来个画蛇比赛，在地上画蛇，看谁先画好，谁就独喝此壶酒！"大家一致表示同意。约定时间，大家同时开始在地上画蛇，其中有个人画得最快，很快就把蛇画好了，这壶酒就归了他。但他看其他人都还没有画好，得意之余，便想表现自己，显示自己的本领，于是一手提着酒壶，一手提笔，别出心裁地说："我还要替蛇画几只脚哪！"正当他提笔给蛇画脚的时候，其中一人却已将蛇画好，伸手夺过正在加画蛇足人手中的酒壶说："蛇是没有脚的，你何必替他画脚呢？"说罢，便张口喝起酒来，画蛇脚的人只好呆呆地站在一边，懊丧地看着别人喝酒。

陈轸的意思是说，楚军已经取得了辉煌的成绩，现在正是得胜班师回朝的时候，军队可以养精蓄锐，我们也可受到楚王的赏赐和人们的赞扬；如以疲惫之师攻打有备的齐国，一旦失败，就会前功尽弃，遭到楚王的处罚和人们的唾骂。

7. 多而不精——梧鼠技穷

解：比喻技能虽多而不精，无济于事。梧鼠：鼯鼠。

述源：《荀子·劝学》："螣蛇无足而飞，梧鼠五技而穷。"

传说古时候有一种动物叫梧鼠，它的形状似兔子，腹旁有飞膜，有点像蝙蝠的翅膀。据说梧鼠的本领很多，可是哪一种也学得不精。鼯鼠利用腹侧的膜能做短距离的飞行，却连房子也飞不过去；它会爬树，却爬不高，连树顶都爬不上去；它也能游泳，却连小河沟也游不过去；它也会挖洞，却挖不成能藏自己的洞穴；它也会奔跑，却跑不过其他的动物，连人都能轻易地追上它。

所以由于鼯鼠样样都学，却没有一种技艺能在危难时救自己的命。荀子很赞赏蚯蚓的风格，它没有锐利的牙齿，没有强劲的筋骨，却能上吃泥土，下饮泉水，这是因为它们做事用心、专一的缘故。

8. 为时未晚——亡羊补牢

这故事出自《战国策》。战国时代，楚国有一个大臣，名叫庄辛，有一天对楚襄王说："你在宫里面的时候，左边是州侯，右边是夏侯；出去的时候，鄢陵君和寿跟君又总是随看你。你和这四个人专门讲究奢侈淫乐，不管国家大事，郢

（楚都，在今湖北省江陵县北）一定要危险啦！"

襄王听了，很不高兴，气骂道："你老糊涂了吗？故意说这些险恶的话惑乱人心吗？"

庄辛不慌不忙的回答说："我实在感觉事情一定要到这个地步的，不敢故意说楚国有什么不幸。如果你一直宠信这个人，楚国一定要灭亡的。你既然不信我的话，请允许我到赵国躲一躲，看事情究竟会怎样。"

庄辛到赵国才住了5个月，秦国果然派兵侵楚，襄王被迫流亡到阳城（今河南息县西北）。这才觉得庄辛的话没错，赶紧派人把庄辛找回来，问他有什么办法；庄辛很诚恳地说："我听说过，看见兔子牙想起猎犬，这还不晚；羊跑掉了才补羊圈，也还不迟。……"

这是一则很有意义的故事，只知道享乐，不知道如何做事，其结果必然是遭到悲惨的失败。

"亡羊补牢"这句成语，便是根据上面两句话而来的，表达了处理事情发生错误以后，如果赶紧去挽救，还不为迟的意思。例如一个事业家，因估计事情的发展犯了错误，轻举冒进，陷入失败的境地。但他并不气馁，耐心地将事情再想了一遍，从这次的错误中吸取教训：他认为"亡羊补牢"，从头做起，还不算晚呢！

9. 稀奇罕有——珍禽奇兽

解：珍奇的飞禽，罕见的走兽。

述源：《尚书·旅獒》："犬马非其土性不畜，珍禽奇兽不育于国。"周武战胜殷商之后开通了通往四方各族的通道，西方的旅国献巨犬，太保召公就写了《旅獒》来教导和劝谏武王。

《旅獒》要求武王要敬慎德行。文中说，现在四方各国都来归附，不论远近都进献本国的特产，所进献的东西只不过是些吃、穿、用、玩的东西而已。贤明的国君把这些贡品拿出来给异姓的诸侯观赏，还分赐给他们，为的是使他们不荒废职责；分赐宝玉给同姓邦国，为的是以此来显示亲族之情。人们固然没有轻视那些贡品，但是应以德行的眼光看待它们，德行高尚的君王是不会轻视辱骂官员的，不然的话就没有人替他竭心尽忠了；轻视辱骂百姓，人民就不会拥戴他。只要不沉湎于声色，朝政事务就能处理得井然有序，如果迷恋于宠爱的女色，就败坏了高尚的德行；迷恋于自己所喜爱的物品，就会丧失进取的方向。只有坚定不移地坚持公理，才能正确无误地分辨是非曲直。多做有益于百姓的事，事业才能成功，不能因看重奇异之物而轻视平常物品，百姓才能富足。犬马不是土生土长的不予畜养，就是珍禽奇兽也不在国内畜养。不看重远方的物产，远方的人反而会前来归附，君主要珍视的应该是有用的贤才，这样人们才能安居乐业。

10. 左右为难——骑虎难下

解：比喻做事中途遇到困难，迫于形势又无法中止。

述源：《晋书·温峤传》："今之事势，义无旋踵，骑猛兽安可中下哉！"（唐人讳"虎"为兽。）

晋成帝司马衍时，叛将苏峻和祖约率军攻入都城，挟持晋成帝，专擅朝政。江州刺史温峤组织了以征西将军陶侃为盟主的联军征讨叛军。由于叛军势大，而联军将少粮缺，初战接连失利。陶侃见军心浮动，心中焦急，就对温峤说："现在军中大将奇缺，粮食也所剩无几，如果再不能添将增粮，我只能下令撤军，待条件具备再起兵吧！"

温峤耐心地劝说："现在皇上蒙难，国家处在危急关头，我们仗义讨伐逆贼，乃正义之师。苏峻、祖约之辈欺世盗名，有勇无谋，目前叛军势猛，我军又遇许多困难，但这是暂时的，只要联军上下团结一致，定可以寡敌众，现正是我们杀敌报国的时候，现在我们就像骑在猛兽背上，中途怎么能下来，只有勇猛向前，才有出路！"

陶侃听了温峤的劝告后，激励众将士，齐心协力，克服重重困难，一举平定了叛乱。

11. 心有余悸——惊弓之鸟

解：形容被弓箭吓怕了的鸟。比喻受惊吓的人遇到类似的情况就惶恐不安，十分害怕。

述源：西汉·刘向《战国策·楚策四》："雁从东方来，更羸以虚发而吓之，魏王曰：'然射色可至北乎？'更羸曰：'此孽也。'王曰：'先生何以知之？'对曰：'其飞徐而鸣悲，飞徐者，故疮痛也；鸣悲者，久失群也。故疮未息而惊心未去也，闻弦声，引而高飞，故疮损也。'"

战国末期，天下诸侯联合抗击秦国。赵王派魏加去见楚国的春申君，对他说："您确定出征大将的人选了吗？"春申君说："定下来了，我准备委任临武君为主将。"魏加说："我年轻的时候喜欢射箭，我愿意用射箭的事来打个比方，可以吗？"春申君说："当然可以。"魏加说："从前，更赢和魏王一同站在高台的下面，抬头看见一只飞鸟，更赢对魏王说：'臣下为大王表演一个只拉弓虚射箭就能使鸟掉下来的技术。'魏王问：'你射箭的技术难道就高超到这种程度吗？这不是开玩笑吧。'更赢说：'我可以做到。'过了一会儿，有只大雁从东方飞来，更赢一拉弓弦虚放一箭，那大雁竟应声落地。魏王说：'你射箭的技术真的到了这种地步吗？'更赢说：'这是一只有箭伤的鸟。'魏王问：'先生怎么知道的呢？'更赢回答说：'它飞得很慢，并且叫声悲哀，飞得慢的原因是原先的伤口疼，叫声悲哀的原因是长久失群，旧的伤口没有愈合，惊慌的心理没有消除，听到弓弦的声音急忙鼓动翅膀向高处飞，结果原先的伤口破裂，使它掉下来了。'如今，临武君是个曾经被秦国打败的将领，他犹如惊弓之鸟，不可以委任他为抵抗秦军的主将。"

12. 充耳不闻——对牛弹琴

解释：讥笑听话的人不懂所说的是什么。也讽刺说话的人不看对象，白费口舌。

述源：汉·牟融《牟子理惑论》："公明仪为牛弹清角之操伏食如故，非牛不闻，不合其耳矣。"

古代有个很有名的音乐家公明仪，能弹得一手好琴，但轻易不给人弹。在城里住着太过嘈杂，便搬到农村幽静处，饮酒弹琴，好不痛快。一天，他见牧童骑牛放牧，吹着竹笛，悠闲自在，便突发奇想，人们都说我弹琴到深处，听者都想翩翩起舞，我何不弹奏一首欢快的曲子，让牛给我跳舞呢？于是公明仪就认真地弹奏起来，弹得满头大汗，但牛只是低头吃草，仿佛无动于衷。公明仪很是丧气，手按在琴上，无意间发出"哞哞"之声，那牛立即竖起耳朵，抬头望来。公明仪自觉得可笑："牛把我的琴所发出的声音当成是小牛叫了。"

13. 目光短浅——井底之蛙

一口废井里住着一只青蛙。有一天，青蛙在井边碰上了一只从海里来的大龟。

青蛙就对海龟夸口说：

"你看，我住在这里多快乐！有时高兴了，就在井栏边跳跃一阵；疲倦了，就回到井里，睡在砖洞边一回。或者只留出头和嘴巴，安安静静地把全身泡在水里：或者在软绵绵的泥浆里散一回步，也很舒适。看看那些虾等，谁也比不上我。而且，我是这个井里的主人，在这井里极自由自在，你为什么不常到井里来游赏呢！"

那海龟听了青蛙的话，倒真想进去看看。但它的左脚还没有整个伸进去，右脚就已经绊住了。它连忙后退了两步，把大海的情形告诉青蛙说：

"你看过海吗？海的广大，哪止千里；海的深度，哪只千来丈。古时候，十年有九年大水，海里的水，并没涨多少；后来，八年里有七年大旱，海里的水，也不见得浅了多少。

可见大海是不受旱涝影响的。住在那样的大海里，才是真的快乐呢！"

井蛙听了海龟的一番话，吃惊地待在那里，再没有话可说了。

14. 亦步亦趋——马首是瞻

溯源：《左传·襄公十四年》荀偃令曰："鸡鸣而驾，基井夷灶，唯余马首是瞻。"

释义：瞻是看的意思。这则成语的本意是，作战是士兵看着主将的马头决定行动的方向。现在用来比喻服从指挥或者乐于追随。

故事：战国时，晋淖公联合了 12 个诸侯国攻伐秦国，指挥联军的是晋国的大将荀偃。

荀偃原以为 12 国联军攻秦，秦军一定会惊慌失措。不料，景公已经得知联军心不齐，士气不振，所以毫不胆怯，不想求和。荀偃没有办法，只得准备打仗，他向全军将领发布命令说："明天早晨鸡一叫就开始驾马套车出发。各军都要填平水井，拆掉炉灶。作战的时候，全军将士都要看我的马头来定行动的方向。我奔向哪里，大家就跟着奔向哪里。"

想不到荀偃的下军将领认为，荀偃这样指令，大专横了，反感他说："晋国从未下过这样的命令，为什么要听他的？好，他马头向西，我偏要向东。"

将领的副手说："他是我们的头，我听他的。"于是也率领自己的队伍朝东而去。这样一来，全军顿时混乱起来。

荀偃失去了下军，仰天叹道："既然下的命令不能执行，就不会有取胜的希望，一交战肯定让秦军得到好处。"他只好下令全军撤回去。

15. 车马稀少——门可罗雀

溯源：《史记·汲郑列传》："始翟公我廷尉，宾客阗门；及废，门外可设雀罗。"

释义：门前可以张网捕雀。形容门庭冷落，宾客稀少。

故事：西汉著名的史学家、文学家司马迁，曾经为汉武帝手下的两位大臣合写了一篇传记，一位是汲黯，另一位是郑庄。汲黯，字长孺，濮阳人，景帝时，曾任"太子洗马"，武帝时，曾做过"东海太守"，后来又任"主爵都尉"。郑庄，陈人，景帝时，曾经担任"太子舍人"，武帝时担任"大农令"。这两位大臣都为官清正，刚直不阿，曾位列九卿，声名显赫，权势高，威望重，上他们家拜访的人络绎不绝，出出进进，十分热闹，谁都以能与他们结交为荣。

可是，由于他们太刚直了，汉武帝后来撤了他们的职。他们丢了官，失去了权势，就再也没人去拜访他们了。

开封的翟公曾经当过廷尉。他在任上的时候、登他家门拜访的宾客十分拥挤，塞满了门庭。后来他被罢了官，就没有宾客再登门了。结果门口冷落得可以张起网来捕捉鸟雀了。官场多变，过了一个时期，翟公官复原职。于是，那班宾客又想登门拜访他。程公感慨万千，在门上写了几句话："一生一死，乃知交情；一贫一富，乃知交态；一责一贱，交情乃见。"

16. 疑神疑鬼——杯弓蛇影

"杯弓蛇影"这则成语的意思是误把映入酒杯中的弓影当成蛇。比喻因错觉而疑神疑鬼，自己惊扰自己。

这个成语来源于东汉·应劭《风俗通义》，时北壁上有悬赤弩，照于杯，形如蛇。宣畏恶之，然不敢不饮。

有一年夏天，县令应郴请主簿（办理文书事务的官员）杜宣来饮酒。酒席设在厅堂里，北墙上悬挂着一张红色的弓。由于光线折射，酒杯中映入了弓的影子。杜宣看了，以为是一条蛇在酒杯中蠕动，顿时冷汗涔涔。但县令是他的上司，又是特地请他来饮酒的，不敢不饮，所以硬着头皮喝了几口。仆人再斟时，他借故推却，起身告辞走了。

回到家里，杜宣越来越疑心刚才饮下的是有蛇的酒，又感到随酒入口的蛇在肚中蠕动，觉得胸腹部疼痛异常，难以忍受，吃饭、喝水都非常困难。

家里人赶紧请大夫来诊治。但他服了许多药，病情还是不见好转。

过了几天，应郴有事到杜宣家中，问他怎么会闹病的，杜宣便讲了那天饮酒时酒杯中有蛇的事。应郴安慰他几句，就回家了。他坐在厅堂里反复回忆和思考，弄不明白杜宣酒杯里怎么会有蛇的。

突然，北墙上的那张红色的弓引起了他的注意。他立即坐在那天杜宣坐的位置上，取来一杯酒，也放在原来的位置上。结果发现，酒杯中有弓的影子，不细细观看，确实像是一条蛇在蠕动。

应郴马上命人用马车把杜宣接来，让他坐在原位上，叫他仔细观看酒杯里的影子，并说："你说的杯中的蛇，不过是墙上那张弓的倒影罢了，没有其他什么怪东西。现在你可以放心了！"

杜宣弄清原委后，疑虑立即消失，病也很快痊愈了。

17. 草木皆兵——风声鹤唳

溯源：《晋书·谢玄传》："坚众奔溃，余众弃甲宵遁，闻风声鹤唳，皆以为三师已至，草行露宿，重以饥冻，死者十七八。"

释义："唳"，鸟叫。指把风的响声、鹤叫声当做人的呼喊声，疑心是追兵来了。形容惊慌失措，神经极度紧张。

故事：公元383年，前秦皇帝苻坚组织90万大军，南下攻打东晋。东晋王朝派谢石为大将，谢玄为先锋，带领8万精兵迎战。

苻坚认为自己兵多将广，有足够的把握战胜晋军。他把兵力集结在寿阳东的淝水边，等后续大军到齐，再向晋军发动进攻。

为了以少胜多，谢玄施出计谋，派使者到秦营，向秦军的前锋建议道："贵军在淝水边安营扎寨，显然是为了持久作战，而不是速战速决。如果贵军稍向后退，让我军渡过淝水决战，不是更好吗？"

秦军内部讨论时，众将领都认为，坚守淝水，晋军不能过河。待后续大军抵达，即可彻底击溃晋军。因此不能接受晋军的建议。

但是，苻坚求胜心切，不同意众将领的意见，说："我军只要稍稍后退，等晋军一半过河，一半还在渡河时；用精锐的骑兵冲杀上去，肯定能大获全胜！"

于是，秦军决定后退。苻坚没有料到，秦军是临时拼凑起来的，指挥不统一，一接到后退的命令，以为前方打了败仗，慌忙向后溃逃。

谢玄见敌军溃退，指挥部下快速渡河杀敌。秦军在溃退途中，丢弃了兵器和盔甲，一片混乱，自相践踏而死的不计其数。那些侥幸逃脱晋军追击的士兵，一路上听到呼呼的风声和鹤的鸣叫声，都以为晋军又追来了，于是不顾白天黑夜，拼命地奔逃。就这样，晋军取得了"淝水之战"的重大胜利。

18. 道貌岸然——狐假虎威

战国时代，当楚国最强盛的时候，楚宣王曾为了当时北方各国都惧怕他的手下大将昭奚恤而感到奇怪。因此他便问朝中大臣，这究竟是为什么。

当时，有一位名叫江乙的大臣，便向他叙述了下面这段故事：

"从前在某个山洞中有一只老虎，因为肚子饿了，便跑到外面寻觅食物。当他走到一片茂密的森林时，忽然看到前面有只狐狸正在散步。他觉得这正是个千载难逢的好机会，于是，便一跃身扑过去，毫不费力的将它擒过来。

可是当它张开嘴巴，正准备把那只狐狸吃进肚子里的时候，狡黠的狐狸突然说话了：'哼！你不要以为自己是百兽之王，便敢将我吞食掉；你要知道，天地已经命令我为王中之王，无论谁吃了我，都将遭到天地极严厉的制裁与惩罚。'老虎听了狐狸的话，半信半疑，可是，当它斜过头去，看到狐狸那副傲慢镇定的样子，心里不觉一惊。原先那股嚣张的气焰和盛气凌人的态势，竟不知何时已经消失了大半。虽然如此，它心中仍然在想：我因为是百兽之王，所以天底下任何野兽见了我都会害怕。而它，竟然是奉天帝之命来统治我们的！

这时，狐狸见老虎迟疑着不敢吃它，知道它对自己的那一番说词已经有几分相信了，于是便更加神气十足的挺起胸膛，然后指着老虎的鼻子说：'怎么，难道你不相信我说的话吗？那么你现在就跟我来，走在我后面，看看所有野兽见了我，是不是都吓得魂不附体，抱头鼠窜。'老虎觉得这个主意不错，便照着去做了。

于是，狐狸就大模大样的在前面开路，而老虎则小心翼翼的在后面跟着。它们走没多久，就隐约看见森林的深处，有许多小动物正在那儿争相觅食，但是当它们发现走在狐狸后面的老虎时，不禁大惊失色，狂奔四散。

这时，狐狸很得意地掉过头去看看老虎。老虎目睹这种情形，不禁也有一些心惊胆战，但它并不知到野兽怕的是自己，而以为它们真是怕狐狸呢！

狡狐之计是得逞了，可是它的威势完全是因为假借老虎，才能平着一时有利的形势去威胁群兽，而那可怜的老虎被人愚弄了，自己还不自知呢！

因此，北方人民之所以畏惧昭奚恤，完全是因为大王的兵全掌握在他的手里，那也就是说，他们畏惧的其实是大王的权势呀！"

从上面这个故事，我们可以知道，凡是借着权威的势力欺压别人，或借着职务上的权力作威作福的，都可以用"狐假虎威"来形容。

19. 因小失大——饮鸩止渴

溯源：《后汉书·霍谞传》："岂有触冒死祸，以解细微？譬犹疗饥于附子，止渴于鸩毒，未入肠胃，已绝咽喉，岂可为哉？"

释义：比喻只图解决眼前的困难，而不顾其严重的结果。

故事：东汉时，担任过廷尉的霍谞，从小勤奋好学，少年时代就读了大量儒家经书，在当地出了名。霍谞有个舅舅名叫宋光，在郡里当官。由于他秉公执法，得罪了一些权贵，被他们诬告篡改诏书，从而押到京都洛阳，关进监狱。

宋光下狱后，霍谞的心情一直不平静。当时霍谞虽然只有十五岁，但各方面都已经比较成熟。他从小常和宋光在一起，对舅舅的为人非常清楚，知道舅舅不可能干这种弄虚作假的事。他日思夜想怎样为舅舅伸冤，最后决定给大将军梁商写一封信，为舅舅辩白。信中有这样一段话："宋光作为州郡的长官，一向奉公守法，以便得到朝廷的任用。怎么会冒触犯死罪的险去篡改诏书呢？这正好比为了充饥而去吃附子，为了解渴而去饮鸩呢？如果这样的话，还没有进入肠胃，到了咽喉处就已经断气了。他怎么可能这样做呢？"梁商读了这封信，觉得很有道理，对霍谞的才学和胆识也很赏识，便请求顺帝宽恕宋光。不久，宋光被免罪释放，霍谞的名声也很快传遍了洛阳。

20. 众口铄金——三人成虎

战国时代，互相攻伐，为了使大家真正能遵守信约，国与国之间通常都将太子交给对方作为人质。《战国策》中有这样一段记载：

魏国大臣庞葱，将要陪魏太子到赵国去作人质，临行前对魏王说："现在有一个人来说街市上出现了老虎，大王可相信吗？"

魏王道："我不相信。"

庞葱说："如果有第二个人说街市上出现了老虎，大王可相信吗？"

魏王道："我有些将信将疑了。"

庞葱又说："如果有第三个人说街市上出现了老虎，大王相信吗？"

魏王道:"我当然会相信。"

庞葱就说:"街市上不会有老虎,这是很明显的事,可是经过三个人一说,好像真的有了老虎了。现在赵国国都邯郸离魏国国都大梁,比这里的街市远了许多,议论我的人又不止三个。希望大王明察才好。"

魏王道:"一切我自己知道。"

庞葱陪太子回国,魏王果然没有再召见也了。

市是人口集中的地方,当然不会有老虎。说市上有虎,显然是造谣、欺骗,但许多人这样说了,如果不是从事物真相上看问题,也往往会信以为真的。

这故事本来是讽刺魏惠王无知的,但后世人引申这故事成为"三人成虎"这句成语,乃是借来比喻有时谣言可以掩盖真相的意思。判断一件事情的真伪,必须经过细心考察和思考,不能道听途说。否则"三人成虎",有时会误把谣言当成真实的。

21. 枉费心机——与虎谋皮

出处:《太平御览》卷二〇八引《符子》:"欲为千金之裘而与狐谋其皮,欲具少牢之珍而与羊谋其羞,未卒,狐相率逃于重丘之下,羊相呼藏于深林之中。"

释义:与老虎商量,要谋取它的皮。本作"与狐谋皮"。比喻跟所谋求的对象有利害冲突,一定不能成功。现多用来形容跟恶人商量,要其牺牲自己的利益,一定办不到。

故事:鲁国的国君想让孔子担任司寇,便去征求左丘明的意见。左丘明回答:"孔丘是当今公认的圣人,圣人担任官职,其他人就得离开官位,您与那些因此事而可能离开官位的人去商议,能有什么结果呢?我听说过这样一个故事:周朝时有一个人非常喜欢穿皮衣服,还爱吃精美的饭食。

他打算缝制一件价值昂贵的狐狸皮袍子,于是就与狐狸商量说:'把你们的毛皮送给我几张吧。'狐狸一听,全逃到山林里去了。他又想办一桌肥美的羊肉宴席,于是去找羊说:'请帮帮我的忙,把你们的肉割下二斤,我准备办宴席。'没等他说完,羊就吓得狂呼乱叫;互相报信,一齐钻进树林里藏了起来。这样,那人10年也没缝成一件狐狸皮袍子,5年也没办成一桌羊肉宴席。这是什么道理呢?原因就在于他找错了商议的对象!你现在打算让孔丘当司寇,却与那些因此而辞官的人商议,这不是与狐谋皮,与羊要肉吗?二者有何不同?"

22. 孤注一掷——断肢自救

这是比喻为了逃避敌人的危害，可断其肢体而救得性命。这种现象在双翅目大蚊科昆虫中比较普遍。大蚊的腿又细又长，非常醒目，抓住或碰到后很容易脱落，而虫体本身并不会受到伤害，却可借机逃走。

大蚊属双翅目，大蚊科，与吸血传病的蚊虫，只能算是远房姐妹。

大蚊的幼期一般生活在潮湿的泥土中，通常取食土壤中的腐烂物质，有些种类也危害植物的根，成为水稻的一害。因此，在稻丛中常见到大蚊的成虫用前足抓住叶片，后面的两对足伸得直直的垂吊着，摇摇晃晃的身体像是在荡秋千。如果不去触动它，又好像一具干枯的虫尸，原来它是以装死迷惑敌人。

大蚊的这套骗人把戏，可欺骗不了"捕虫能手"青蛙的锐利眼睛。当青蛙看到垂吊着的大蚊时，便猛然跳起，张嘴伸出长舌捕住大蚊。本想享受一顿美餐，哪知卷入口中的只是一条细细的大腿。原来大蚊受到突如其来的攻击，便断肢自救，逃之夭夭了。

昆虫中有不少种类能产生一种对不利环境的抗性行为。人发现蚊、蝇、蝶、蛾类足上的跗节是杀虫药剂 D. D. T 极易通过的部位，接触后经过一段时间，就会自行脱落而免于一死。生物学上把这种现象叫做"残体自卫"。

23. 不自量力——蚍蜉撼树

蚍蜉：大蚂蚁。小小的蚂蚁竟想撼动参天的大树，这不是很可笑吗？该成语比喻其力量很小，而妄想动摇强大的事物，不自量力。唐·韩愈诗："蚍蜉撼大树，可笑不自量"。

蚂蚁属膜翅目，蚁科，是多种蚁类的总称。世界上记载的有 4 600 种以上。几乎全部是营社会性生活，为全变态陆生昆虫。

汉语成语词典中说蚍蜉是大蚂蚁，究竟指哪种蚂蚁恐怕无从考证。有些蚂蚁确实凶猛，虽不能撼动大树，但由于善吃肉食，不仅可捕食其他昆虫和小型动物，甚至还可侵袭大型哺乳动物和鸟类。工蚁喜阴天或夜间群体活动，编队而行，遇有小动物就群起进攻致敌于死命，形如大兵团作战，因此中文名叫"军团蚁"。

有一种蚂蚁，它们虽不能撼动大树，但可以将树干蛀空，使大树折倒。不过这种蚁不是黑蚂蚁，而是属于等翅目的白蚁。

24. 自不量力——螳臂当车

螳臂为螳螂的前腿。《庄子·人世间》："汝不知夫螳蜋乎？怒其臂以当车辙，不知其不胜任也！"意思是螳螂举起臂膀抵挡车轮，不知道它力不胜任啊。后来就用"螳臂当车"比喻不自量力。

螳螂属螳螂目，世界已知有 1 500 余种，主要分布在热带地区，我国已知约 100 种，为陆生不完全变态类捕食性昆虫。由于螳螂的前足构造特殊，故有不少有关的描述。因常举前足，形成挡道之势，故有当郎、当轮等名。又因步行时以中后足着地，昂首慢行，与马相似，遂有"天马"之称。李时珍曰："螳螂骧首奋臂，修颈大腹，二手四足，善缘而捷，以须代鼻，喜食人发。"又因其举起前足状如祈祷，因而有人迷信螳螂有"未卜先知"的能力。也有人说它这样举足昂首像是在"乞讨"食物。螳臂虽不能当车，但它那粗壮并带有利齿的前臂和灵敏的动作，不但能捕住蝉，就是能飞善蹦的大蝗虫也难逃它的攻击。

第二节　活灵活现——描写动物的词语

汉语成语的运用是语言传播的又一特殊手段。无论是在口语中，还是书面语中，人们都广泛地使用各种成语。汉语成语有着自己独特的形式，即绝大多数成语为四字词组。因此，成语在传播中会起到简洁、鲜明、生动的作用。在汉语成语中，动物形象的使用更是随处可见，有些成语则妇孺皆知，如"鸦雀无声"、"狼吞虎咽"、"挂羊头卖狗肉"等等。

汉语成语中使用的动物多种多样。凡人类所知道的动物，在成语中一般都有反映。从野生的豺狼虎豹，如"狼狈为奸"、"豺狼当道"、"虎头蛇尾"、"豹头环眼"，到家庭饲养的猪马牛羊，如"对牛弹琴"、"马到成功"、"亡羊补牢"、"泥猪瓦狗"等；从天上飞的莺燕，如"莺歌燕舞"，到陆上走的鸡犬，如"鸡犬不宁"；从水中生活的鱼蛙，如"如鱼得水"、"井底之蛙"，到泥土中繁衍的老鼠、蚯蚓，如"鼠窃狗偷"、"春蚓秋蛇"等；从巨龙、鸿鹄等庞然大物，如"龙飞凤舞"、"鸿鹄之志"等，到蚂蚁、萤火虫等微小之物，如"蝼蚁贪生"、"囊萤映雪"等。一句话，各种动物，在成语中应有尽有。

在《汉语成语大词典》中，共收录了含有动物形象的成语700多条。在这些成语中，共使用了近 50 种动物，其中使用频率最高的，当属与人们生活最为密切的家养动物，如马牛羊、鸡犬猪等。再一类使用频率最高的，是那些最为凶猛的野兽，如虎狼以及作为吉祥象征的龙凤等。

第一，来自口语，即俗语与谚语，为一般群众所创造，如"狗屁不通"、"挂羊头卖狗肉"、"驴唇不对马嘴"、"狼吞虎咽"、"狼心狗肺"等等。这类成语相当多，已被广泛应用在日常生活中和文艺作品中。

第二，来自历史典故或寓言故事，这类成语所占比重相当大，如"黔驴技穷"出自柳宗元的《黔之驴》；"守株待兔"出自《韩非子·五蠹》；"缘木求鱼"则出自《孟子·梁惠王上》；"塞翁失马，安知非福"出自《淮南子》。再如，"鹬蚌相争"、"狐假虎威"、"狡兔三窟"等都出自《战国策》。

第三，出自一些文人墨客的手笔。他们根据动物的特点、习性创造出一些书面成语，如"猿鹤虫沙"、"燕颔虎颈"、"狂蜂浪蝶"等。这类成语比较生僻，使用和流传范围相对来说比较窄。

第三节　精彩纷呈——部分动物词语一览

鼠目寸光	鼠肚鸡肠	鼠窃狗盗	投鼠忌器	抱头鼠窜
獐头鼠目	胆小如鼠	牛鬼蛇神	牛刀小试	牛鼎烹鸡
汗牛充栋	对牛弹琴	九牛一毛	气壮如牛	虎视眈眈
虎口余生	虎头虎脑	虎背熊腰	虎头蛇尾	虎落平阳
虎穴龙潭	放虎归山	谈虎色变	如虎添翼	骑虎难下
为虎作伥	与虎谋皮	藏龙卧虎	狐假虎威	羊入虎口
狼吞虎咽	龙行虎步	龙吟虎啸	龙争虎斗	龙盘虎踞
龙腾虎跃	生龙活虎	降龙伏虎	兔死狐悲	兔死狗烹
狡兔三窟	鸟飞兔走	守株待兔	龙腾虎跃	龙飞凤舞
龙马精神	龙凤呈祥	画龙点睛	来龙去脉	攀龙附凤
群龙无首	降龙伏虎	一龙一猪	老态龙钟	笔走龙蛇
龙潭虎穴	叶公好龙	望子成龙	车水马龙	人中之龙
蛇蝎心肠	画蛇添足	惊蛇入草	龙蛇混杂	杯弓蛇影
牛鬼蛇神	打草惊蛇	虚与委蛇	笔走龙蛇	春蚓秋蛇
马到成功	马不停蹄	马革裹尸	一马当先	老马识途
汗马功劳	万马奔腾	犬马之劳	万马齐喑	一马平川

天马行空	快马加鞭	走马看花	信马由缰	蛛丝马迹
兵荒马乱	人仰马翻	人困马乏	鞍前马后	人强马壮
猴年马月	青梅竹马	单枪匹马	招兵买马	心猿意马
悬崖勒马	千军万马	香车宝马	指鹿为马	害群之马
厉兵秣马	塞翁失马	盲人瞎马	脱僵之马	金戈铁马
羊质虎皮	羊肠小道	亡羊补牢	虎入羊群	歧路亡羊
顺手牵羊	沐猴而冠	尖嘴猴腮	杀鸡吓猴	杀鸡儆猴
鸡毛蒜皮	鸡鸣狗盗	鸡飞蛋打	鸡犬不宁	鸡犬不留
鸡犬升天	闻鸡起舞	杀鸡取卵	偷鸡摸狗	鹤立鸡群
小肚鸡肠	呆若木鸡	狗急跳墙	狗尾续貂	狗仗人势
狗血喷头	猪狗不如	鸡犬不惊	鸡零狗碎	狼心狗肺
狐朋狗友	狐群狗党	画虎类狗	丧家之狗	关门打狗
白云苍狗	杀猪宰羊	封豕长蛇	凤头猪肚	蠢笨如猪
一龙一猪	鸟尽弓藏	笨鸟先飞	如鸟兽散	小鸟依人
惊弓之鸟	飞禽走兽	珍禽异兽	衣冠禽兽	凤毛麟角
鸦雀无声	燕雀安知	鹤发童颜	风声鹤唳	莺歌燕舞
草长莺飞	燕语莺声	鹊巢鸠占	鹦鹉学舌	蜻蜓点水
困兽犹斗	人面兽心	珍禽异兽	衣冠禽兽	洪水猛兽
狼烟四起	狼子野心	狼狈不堪	狼狈为奸	豺狼成性
豺狼当道	引狼入室	声名狼藉	杯盘狼藉	狐疑不决
鹿死谁手	中原逐鹿	象牙之塔	盲人摸象	猫鼠同眠
黔驴技穷	一丘之貉	管中窥豹	雕虫小技	鸡虫得失
蚕食鲸吞	金蚕脱壳	噤若寒蝉	螳臂当车	蜂拥而起
蝇头微利	如蝇逐臭	飞蛾扑火	花飞蝶舞	如蚊附膻
蛇蝎心肠	鱼龙混杂	鱼目混珠	鱼游釜中	鱼网鸿罹
鱼沉雁杳	鱼贯而入	鱼跃水面	鱼跃人欢	鱼肥稻香
鱼鲜蟹肥	鱼游虾嬉	鱼群如云	鱼游大海	鱼跃鸟飞
鱼不离水	鱼水相连	鱼米之乡	河鱼之患	如鱼得水
群鱼争食	鲤鱼打挺	得鱼忘筌	沉鱼落雁	水美鱼肥
葬身鱼腹	缘木求鱼	釜底游鱼	浑水摸鱼	临渊羡鱼
漏网之鱼	水清无鱼	张网捕鱼	瓮中捉鳖	虾兵蟹将
鹬蚌相争	独占鳌头	井底之蛙	别鹤孤鸾	鸿飞冥冥
鸿鹄之志	哀鸿遍野	轻于鸿毛	雪泥鸿爪	鸿雁哀鸣

雀跃三百　　明珠弹雀　　门罗可雀　　趋之若鹜　　惭凫企鹤

别鹤孤鸾　　杳如黄鹤　　乌飞兔走　　乌合之众　　乌七八糟

乌烟瘴气　　化为乌有　　子虚乌有　　爱屋及乌　　信笔涂鸦

鸠形鹄面　　饮鸩止渴　　飞鹰走狗　　见兔放鹰　　鹑衣百结

鹏程万里　　兔起鹘落　　一箭双雕　　千里鹅毛

第五章　独占鳌头——动物之最

第一节　巅峰对决——动物竞技

1. 最小、最轻的鱼——胖婴鱼

澳大利亚博物馆出版的最新一期《研究杂志》报道说，澳科学家最近宣布发现了世界上最小、最轻的鱼，取名为胖婴鱼。

《研究杂志》说，成年胖婴鱼体长近 8 毫米，体重 1 毫克，需要 100 万条胖婴鱼才能凑够 1 公斤，是已知最小的脊椎动物。成年鱼具幼虫特征，成熟期为一个月，无鳍，无齿，无鳞。身体除眼睛外无色素沉着，全身透明。雌鱼在 2～4 周大的时候产卵。鱼的寿命在两个月左右。

这种鱼的标本早在 1979 年就采集到了，但直到现在科学家们才正式把它认定为一个新的种类。澳大利亚博物馆共采集到 6 个标本，都是从大堡礁北部的一个泻湖附近找到的。有关研究人员已将这种鱼作为最小的脊椎动物申报了吉尼斯纪录。

此前认定的世界上最小的鱼是鰕虎鱼，产于菲律宾群岛周围的海洋中。

2. 身怀绝技——动物的奔跑冠军

有些高等动物具有快速奔跑的本能，因为追捕猎物或逃避敌害，必须要学会奔跑的本领。究竟谁是奔跑英雄？

非洲的猎豹奔跑的速度是很惊人的，它每小时能奔跑 110 公里。比猎豹略差一点的是高鼻羚羊，每小时能跑 100 公里，奔跑的耐力比猎豹还强一些。

猎豹和高鼻羚羊是在无障碍的情况下奔跑的。而澳大利亚的袋鼠，有一种特殊的本领，能在障碍中奔跑。它的前肢短小，后肢发达，以强有力的后肢跳跃前进。每次跳跃高达2~3米，远至6~8米。在崎岖不平的道路上，它可算得是奔跑英雄了。

猎豹、高鼻羚羊和袋鼠，它们虽是快速奔跑和越障奔跑的英雄，但在茫茫的沙漠地带奔跑，真正的英雄还是鸵鸟。在沙漠中行走，确实非常困难。就连长期生活在沙漠地带的"沙漠之舟"——骆驼，每小时也只能行走30公里。而现代最大的鸟——鸵鸟，在沙漠中奔跑，每小时竟达60公里，为快马所不及。

鸵鸟头小，颈长，腿高，体大，只会走，不会飞。它的两翅退化，两腿强健有力，步子很大。非洲鸵鸟，雄的身高2~3米，体重70多公斤，跨一步有2~3米长，最大的步子可达8米，奔跑时，头向前伸，两翅张开，保持平衡，迅疾如风。

鸵鸟为什么有如此快速奔跑的本领呢？这是因为鸵鸟生活在沙漠中，那里草木稀疏，水源缺乏，寻食困难，必须长途跋涉。同时，遇到敌害，沙漠中很难隐蔽，只有快速奔跑，才能保全自己。

鸵鸟腿长而粗壮，只有两个粗大向前的脚趾，外趾小，爪退化，内趾带坚爪，特别发达，趾底还有很厚的角质化的皮肤，在沙漠中奔走，不易下陷，这些都为它在沙漠中快速奔跑创造了条件。

3. 鼻子最长的动物——亚洲象

亚洲象的身躯高大、威武，性情温顺、善良，是力量、威严和吃苦耐劳、任劳任怨的象征。它的身长为5~7米，肩高为2.5~3米，尾长为1.2~1.5米，体重3 000~5 000公斤。通体为灰棕色，前额左右有两大块隆起，称为"智慧瘤"，其最高点位于头顶，但它的脑却很小。头盖骨很厚，虽然骨骼内充满了气孔，可以减轻重量，但颈部的负担仍然很重。背部向上弓起。四肢粗壮，几乎垂直于地面，像四根柱子，前肢5指，后肢4趾。小跑时，总是同时提起同一侧的前后肢，而不是像其他哺乳动物那样在对角线上的两肢同时离开地面，这种的步法被称为"溜蹄"，并使其产生一种奇特的摇摆动作。

它的鼻子是动物中最长的，实际上是鼻子和上唇的延长体，表面光滑，一直下垂到地面，不停地摆来摆去。它由4万多条肌纤维组成，里面有丰富的神经联系，不仅嗅觉灵敏，而且是取食、吸水的工具和自卫的有力武器。鼻子的顶端有一个像手指一样的突起，这个突起不大，但上面集中了丰富的神经细胞，感觉异常灵敏，使得象鼻十分灵活，能随意转动和弯曲，具有人手一样的功能。在动物园中，训练有素的象能用鼻子搬重物、拔钉子、解绳子，甚至能捡起地上的绣花针。有趣的是，它还能像人类握手一样，用互相缠绕鼻子的方式来表达友好的情感或者进行雄兽和雌兽之间的调情。

亚洲象雄兽的嘴里还长着一对终生不断生长，但永不脱换的长大门齿，称为象牙，长度为2米左右，单支重30~40公斤。雌兽的门齿较短，不突出于口外。象牙的作用很大，是掘食的工具，也是搏斗时的武器。它的犬齿不发达。臼齿上、下颌的每侧共有6枚，而且很大，呈块状，但并不是同时生出，而是分成六批，轮流生出，每一批只生出4枚，另一批"候补者"在后面半隐半现，等前一批磨损消耗得不能再用时才逐渐发育出来，以至于在同一时间里，每侧上、下颌只能有1个完整的或者2个不完整的臼齿在起作用。每一个臼齿在使用时，齿根能够继续生长相当长的时间，以此来抵消磨损，但磨损仍然比生长的速度快。当齿冠磨平之后，齿根就不再生长，而被吸收掉，这样后边的牙齿就顺次生长出来，并沿着颌部向前扩张。这六批臼齿可供其使用一生。

亚洲象的耳朵也很大，宽度近1米，有利于收集音波，所以听觉非常敏锐，彼此之间常用次声波进行联络。由于耳部的褶皱很多，大大增加了散热面，所以更像是两把调节体温的大蒲扇，在炎热的夏季，它就是靠不停地扇动两只大耳朵，使耳部的血液加速流动，达到散热、降温的目地，还能驱赶热带丛林中的蚊蝇和寄生虫。

亚洲象在国外分布于印度、孟加拉国、斯里兰卡、老挝、泰国、缅甸、越南、柬埔寨、马来西亚、印度尼西亚等国，共分化为大约4个亚种，我国仅有大陆亚种，分布于云南南部和西部的勐腊、景洪、江城、西盟、沧源、盈江等地。它喜欢栖居在气温较高，空气湿润，靠近水源，植被生长茂密的热带地区，一般为海拔1 000米以下的长有刺竹林或阔叶林的缓坡、沟谷、草地或河边，常常是大树遮天蔽日，直入云宵，各种中、下层植物盘根错节，千姿百态。它的皮肤虽然厚达3厘米，但身上的毛却比较稀少，所以既畏寒，又要避开热带地区白天烈日的曝晒，常躲避于山谷间的林荫之处，觅食的时间也多在气温稍低的清晨和傍晚。食物主要是董棕、刺竹、类芦、棕叶芦、仙茅、白茅草、葡榕和野巴蕉等植物的嫩枝和嫩叶。在进食时，先用长鼻子把植物卷上，再把它们从土地上连根拔起，在腿上或树干上拍打掉上面的泥土，然后才送进口中。有时折断树干和竹枝的声音在寂静的森林中"啪，啪"作响，传遍整个山谷。它的食量大得惊人，每天要吃大约100千克的新鲜植物，因此在野外需要占据几十平方公里的区域，作为活动或取食的领域。为了吃到足够的食物，象群还要经常从一个地方走到另一个地方，边走边吃。象群走动的速度很快，奔跑起来时速可达24公里，一次可以跑 400～500 米。喝水时，它先是把水吸到鼻子里，再把鼻子放进口中，然后再把水喝下去，一次大约要喝上 60 多公斤。虽然它的气管和食管是相通的，但是在鼻腔后面的食道上方生有一块软骨，当它用长鼻子吸水的时候，水就进入了鼻腔，同时咽喉部位的肌肉进行收缩，使食道上方的这块软骨暂时将气管的口盖上，水就会由鼻腔进入食道，而不会进入气管，更不会进入与气管相通的肺中。当它把吸进鼻腔中的水放到嘴里以后，这块软骨又会自动张开，以保证呼吸的正常进行。

亚洲象很喜欢水浴，常在河边或水塘边洗澡、嬉戏、用长鼻子吸水冲刷身体，还喜欢将泥土涂满全身，以便除去身上的寄生虫，也防止蚊虫叮咬。它还是游泳的好手，可以连续游上 5～6 个小时，渡过很宽的河流。游泳的速度也不慢，时速可达 1.6 公里。

亚洲象在野外单独活动时，被称为孤象，往往都是老年的雄兽，性情异常凶猛。但这种情况很少，通常大多是三五成群，或是结成几十只的大群。每个群体都是由一个"家庭"或多个"家庭"所组成，彼此之间互相帮助，和睦相处。与其他群居动物不同的是，领头者均为成年雌兽，其他成员都按年龄大小、体质强弱排列秩序，不幸受伤的个体常常被伙伴们夹在中间，一起前进。如果有的个体死亡，群体成员还会用推倒或卷翻的树枝和小树，一层一层地盖在死者的身上，形成一个很大的倒木堆。领头者在群体中的作用最大，由它指挥整个群体的行动路线、时间安排、觅食场所、休息地点等日常活动，也承担着保卫群体的重要责任。如果领头者死亡，群体就会在很短的时间里，再选出一个新的领头者，继续统一指挥群体的行动。

亚洲象没有固定的发情期，雄兽与雌兽交配时，总是双双躲进僻静的密林深处进行。它是陆地上最大的动物，不惧怕任何动物的威胁，但也保持较高的警惕性，连睡觉也是站着。亚洲象的繁殖率较低，大约 5～6 年才能繁殖一次，怀孕期长达 18～22 个月。雌兽产仔于秋末冬初，每胎只产一仔。刚出生的幼仔体重为 70～100 公斤，大小同小牛犊差不多，鼻子不算太长，也没有长牙，全身为棕红色，没有毛，出生几个小时后，就可以跟随群体四处活动了。幼仔的哺乳期大约需要 2 年，14～15 岁性成熟，完全长成则在 18～24 岁。亚洲象的寿命较长，一般可以活到 60～70 岁，也有能活到 100～130 岁的说法。

4. 鲸须颜色不对称的巨鲸——长须鲸

长须鲸一般体长为 20 米左右，最大的体长可达 26 米，体重达 95 吨，仅次于蓝鲸。它的身体呈纺锤形，较为细长。从背面看，头的前部呈楔形，两侧边不平行，在身体后背部形成较高的背脊。背鳍小，位于肛门正上方的背部。鳍肢也比较小，仅为体长的1/11。尾鳍宽小于体长的1/4。褶沟有50～60条，向后到达脐部。眼睛较小，位于口角的后上方。喷气孔有2个，位于眼睛前面一点的背中线上。上、下颌的周围以及喷气孔的周围有50～100根灰褐色的感觉毛。口大，每侧的须板为260～470枚，最长的可达70～90厘米。雌兽有一对乳房，位于生殖裂两侧的乳沟内。背部为黑褐色，向腹面逐渐无规则地过渡为纯白色，从鳍肢的附近至槽沟之间有两条深色的带，背部有一个"V"字形的淡色区域，起自喷气孔的后方，穿过两个鳍肢的基部之间向后扩展，尾部的中央至肛门之间也有一条黑色带，从外耳孔向后上方，每侧都有一条淡色甚至白色的条纹。上颌左右的颜色对称，但下颌左右两侧的颜色却不对称，左侧为黑色，右侧为白色，而且鲸须的颜色也不对称，右侧的前1/3～1/2是淡黄色，其余为灰黑色，这是长须鲸的最主要的外部特征，与其他须鲸类截然不同。

长须鲸分布于南至南极、北至北冰洋的世界各海洋中。在我国，见于南海、东海和黄海。长须鲸一般不在靠近沿岸的地带活动，夏季洄游到冷水海域索饵，冬季又游回到较为温暖的海域去繁殖。有趣的是，南半球和北半球的种群并不相遇，尽管刚出生时的幼仔的体长都差不多，身体各部分的比例也一致，但北半球的个体达到性成熟时，体长却比南半球的同龄个体约小150厘米，据说这种差异可能主要是由于它们所吃的食物的不同而引起的。长须鲸大多单只或两三只一起活动，但也能见到10～20只，甚至100只以上的大群，最多时为200只左右。在进食的时候，它游泳的速度较为缓慢，每小时大约只有3～4海里，但在洄游时，游速也可以增加到每小时12～14海里，最高时速为20海里。每经2～3分钟的浅潜水后就浮出水面换气，每次呼吸需时大约为5秒钟。经数次浅潜水后，再拱起背部进行最后一次呼吸，随后就静静地转为时间较长的深潜水。其下潜的深度可能不超过200米，时间一般为15分钟左右，最长可持续20～30分钟。此时，可以看见它露出水面的头部、肩部、背鳍和高举在水面上的尾鳍，有时为了换气，头部常抬出水面很高，甚至连褶沟部分都露出来。它在呼吸的时候喷出的雾柱比较细长，好像一个倒置的圆锥形，高度为6～10米，接近蓝鲸喷出的雾柱。如果是晴朗的天气，数海里之外都能见到。它嗜吃磷虾类、糠虾类、桡足类等小型甲壳动物，也吃鲱鱼、秋刀鱼、带鱼等群游性鱼类和乌贼等，捕食方式和食物种类与蓝鲸基本相同，但食量稍少。

在繁殖季节，雄兽和雌兽的恋情颇深，交配时它们或一上一下，或一左一右，时而侧翻体躯，时而倾斜竖立，十分欢娱。雌兽的怀孕期为11～12个月。

幼仔出生时的体长为 640 厘米左右。8 ~ 10 年后达到性成熟，寿命为 90 ~ 100 岁。

由于长须鲸的经济价值很高，遭到过度猎捕，特别是在北太平洋水域，最高的一年的猎捕量竟达到 2 万多只，导致数量锐减，现在仅剩有大约 10 万只，其中南半球水域为 80 000 只，北太平洋为 15 000 只，北大西洋约 5 000 只。

5. 具有黑色须板和白色须毛的巨鲸——大须鲸

大须鲸体形比长须鲸小，比小须鲸大，体长约为 15 ~ 20 米，体重 25 吨左右。体形细长，背鳍比蓝鲸的高大，呈镰刀形，并且向后倾斜。7 个颈椎全部分离。褶沟为 60 ~ 65 条，但个体差异很大，不到达脐部。它背部黑色，腹部白色，交界线是波状或云状的，过渡区呈灰色，也与蓝鲸不同。鳍肢和尾鳍的下面为灰色，而长须鲸为白色。上颌形状也与蓝鲸不同，由后向前逐渐变窄。每侧的须板为 300 ~ 400 枚，黑色，长度大于宽度的 2 倍，所以有"黑板须鲸"之称。此外，须板上的须毛细而白，每厘米须板上大约有 45 根，从内侧看时犹如白色的地毯。喷气孔的周围及上、下颌都生有稀疏的感觉毛。呼吸时喷出的雾柱没有长须鲸高，只有 3 ~ 5 米，但雾柱的形状与长须鲸非常相似。

大须鲸分布于世界各大海洋，在我国见于黄海、东海，福建厦门和北部湾等地的南海海域，以及台湾南部和西南部的苏澳、恒春、澎湖等地海域。

大须鲸在洄游时大多组成数只在一起的小群，有时小群相聚而成 100 只以上的大群。

它的食性很广，食物种类多达 20 余种，特别嗜食桡足类、磷虾等小型甲壳类动物，也吃鲱鱼、玉筋鱼、鳕鱼、六线鱼、秋刀鱼等鱼类，但不吃底栖生物。胃中的食物重量可达 150 ~ 200 公斤，每天所吃的食物约为 900 公斤，为体重的 4.43%。游泳的速度很快，瞬时速度可以达到 30 海里，但不能持久。它在深潜水时身体保持近似直挺的姿态，而不像蓝鲸那样将身体弯曲，尾鳍也不高举露出水面。

大须鲸也是夏季向高纬度海域进行索饵洄游，冬季到温暖的海域繁殖，繁殖期为 1 ~ 3 月。雌兽的怀孕期为 10 ~ 11 个月。幼仔出生时体长为 4.5 ~ 4.8 米，哺乳期大约需要半年。8 岁时性成熟，但此时生活在南半球的个体的体长比生活在北半球的大约长 1 米。大须鲸的寿命比蓝鲸和长须鲸都短，不超过 70 岁。

大须鲸的经济价值虽然不如蓝鲸和长须鲸，但由于蓝鲸和长须鲸的数量逐渐减少，人类对大须鲸的猎捕量也逐渐增加，前景也不容乐观。

6. 最长寿的动物——大象

在哺乳动物中，最长寿的动物是大象，据说它能活 60～70 岁。当然野生场合和人工饲养是不同的，前者的寿命短些。据记载，哥拉帕格斯群岛的长寿象能活 180～200 岁。

7. 跑得最快的动物——猎豹

跑得最快的动物当数猎豹，它追捕猎物时每小时能跑 110 公里。猎豹是肉食目猫科动物，以鹿类、羚羊为猎物。鹿类、羚羊等动物拼命跑时，每小时不超过 70 公里，因此很快就会被捉住。但是，如果距离不是很短，猎豹就坚持不住最快的速度，所以它尽力捕捉近处的猎物。

8. 最强悍的动物——狮子

狮子被称为"百兽之王"，但它不去袭击大象。不过，少数袭击象崽的狮子也没听说被母象踩死过。但在印度袭击大象的老虎，却有被大象踩伤的，看来，最强悍的动物还是狮子。

9. 最聪明的动物——黑猩猩

哺乳动物中最聪明的是黑猩猩。和人类相近的有类人猿，还有动物学中属类人猿科的大猩猩，波罗州等地产的猩猩，长臂猿以及黑暗猩猩等，其中最聪明的是黑猩猩。它大脑的大小虽然只有 400 毫升，不如大猩猩有 500 毫升。但是，它的脑功能却特别显著。

10. 最短命的动物——老鼠

除了昆虫以外，最短命的是一种生在北海道虾夷沼泽地的老鼠，春天生下来，冬天就死去，寿命只有 8～10 个月。然而将它放到室内喂养，可活两三年。

11. 最重的动物——鲸

最重的动物当然是鲸了，它相当于五六头象。大象分印度象和非洲象，前者较小，体重约为四五千公斤，公象最重的有 8 000 公斤。非洲象体重有 6 000 ~ 7 000公斤，最高记录达 12 000 公斤。

12. 全球最矮的马——"萨比琳娜"

据报道，美国圣路易斯市鹅溪农场的 5 岁小马萨比琳娜是世界上最矮小的马匹，它只有 43 厘米高，和一匹普通大马站在一起就像是一只小狗。萨比琳娜目前已被吉尼斯世界纪录正式确认为"世界上最小的马匹"。

圣路易斯市的保罗·格伊斯林和夫人凯·格伊斯林在市郊经营着一个牧场，两口子培育小型马已有 15 个年头。5 年前，他们的牧场里降生了一匹体重仅为 3.63 公斤的雌性小马驹，夫妇俩为其取名为"萨比琳娜"。一年之后，萨比琳娜的体重增长到了 27.22 公斤，可是个头却从此"原地踏步"。

13. 最小的鳄鱼——"奥斯布伦·德瓦夫"

鳄鱼并非都是庞大无比的，有的鳄鱼却十分"娇小"。现存的最小的鳄鱼是西非刚果河上游的奥斯布伦·德瓦夫鳄鱼，它极少超过 1.2 米。

14. 最大的螃蟹——日本大螃蟹

世界上最大的螃蟹莫过于日本大螃蟹，它的腿竟有 1 米长，身躯像一个巨大的盘子。

15. 史上最大的两种鸟——隆鸟、象鸟和恐鸟

前几天一个朋友问我"历史上最大的鸟是不是鸵鸟?"，有感写了这篇文章。您可能会问：题目是不是错了？这不是 3 种鸟吗？

其实隆鸟和象鸟是同物异名。这里把两个名字都列出来，是因为国内的不少科普文将两个名字滥用，甚至和恐鸟混为一谈，特此请大家留神。

不过混淆也是可以理解的，因为这两种鸟有几点相似之处：都是体形巨大、体重惊人的鸟类；都不能飞翔；都灭绝了；灭绝的时间都不远（相对地史时间），都生活在大陆附近的大岛上；灭绝都似乎与人类的捕杀有关（最近看到持不同观点的文章）；都隶属平胸总目（现存有5个目），分属隆鸟目和恐鸟目。下面分别仔细说说这两种古代巨鸟。

隆鸟又叫象鸟，主要生活在世界第四大岛——非洲马达加斯加岛的森林中。"隆鸟"的意思即是"高高凸起的鸟"，"象鸟"当然就是形容其体躯庞大如象了。隆鸟比新西兰的恐鸟（1800年灭绝）还要高2米，比现在世界第一大鸟——鸵鸟就更高了，在300多年以前，可称得上世界第一大鸟。就连隆鸟的蛋也比后两种鸟的大许多，隆鸟蛋平均约1.76公斤，相当于20多只鸡蛋那么重，最大的据说有9公斤。隆鸟的身躯健硕，脖子很长，脑袋很小。圆钝的喙，两只大大的脚趾及粗壮的大腿。隆鸟的前肢已经退化，只留下很小的翅膀，羽毛同鸸鹋非常相似，是一种善于奔跳而不会飞的巨鸟。隆鸟是早期鸟类向大型化发展的一支代表，它同岛上的其他动物一起和谐地生存了很长一个时期。人们认为隆鸟的肉多且鲜美，羽毛修长，可作装饰品。过去，马达加斯加岛的居民常常猎杀隆鸟，取食它的肉，而羽毛则作为身上的装饰品。他们还用隆鸟的腿骨做成项链，佩挂在胸前。那里至今仍流传着许多关于隆鸟的神话传说。

隆鸟数量本来就一直不多。到了17世纪，马达加斯加岛的居民数量已增至以前的十几倍，他们很快就出现缺衣少食的现象，这促使他们加快了开发自然、掠夺自然资源的进度。大片的森林被砍伐，变成了家田，使隆鸟无家可归，许多隆鸟因此死掉了，剩下的隆鸟有的不得不去偷食居民的作物，这对于还不能完全满足自己需要的当地居民来说，是不能容忍的。一时间隆鸟就被当成了仇敌，也成了当地人主要的肉食来源，他们不但猎杀成年的隆鸟，就连幼鸟也不放过。随着马达加斯加森林的大量减少，成年的隆鸟也所剩无几，幼鸟及隆鸟蛋也是同样的命运。

1649年是当地居民能够捕杀到隆鸟的最后一年。之后，人们再也没有见过隆鸟。但据说200年后，在1849年，曾有人在马达加斯加南部的森林里发现了一枚隆鸟蛋，可惜的是没有发现成鸟。自此以后，人类再也没有发现过任何隆鸟的足迹，它的世界第一大鸟的称号也在人类的干涉之下让给了鸵鸟。隆鸟于1649年灭绝。

"恐鸟"一词的来源和"恐龙"一样，形容其大得吓人。恐鸟曾是新西兰众多鸟类中最大的一种，平均身高有3米，比现在的鸵鸟还要高。最大的恐鸟身高约 3.6 米，体重约 250 公斤。恐鸟除了腹部是黄色羽毛之外，其他全部是黄黑色相间。虽然恐鸟的上肢和鸵鸟一样已经退化，但它的身躯肥大，下肢粗短，因此奔跑能力远不及鸵鸟。恐鸟与鸵鸟的最大区别是：它的脖子有羽毛覆盖，而鸵鸟的脖子是秃裸的。并且比恐鸟的脖子要长，它是三根脚趾，而鸵鸟是两根脚趾。

从新西兰发现的恐鸟"家墓"中，古生物学家获得数以百计的恐鸟骨骼。古生物学家们通过分析它们的躯体构造，认为恐鸟主要吃植物的叶、种子和果实。它们的砂囊里可能有重达 3 公斤的石粒帮助磨碎食物。恐鸟栖息于丛林中，每次繁殖只产一枚卵，卵可长达 250 毫米，宽达 180 毫米，像特大号的鸵鸟蛋。但它们不造巢，只是把卵产在地面的凹处。这种鸟是怎样到达新西兰的，人们目前还没有一致的看法。更为有趣的是，恐鸟的羽毛类型、骨骼结构等幼年时的特点直到成鸟还依然存在，古生物学家认为这是一类"持久性幼雏"的鸟。

16. 最小的动物——一种代号为 H_{39} 的原生动物

草履虫、绿眼虫、巴倍虫、鞭毛虫、孢子虫、变形虫、袋形虫、线形虫、纤毛虫等原生动物都属于单细胞动物。它们的体形都很微小，只能用微米（1/1 000毫米）来计算，只有在显微镜下才能看得到。

原生动物也有体形较大的种类。例如生活在死水中的喇叭虫和体形像蛇的旋口虫，有 1~2 毫米长，连肉眼也能够看得见。有一种生活在朽木里的原生动物，身体极细，长度竟有 1 米。

草履虫也算是体形较大的，长约 300 微米，绿眼虫长约 30 微米，而巴倍虫就更小，只有 3 微米长。同最大的动物——蓝鲸相比，大小竟然相差 3 000 多万倍。

一根头发丝的直径是多少？大约是 70 微米。而巴倍虫只有头发丝的1/20细。

纤细的缝衣针的小孔洞，只有几百微米细，肉眼看来已经很细小了。可是，让孢子虫、巴倍虫等来穿孔的话，它们会嫌洞孔太大哩！

孢子虫寄生在绵羊等的食管壁内，也侵害舌肌、肋间肌、心肌等，逐渐增大，最后成为囊状体。囊状体有内外两层被膜，内部分裂成许多小球，最后形成肾形或半月形的孢子，会产生肉孢子虫毒素。这种毒素对家兔有致死作用。

巴倍虫由壁虱传播，寄生在兽类的血细胞内，引起严重兽疫。牛巴倍虫会引起牛尿血病，犬巴倍虫会引起犬黄胆病和血尿热病。

巴倍虫还不是最小的，比它更小的动物是蚕微粒子，只有0.5微米长，相等于一根头发直径的1/140。蚕宝宝的一个细胞里，可以寄生几百个蚕微粒子，引起蚕病。

蚕微粒子由蚕卵和蚕粪传播，进入蚕的消化道内，孢子发育为微小的变形虫体；变形虫体侵入消化道壁的细胞间，分裂增殖，由血液散布全身，最后形成孢子。孢子卵圆形，内有一个具有长极丝的"极囊"。

还有比蚕微粒子更小的动物，那是原生动物中的一种同肋膜肺炎菌相似的单细胞动物。它只有0.1微米长，其中有一种代号为H_{39}的，最大直径长0.3微米，比巴倍虫要小得多。估计要有1 000万亿个放在一起，才不过1克重。

17. 世界上产卵最多的动物——翻车鱼

一只家鸡一年能下200～300多个蛋。但是，如果拿这只鸡和其他动物按照下蛋的多少来评比的话，母鸡充其量只能得3～5分就很不错了；如果和动物世界产卵竞赛冠军翻车鱼一次产卵3亿粒相比较，母鸡下那几个蛋，就真不值一提了。

为什么动物下蛋有多有少？翻车鱼产出这成亿的卵，如果都孵化成鱼，岂不会充塞海洋泛滥成灾吗？这确实是一个很有趣的问题。原来，一种动物下蛋的多少并非凭它们自己的"意愿"决定的，而是在生物进化的历史长河中，只有那些能够在复杂多变的自然环境中保持后代有一定成活率的种类，才能不被自然淘汰，繁衍到现在。它们有的像翻车鱼（产卵3亿粒）、鳗鱼（产卵1 000万粒）、胖头鱼（产卵50万粒）、黄花鱼（产卵30万粒）；两栖类中的青蛙（产卵8 000粒）、癞蛤蟆（产卵1万粒）；爬行类中的海龟（产卵200粒），它们下了蛋后就任其自然地孵化成长。如此众多的蛋或幼小动物没有保护地散布在大自然中，经过一场暴风骤雨，一阵汹涌的波涛或者是酷暑严寒的袭击之后，它们中间的一部分便成为大自然的牺牲品，有的成了那些肉食性鱼、蛙、蜥蜴、鸟、兽的美味佳肴。最后能够成长到繁殖年龄的就寥寥无几了。所以，虽然翻车鱼产卵多达3亿粒，可是活下来的子孙仅仅百万分之几，这就不难理解它为什么永远也不会充塞海洋了。上述这些动物是以产大量的卵来保证一定数量的后代存活下来；而那些在进化过程中，具有完善繁殖机能和护卵习性的种类，相对的产卵就少。如小海鲶将卵含在口中孵化，它就只产50粒卵；鼠鲨卵成熟了却留在母体内孵化成小鱼后再产出（卵胎生），它们的卵一般都不多，仅产 3～5 粒或 20～30 粒。两栖类中的负子蟾每年只产 50～100 粒卵，放在背上由皮肤形成的小坑中孵化。大娃娃鱼会将产下的 300 粒装在胶质带中的卵缠绕在身上，而到爬行类、鸟类由于繁殖机能日趋完善，它们产下的卵包在坚硬或柔韧的卵壳内，小胚胎沉浸在羊膜内的羊水中发育成长，具有很好的保护结构。所以，像蛇、蜥蜴和各种鸟类下蛋一般只有几个到几十个，如壁虎产 2 个蛋，蛇产十几个蛋，鸟类产 2～20 个蛋，并且其中凡有护卵和抚育后代习性的种类如鸽子下蛋就只有 2 个，野鸡下十几个蛋。到哺乳动物的繁殖机能就达到了十分完善的地步，它们的卵（蛋）再不受外界环境的直接影响，卵在母体的子宫内发育，通过胎盘从母体得到营养、氧气和保持最适宜的温度。胎儿出生后，母亲又供应营养丰富的乳汁和给予无微不至的保护、爱抚。和前面所提的几类动物相比，哺乳类一般产仔是一年一胎（1～4 只或 6 只），甚至数年才一胎一仔。如大象是数年产一仔，哺乳类繁殖最多的鼠类也不过一胎 4、6 或十几只。其中小老鼠理论上的繁殖数量年产仔总数可达 15 000 只，主要是由于它每年可产仔 6～7 胎，当年幼仔又可繁殖之故。总体来看，可以说凡是产卵越多（或产仔越多）的动物，它们在动物进化的系统中，是处于后代成活率低，抵抗自然界能力低下的种类。相反，产卵（或产仔）少的动物则是属于在进化系统中，具备完善繁殖、抚育后代能力，后代成活率高的高级种类。至于家禽和家畜中的鸡、鸭、猪等与它们野生的亲属相比较要高得多，那是由于人工选育的结果，则另当别论。

18. 最大的壁虎——大壁虎

大壁虎是最大的一种壁虎，体长大约 12～16 厘米，尾长 10～14 厘米，体重 50～100 克。它的外貌与一般壁虎相似，背腹面略扁，头较大，呈扁平的三角形，像蛤蟆的头，眼大而突出，位于头部的两侧；口也大，上下颌有很多细小的牙齿。颈部短而粗。皮肤粗糙，全身密生粒状细鳞，背部有明显的颗粒状疣粒分布在鳞片之间。体色变异较大，基色就有黑色、黑褐色、灰褐色、深灰色、灰蓝色、绣灰色、青黑色、青蓝色等，头部、背部有黑色、褐色、深灰色、蓝褐色、青灰色等颜色的横条纹，身体上散布有 6～7 行横行排列的白色、灰白色或灰色的斑点，还有砖红色、紫灰色或棕灰色，密布橘黄色及蓝灰色小圆斑点，以及不规则的宽横斑。背部疣粒状的小鳞片之间还杂有均匀散布的粗大疣鳞。尾巴较圆而长，但长度不及体长，有 6～7 条白色环纹，基部较粗，容易折断，能再生，但再生的尾没有白色环。四肢不很发达，仅能爬行。指（趾）膨大，底部有单行褶皱皮瓣，能吸附墙壁。雄性后肢的股部腹面有一列鳞，具有圆形的股孔，叫做股窝，数目为 14~22 个，雌性没有或者不明显。

大壁虎在我国主要分布于广西、广东、云南、贵州、江西、福建和台湾等地，在国外见于印度、缅甸和菲律宾等地。栖息在山岩或荒野的岩石缝隙、石洞或树洞内，有时也在人们住宅的屋檐、墙壁附近活动。听力较强，但白天视力较差，怕强光刺激，瞳孔经常闭合成一条垂直的狭缝。夜间出来活动和觅食，瞳孔可以扩大 4 倍，视力增强，灵巧的舌还能伸出口外，偶尔舔掉眼睛表面上的灰尘。它的动作敏捷，爬行的时候头部离开地面，身体后部随着四肢左右交互地扭动前进，脚底的吸附能力很强，能在墙壁上爬行自如。原来认为它的脚下有吸盘，其实其趾端膨大的足垫并不是吸盘，而是在足垫和脚趾下的鳞上密布着一排一排的成束的像绒毛一样的微绒毛，如同一只只弯形的小钩，所以能够轻而易举地抓牢物体，可以在墙壁甚至玻璃上爬行，微绒毛顶端的腺体的分泌物也能增强它的吸附力。主要捕食蝗虫、蟑螂、土鳖、蜻蜓、蛾、蟋蟀等昆虫及幼虫，偶尔也吃其他蜥蜴和小鸟等，咬住东西往往不松嘴。它的尾巴易断，但能再生，这是由于尾椎骨中有一个光滑的关节面，把前后半个尾椎骨连接起来，这个地方的肌肉、皮肤、鳞片都比较薄而松懈，所以在尾巴受到攻击时就可以剧烈地摆动身体，通过尾部肌肉强有力的收缩，造成尾椎骨在关节面处发生断裂，以此来逃避敌害。由于尾巴是以糖原的形式而不是单纯以脂肪的形式储存能量，而糖原化脂肪更容易释放能量，所以刚断下来的尾巴的神经和肌肉尚未死去，会在地上颤动，可以起到转移天敌视线的作用，因此在民间还流传着大壁虎的断尾巴会钻到人的耳朵里去的荒谬说法。断尾以后，自残面的伤口很快就会愈合，形成一个尾芽基，经过一段细胞分裂增长时期，然后转入形成鳞片的分化阶段，最后长出一条崭新的再生尾，但与原来的尾巴相比，显得短而粗。不过，大壁虎只有在迫不得已的时候才会断尾，因为断尾毕竟是它身体上所受的严重损伤，不仅失去了尾巴上储存的脂肪，而且还因此而失去了它在同类中的地位。尤其是在求偶时，尾巴完整的大壁虎相对于失去尾巴的大壁虎有着极大的优势。大壁虎通常在 3~11 月活动频繁，12 月至翌年 1 月在岩石缝隙的深处冬眠。

大壁虎的繁殖期为 5~8 月，5 月开始交配产卵，但以 6~7 月产卵最多。每次产 2 枚卵，白色，外面有革质鞘，比鸽子的卵略小，呈圆形，卵重 5~7 克，可以粘附在岩洞的墙壁或岩石面上，孵化期为 35~45 天，有时需要更长的时间。刚出壳的幼体的体长大约为 8 厘米。

19. 我国最大的蜥蜴——巨蜥

巨蜥体长一般为60~90厘米，最大的可达2~3米，体重一般20~30千克，尾长70~100厘米，最长的可达150厘米，通常约占身体长度的3/5。它是我国蜥蜴类中体形最大的种类，也是世界上较大的蜥蜴类之一。头部窄而长，吻部也较长，鼻孔近吻端，舌较长，前端分叉，可缩入舌鞘内。全身布满了较小而突起的圆粒状鳞，成体背面鳞片黑色，部分鳞片杂有淡黄色斑，腹面淡黄或灰白色，散有少数黑点，鳞片为长方形，呈横排。幼体背面黑色，腹面黄白色，两侧有黑白相间的环纹。四肢粗壮，指（趾）上具有锐利的爪。尾侧扁如带状，很像一把长剑，尾背鳞片排成二行矮嵴，不像其他蜥蜴那样容易折断。有肛门前窝一对。

巨蜥在我国主要分布于云南、广东、海南和广西，在国外还见于印度、斯里兰卡、马来西亚等地。它以陆地生活为主，喜欢栖息于山区的溪流附近或沿海的河口、山塘、水库等地。昼夜均外出活动，但以清晨和傍晚最为频繁。虽然身躯较大，但行动却很灵活，不仅善在水中游泳，也能攀附矮树。以鱼、蛙、虾、鼠和其他爬行动物等为食，也到树上捕食鸟类、昆虫及鸟卵，偶尔也吃动物尸体，还时常爬到村庄里偷食家禽。雌性于6~7月的雨季产卵于岸边洞穴或树洞中，每窝产卵15~30枚，卵的大小为70×40毫米。孵化期为40~60天。

巨蜥在遇到敌害时有许多不同的表现，如立刻爬到树上，用爪子抓树，发出噪声威吓对方；一边鼓起脖子，使身体变得粗壮，一边发出嘶嘶的声音，吐出长长的舌头，恐吓对方；把吞吃不久的食物喷射出来引诱对方，自己乘机逃走；等等。但更多的时候，是与对方进行搏斗。通常将身体向后，面对敌人，摆出一副格斗的架势，用尖锐的牙和爪进行攻击，在相持一段时间后，就慢慢地靠近对方，把身体抬起，出其不意地甩出那长而有力的尾巴，如同钢鞭一样向对方抽打过去，使其惊慌失措而狼狈逃窜，甚至丧身于巨蜥的尾下。如果对方过于强大，它就爬到水中躲避，能在水面上停留很长时间，所以在云南西双版纳，当地的傣族同胞都叫它"水蛤蚧"。

20. 最危险的毒蜘蛛——雪梨漏斗网蜘蛛

所有的蜘蛛都有毒性，只是毒性大小不同。比较著名的毒蜘蛛如美国的黑寡妇蜘蛛、隐士蜘蛛，西北部的太平洋海岸的流浪汉蜘蛛，但这些蜘蛛都不比雪梨漏斗网蜘蛛来得致命和危险。这是一种连毒虫专家都感到害怕的蜘蛛。

雪梨漏斗网蜘蛛原产于澳洲东岸，这种易怒的生物堪称世界上攻击性最强的蜘蛛，它的一次蛰咬可在不到一小时内杀死一名成年人。

漏斗网蜘蛛释放毒液的器官是一对强劲有力，足以穿透皮靴的尖牙。成体的体长可达 6~8 厘米，尖牙长度可达 1/2 英寸（接近 1.3 厘米），发起袭击时毒牙向下像匕首似的向下猛刺，因此漏斗网蜘蛛要昂首立起，才能露出毒牙向下猛咬。

蛰咬后数分钟内即可感受到超强毒性的影响，漏斗网蜘蛛的毒液会迅速蔓延，会产生痉挛性的瘫痪。患者会肌肉痉挛，有时极为剧烈，最后患者会陷入昏迷状态。毒素会侵袭呼吸中枢，患者最终将窒息而死。

数十年来，澳洲人对这种剧毒蜘蛛的恐惧始终不减，但在 1981 年，经过 14 年的研究之后终于制造出一种抗毒剂，拯救了数百条人命。

（1）毒性介绍：毒液主要成分为 atraxotoxin，实验中对灵长目及狗具毒性，对兔子则无毒性。atraxotoxin 会引起神经细胞膜电位之改变，使自主神经系统因而分泌大量的乙酰胆碱、肾上腺素、正肾上腺素。雄蜘蛛的毒性约为雌蜘蛛的 4 倍，其原因可能是雄蜘蛛于生殖季节需离巢寻找交配对象，而雌蜘蛛不需要。由于蜘蛛离巢时失去网之保护极易受到攻击，在此条件压力下演化出较强之毒性。

漏斗网蜘蛛咬伤之症状视蜘蛛是否释入大量毒素而定。在局部会有剧痛、伤处红肿、毛发直立、流汗；而全身性症状包括反胃、呕吐、腹痛、腹泻、出汗、流泪、肌肉紧绷、呼吸困难、肺水肿、心跳加速、心律不整、发烧等，而肺积水所引起之呼吸困难为主要之死因。

（2）遭漏斗网蜘蛛咬伤后之紧急处置如下：

①压力绷带法：可借紧压咬伤处，使毒液压缩在皮下组织内防治扩散，有时可使其自然变性而失去毒性。在送入医院接受治疗甚至打入血清时，专家建议仍需保留压力绷带于患部，因为在许多案例中，一松开便引起全身性症状。

②抗毒血清：在注射 antihistamin 及 hydrocortisone 后，再注入抗毒血清，可快速减缓症状。此抗毒血清系由澳洲之 Commonwealth Serum Labo - ratoty 由兔子之血清所提炼而成。

21．世界上最小的鸟类——蜂鸟

蜂鸟是世界上最小的鸟类，有的甚至比黄蜂还小。蜂鸟窠只有核桃大，蛋小如豌豆。飞行时能停留在空中，把又细又长像管子的嘴插进花心去吸食花蜜，并吃小昆虫。它吸花蜜时，能传播花粉。

如果不是亲眼所见，你很难想象世上竟有黄蜂大小的鸟。然而，早在 17 世纪中叶，人们就发现了这种鸟，它就是蜂鸟。

自第一个蜂鸟标本公诸于世至今，300 多年过去了，鸟类学家已经先后发现大约 320 种蜂鸟。体形最大的巨蜂鸟体长也不过 20 厘米，体重不足 20 克。所以，除了那些专门研究蜂鸟的学者和不畏艰险的探险者外，很少有人看到过野生蜂鸟。

蜂鸟体形纤小，而且大部生活在茂密的森林中。所以，对观察者来说，它们像一颗颗转瞬即逝的流星，只有耐心地等待，并且用高倍望远镜才能看到它们。有些学者说过，蜂鸟的美是无法形容的，它们的美超过人们所能想象的任何一种鸟。它们从头到脚都长着闪烁异彩的羽毛，头部有细如发丝、闪烁着金属光泽的丝状发羽，颈部有七彩鳞羽，腿上有闪光的旗羽，尾部有曲线优美的尾羽。因此，尽管它们行踪不定，仍能吸引无数猎奇者。当然，鸟类学家不仅被蜂鸟美丽的羽饰所吸引，他们还发现蜂鸟不仅体小如蜂，而且它们的取食对象和取食方式也跟蜂相似。

自然界中很多蜂类以采食花蜜为生，它们凭借小巧的身体、发达的口器和高超的飞行本领在花丛中穿梭采食。而蜂鸟在进化中是怎样适应蜂类的生活方式而成了"鸟中之蜂"的呢？

经过几代鸟类学家的研究，蜂鸟演化的秘密渐渐地被揭开了。人们发现，蜂鸟跟现存的雨燕类有很近的亲缘关系，它们有共同的祖先。由于生活环境的差异，它们的祖先产生两种不同的适应：一部分鸟飞行速度大大提高，它们的后代成了现代鸟类中飞行最快的雨燕；另一部分鸟逐渐具备在空中悬停的本领，它们的后代就是当今的蜂鸟。

蜂鸟是怎样飞行和在空中悬停的呢？鸟类学家在野外用高速摄影机拍摄了大量蜂鸟飞行时的影片，这些影片用正常速度放映，蜂鸟的飞行动作就被放慢了。从这些影片中可以看到，在飞行时，蜂鸟的翅膀是在身体两侧垂直上下飞速扇动的。悬停在空中时，蜂鸟的翅膀，每秒扇动 54 次，在垂直上升、下降或前进时每秒扇动 75 次。蜂鸟就是靠翅膀的快速扇动飞行和悬停的。蜂鸟在快速扇动翅膀时，发出很像蜜蜂的"嗡嗡"声。因而，蜂鸟的英文名字叫 hummingbird，意思是"嗡嗡鸟"。

每到繁殖季节，蜂鸟在林中作"U"字形炫耀飞行。它们不停地盘旋上升又盘旋下降。这时，它们的翅膀每秒扇动达 200 次。在这种飞行中，蜂鸟的尾不停地前后左右摆动。这时尾是控制平衡的重要工具。因为，当翅膀快速扇动时，蜂鸟的身体会受到气流冲击而偏斜；尾部的摆动能改变扇翅产生的气流，使蜂鸟能平稳地飞行。蜂鸟可以说是技艺高超的飞行家。

蜂鸟的嘴又尖又细，相对很长，很容易插入花中采食。有一种剑嘴蜂鸟，它的头和身体加在一起，还赶不上它的嘴长。如果人嘴的长度在身体中占的比例跟蜂鸟一样，那么我们就可以不移动身体而吃到 2 米以外的食物。蜂鸟的舌头要比嘴还长 4～5 倍。它们的舌呈管状，像我们喝汽水时用的吸管。当它们悬停在花朵前，把嘴插进花朵时，舌头便从嘴中伸出。它们长长的舌头可以一直伸到花基部的蜜腺上，然后像喝汽水一样吸取花蜜。还有些蜂鸟，它们的舌头尖尖的像一根针，这使它们能吸食花蜜，还能从树皮下挑出昆虫吃掉。

雄蜂鸟在繁殖季节中极富攻击性。每到繁殖季节，雄蜂鸟都占据一定的领域，它们在自己的领域内不停地做炫耀飞行。如果其他动物闯入这一领域，雄蜂鸟会对它们发起攻击。有人曾看到，当一只以捕食蝙蝠而闻名的蝙蝠隼侵入蜂鸟的领地时，雄蜂鸟毫不犹豫地对它发起猛烈的攻击。但是，蜂鸟遇到大型入侵动物，一般只在它们身后噪叫，而很少发生"肉搏战"。

对飞临领域的雌蜂鸟，雄蜂鸟会殷勤相待。蜂鸟是"一夫多妻制"，雌鸟在跟雄鸟交配后，就飞出雄蜂鸟的领域，单独建巢、产卵、孵化和育雏。雄蜂鸟在领域内继续它的炫耀飞行，等待其他雌蜂鸟光临。很多雌蜂鸟在一个繁殖季节里可以交配两次，建造两个巢。它们第一窝幼雏可能已经出世，而它们又正在孵第二窝卵。因此，这些雌蜂鸟常常穿梭在两个巢之间，一边喂雏，一边孵卵，异常忙碌。

蜂鸟的巢很小巧，一般呈杯状。它们的巢一般建在细软的树枝上，有的甚至建在蜘蛛网上。另外，有一些蜂鸟的巢呈篮子状，用一根细丝垂吊在半空中。

蜂鸟的食量大得惊人，它们每天要吃进相当于它们体重两倍的食物。这是因为蜂鸟飞行时高速扇翅要消耗非常大的体力。蜂鸟是世界上拍翅最快的鸟类，每秒达 50～75 次。另外，它们的新陈代谢率极高，大约相当于人的 50 倍。动物学里有一个规律，即个体愈小，相对散热面积愈大。由于蜂鸟是世界上个体最小的鸟，因而，它就成了鸟类中散热最快，新陈代谢最强的种类。因此，食物对蜂鸟来说是至关重要的。过去，人们一直认为，当食物缺乏时，蜂鸟要迁徙到食物丰富的地区去。20 世纪 50 年代初期，鸟类学家皮尔森在安第斯山脉的一个岩洞里发现，一种蜂鸟在缺乏食物的季节里会休眠。休眠时，它的体温从 38℃ 降到 14℃。即使在食物充足的季节里，这种蜂鸟白天活跃在花丛中采食，到了夜晚它们的体温同样会降到 14℃。这一绝妙的适应能力，在鸟类中是罕见的。

22. 最长寿的鱼——狗鱼

狗鱼属鲑形目，狗鱼科，狗鱼属。即黑斑狗鱼。俗称狗鱼，鸭鱼。

狗鱼体细长，稍侧扁，尾柄短小。头尖，吻部特别长而扁平，似鸭嘴。口裂极宽大，口角向后延长可达头长的一半。齿发达，犁骨、筛骨和舌上均具有大小不一的锥形锐齿。它的牙齿与众不同，上颚齿可以伸出来并有韧带连着，这种锋利的牙齿可以把捕捉到的动物挂住，有时也把吃不完的食物挂在牙齿上，留着备用。鳞细小，侧线不明显。背鳍位置较后，接近尾鳍，与臀鳍相对，胸鳍和腹鳍较小。背部和体侧灰绿色或绿褐色，散布着许多黑色斑点，腹部灰白色，背鳍、臀鳍、尾鳍也有许多小黑斑点，其余为灰白色。

狗鱼性情凶猛残忍，行动异常迅速、敏捷，每小时能游8公里以上。狗鱼不但异常凶猛，而且诡计多端。这与它的侧线构造有关。狗鱼的侧线实际上为一列具有纵沟纹的鳞片。它不仅可以起着普通侧线的震动感受点的作用，还能起到化学感受点的作用。同时，狗鱼还有着极为灵敏的视觉，这样就使得狗鱼能非常迅速地感受到猎物的来临。平时多生活于较寒冷地带的缓流的河汊和湖泊、水库中，喜游弋于宽阔的水面，也经常出没于水草丛生的沿岸地带，以其矫健的行动袭击其他鱼类。幼鱼性情温顺，常成群生活，成鱼则单独栖息。有着明显的洄游规律，春季解冻后游向上游河口沿岸区域或进入小河口、泡沼产卵，产卵结束后分散肥育，冬季进入大河深水处越冬。狗鱼以鱼类为食，食量大，冬季仍继续强烈索食，尤以生殖后食欲更旺。通常在清晨或傍晚猎取食物，其他时间则不再游动，而是静下来休息，并慢慢地消化所吞食的食物。狗鱼捕食时异常狡猾。每当狗鱼看到小动物游过来时会耍花招用肥厚的尾鳍使劲将水搅浑，把自己隐藏起来，一动不动地窥视着游过来的小动物，达到一定距离就突然一口将其咬住，接着三下五除二地将小动物吃掉一大半，剩余的部分挂在牙齿上，留待下次再吃。繁殖季节停止摄食，一般3～4岁鱼达到性成熟，生殖期为4～6月初，水温为3℃～6℃，在水深为0.5～1.0米而有水草场所产卵，产卵高峰为1周。在生殖季节，当静静的水面涌起波浪，这象征着雌狗鱼的到来。雌狗鱼比雄狗鱼凶残得多，如果不是在生殖阶段，雄鱼是不敢靠近雌鱼。此时雌鱼游得很快，而且没有规律，猛游后进入杂草丛生的地方，一动不动，等待着雄鱼的到来。接着雄鱼小心翼翼地游向雌鱼。此时雌鱼将看不顺眼的雄鱼赶走，留下来的雄鱼将雌鱼包围起来，雌狗鱼极度兴奋地在前面游动，雄狗鱼在后面追逐。这时雄鱼会不断地在一起盘桓、搏斗、厮杀，然后又去追赶游远了的雌鱼。雌狗鱼开始疲乏时，就停留在草丛中，开始不停地翻转，并不断地增加翻转的速度。此时雄鱼靠近雌鱼，随其翻滚，有时还会跳起来，并用身体顶撞雌鱼。过了大约 15 分钟，雄鱼开始排精，紧接着雌鱼也排卵，当雌鱼产卵快完时，一尾尾雄鱼慌忙逃离，以免被雌鱼咬伤。尽管雌鱼已相当疲乏，但仍然显示出它们的贪婪和凶残，并开始吃起自己产下的卵和逃避不及的雄鱼。狗鱼生长快，寿命长，有人发现有重达 30～35 公斤、年龄为 70 岁的个体，传说最长寿命可达 200 岁以上。

狗鱼分布于黑龙江流域。此外，新疆额尔齐斯河流域生活着另一种白斑狗鱼，其区别在于体侧斑点是淡蓝白色斑。

狗鱼在产区的天然产量很大，肉质细嫩洁白，除稍带草泥味外，实不亚于鲤、鲫或大麻哈鱼。狗鱼的卵有毒，不宜食用。

23. 游泳最快的动物——箭鱼

生活在水中的动物，因其种类、生活方式的不同，所以游泳速度也各不相同。其中鲸类：长须鲸 50 公里/小时，虎鲸 65 公里/小时，抹香鲸 22 公里/小时；鳍脚类动物：海狗 354 里/小时，海象 18～20 公里/小时；鱼类：箭鱼 130 公里/小时，旗鱼 120 公里/小时，飞鱼 65 公里/小时，鲨鱼 40 公里/小时；头足类：枪乌贼 41 公里/小时，金乌贼 26 公里/小时，短蛸 15 公里/小时。由这些数据可以看出，箭鱼的游速最快。

箭鱼为何具有如此高的游速？原来它有个十分典型的流线型身体，体表光滑，上颌长而尖，尾柄强壮有力能产生巨大的推动力。当它飞速向前游泳时，长矛般的长颌起着劈水前进作用。以每小时 130 公里高速前进的箭鱼，坚硬的上颌能将很厚的船底刺穿！

在英国伦敦博物馆，保存着一块被箭鱼"长剑"刺穿的船底，船底木板厚 50 厘米。

箭鱼也叫剑鱼，因其上颌的形状上、下扁平，中间厚两边薄，如同一柄锋利的宝剑而得名。但又因其速度快，如同离弦之箭故称箭鱼。

箭鱼快速游泳的体形为飞机设计师提供了活生生的设计蓝图。设计师仿照箭鱼外形，在飞机前安装一根长"针"，这根长"针"刺破了高速前进中产生的"音障"，这样超音速飞机就问世了。高速飞机的出现，也是仿生学的一大成功。

24. 飞行最快的动物——牛虻

南美洲的牛虻，每小时可飞 720 公里。

25. 现存最大的蜥蜴——科莫多巨蜥

现存最大的蜥蜴，在印度尼西亚的一些小岛上能发现科莫多巨蜥。这些小岛最大的也不过长 32 公里，宽 19 公里。科莫多巨蜥是一种巨大的蜥蜴。成年雄性科莫多巨蜥大约有 3 米长，136 公斤重。

科莫多巨蜥生活在岩石或树根之间的洞中。每天早晨，它们钻出洞来觅食。它们的舌头有分叉，能辨别气味，不断地吐进吐出。通常情况下，它们都尽量找那些已经死去的动物为食，但也会捕杀猪、羊、鹿等动物，还攻击过一些独行的小孩。

在一群科莫多巨蜥中，通常年长而且体形较大的优先进食。它们会用强壮的尾巴击打年幼者，使之不能接近食物。科莫多巨蜥进食的狼吞虎咽，尽其食量而吃。有时吃得太多，以至于不得不歇上六七天来消化食物。

过去，人们为得到科莫多巨蜥的皮而将其捕杀，或是将它抓到动物园去展览。现在，在科莫多岛上的国家公园里，它们被保护起来。

同许多蜥蜴一样，科莫多巨蜥的舌头既是味觉器官又是嗅觉器官。它的舌头吐进吐出，正在搜寻空气中腐尸的气味。

科莫多岛常年荒无人烟。后来，苏丹开始把罪犯流放到岛上服刑。他们传出令人害怕的消息：岛上有巨型蜥蜴。但起初一直没人相信。直到 1912 年，第一份关于科莫多巨蜥的学术报告才发表出来。

26. 世界上最小的鹿——鼷鹿

世界上最小的鹿生活在东南亚，名叫鼷鹿，身高仅有 20 厘米左右，体重约 2.7 公斤，是鹿科动物中最小的一种。

27. 最致命的杀手——蚊子

蚊子在夏天几乎随处可见。虽然，很多蚊子的叮咬只让人感觉到发痒，但是有些蚊子却携带和传播着能够引起疟疾的寄生虫——疟原虫。

其结果就是，小小蚊子竟然是造成每年超过 200 万人死亡的原因！它不是第一名，谁是呢？

28. 最小的猴——狨猴

在南美亚马孙河流域的森林中，生活着一种世界上最小的猴子——狨猴，又称指猴。这种猴长大后身高仅 10～12 厘米，重 80～100 克。新生猴只有蚕豆般大小，重 13 克。

29. 动物短跑冠军——猎豹

动物中跑得快的是猎豹。猎豹捕食时一般都是采取迂回包抄的战术，从后面和侧面发动进攻；或者潜藏在草丛中，突然冲出去，有时还没等猎物反应过来，就已经成为猎豹的食物了。猎豹短跑的最高时速是 110 公里，相当于高速行驶的小汽车。

30. 动物中的老寿星——乌龟

动物中寿命最长的要数乌龟了。有一只毛里求斯的乌龟活了 152 年，还有一只卡罗莱那乌龟活了 123 年。据科学家研究，有的乌龟能活到 200 多岁！

31. 最长的恐龙——梁龙

恐龙的种类很多，梁龙是世界上最长的，它长长的脖子和尾巴要是延长开来，有 26 米长呢，这相当于 3 辆大客车连接起来的长度。身体最重的恐龙是雷龙。它有 35 吨重，相当于 3000 个小孩子的总重量。雷龙重得几乎无法移动，因此大部分时间都只有躲在水里。

32. 最厉害的恐龙——霸王龙

霸王龙身高 6 米，长 15 米，它有锋利的爪，尾巴强劲有力，牙齿锐利无比，能撕碎和吞食其他恐龙，是恐龙中的霸王。

33. 陆地上最高的动物——长颈鹿

长颈鹿是陆地上最高的动物，它们的祖先世世代代生活在干旱少雨的环境里，地上植物稀少。为了生存，它们就努力伸长脖子，吃树上的嫩叶、幼芽。久而久之，长颈鹿的脖子就慢慢变长了。别看长颈鹿有那么高的个子，跑得却很快，连狮子也追不上。

34. 陆地上最大的动物——大象

大象是陆地上最大的动物，它的鼻子长得一直能碰到地。最早的始祖象可没有那么长的鼻子，它的头又短又粗，象牙又长又重，低头很困难。为了适应环境，它的身体慢慢的长得高大了，四条腿像柱子。象吃草，可以吸水和喷水，遇到敌人，象鼻子一甩，就能把敌人打昏，或者把敌人卷起来摔死。

35. 世界上体形最大的鸟——鸵鸟

最大的鸟是鸵鸟，身体高达 2.75 米，体重有 100 多公斤。但是，如果将时间向前推 100 年，世界上最大的鸟就要数"恐鸟"和"隆鸟"了。新西兰的"恐鸟"高达 3.5 米，而生活在非洲马达加斯加的"隆鸟"高达 5 米。可惜这两种鸟都灭绝了。

36. 嘴最大的鸟——巨嘴鸟

鸟类中嘴最大的鸟是巨嘴鸟。它的体长只有 60 厘米，嘴却长达 24 厘米，宽 9 米，看起来和身体很不相称。但它的嘴很轻，重量不足 30 克，因此不至于被嘴巴压得抬不起头来。

37. 人类最早的动物朋友——狗

狗是人类最早的动物朋友。在很久以前，狗的祖先是森林中的小型野兽，与狼很相似。它们总是围绕着人居住的地方寻找食物，渐渐地跟人的关系越来越密切，它们不仅帮助人类打猎，还能做许多别的事情。

38. 杀手之王——动物中的十大致命杀手

如果有人问你，你能想到的最致命的动物都有哪些？你能说出几个呢？狮子、鲨鱼和眼镜蛇可能是人们都能想到的，但是那些外表看似柔弱，体形很小的动物也会是致命的杀手吗？排在动物十大致命杀手第一位的会是什么呢？赶快和我们一起来看看吧！

第10名　毒箭蛙

别看毒箭蛙体形很小，身长一般不超过5厘米，但是它却能轻易地置人于死地。毒箭蛙的背部能渗出一种粘糊糊的神经毒素，这能使掠食者对它"敬而远之"。据说，每只毒箭蛙可以制造出足以让10个人丧命的毒素。毒箭蛙主要生活在巴西、圭亚那、智利等地的热带丛林里。

第9名　非洲野牛

非洲野牛是生活在非洲大陆的一种大而性情凶猛的水牛，体重一般可达1 500磅。硕大而向下弯曲的锋利双角是它们防御和攻击敌人的重要武器。如果只遇到一只非洲野牛，那么你真的还算幸运——如果数千只野牛成群结队地向你这个方向跑来时，真正的危险就降临了！

第8名　北极熊

我们耳熟能详，在各个动物园就能看见的北极熊也是动物界中的"危险分子"吗？

确实，人们在动物园看到的这些北极熊或许憨态可掬，还让人们有一种想亲近的感觉。但是，野生环境下的北极熊可就截然换了一副面孔。它们把象、海豹当成可口的早餐，而且当一只北极熊挥动它那巨大的熊掌时，能轻易地让你人头落地。

第7名　大象

接下来的这种致命动物或许又超出了人们能够理解的范围，一向温顺而且又能充当人类帮手的大象怎么也会出现在这个名单之中呢?

要知道,并不是所有的大象对人都那么温顺友好的。在世界范围内,每年会有500多人死于大象的攻击。非洲象通常可以长到大约1.6万磅重。不必提及它们那长而锋利的尖牙,相比较来说或许踩踏的方式还更能让人们接受。

第6名 澳洲盐水鳄

千万不要把澳洲盐水鳄看成是浮在水面上的木头块,否则这可是个致命的错误! 澳洲盐水鳄可以在水中保持静止不动的状态,等待过路者自己送上门来。在一眨眼的工夫里,它会突然扑向猎物,然后将其拽到水中淹死后肢解,最后开始享用"美味"。

第5名 非洲狮

面对着一只非洲狮会给我们带来什么样的威胁? 巨大的尖牙,行动迅速,刀子般锋利的尖爪? 没错,全都没错! 所以你最好希望它还不是非常饿。要知道,这种"大猫"可称得上是个几乎完美的捕猎者。

第4名 大白鲨

大白鲨伤人的惨剧已经发生了不少,因此人们也很容易理解为什么这种水中的庞大掠食者会跻身这一行列。扩散到海水中的鲜血可以刺激大白鲨,让它进入到一种对食物的疯狂状态,它会用多达3 000颗牙齿撕咬水中任何移动的物体。

第3名 澳大利亚箱形水母

让我们一起进入致命动物排名的"前三甲"! 谁能想到澳大利亚箱形水母这种柔弱不起眼的海洋生物竟然能超过大白鲨和非洲狮等强大的食肉动物,成为我们名单中的第3名呢!

澳大利亚箱形水母也被称为海黄蜂,这种如沙拉碗般大小的水母触须数量可达60根之多,每根触须又长达4.6米。每只触须上都长有5 000个刺细胞和足够让60人丧命的毒素,因此它们也被科学家称为海洋中的"透明杀手"。最可怕的是,据说这种致命的水母还会主动攻击人类。澳大利亚箱形水母可以把松弛状态下的1米长触角"射出"3米远,缠绕住游泳的人,毒液会阻断人的呼吸,而解毒药只在被攻击后很短的几分钟内注射才能生效。在这种情况下,唯一能免受攻击的方法就是不在这种水母出没的海域中游泳。

第2名 亚洲眼镜蛇

或许这种动物早就在人们的猜测范围之内了。是的，无论怎样，眼镜蛇都会被列入到这个名单之中的，因为它确实太可怕了。每年都会有大约5万人因为被蛇咬而死亡，而被亚洲眼镜蛇咬伤致死的人数要占其中很大的一部分。

谁也想象不到的"冠军得主"！

第1名 蚊子

最致命的动物杀手第一名马上就要揭晓了，究竟是什么动物，它的威胁能超过鳄鱼、狮子、大白鲨甚至是眼镜蛇呢？或许没有一个人能够猜到这个正确答案——它就是蚊子！

蚊子在夏天几乎随处可见。虽然，很多蚊子的叮咬只让人感觉到发痒，但是有些蚊子却携带和传播着能够引起疟疾的寄生虫——疟原虫。其结果就是，小小蚊子竟然是造成每年超过200万人死亡的原因！它不是第一名，谁是呢？

39. 热带食草动物——坡鹿

坡鹿又叫眉杈鹿、"梅花鹿"、泽鹿、眉角鹿等，外形与梅花鹿相似，但体形较小，花斑较少。一般体长为160厘米左右，肩高104～110厘米，体重60～100公斤。体形狭长，颈部和四肢也较为细长，背鬐不明显，主蹄狭窄而尖，侧蹄小。雌兽的头上没有角，雄兽头上角的形状很特殊，有一个较大的眉杈，向前长出，然后稍微向上弯曲，而主干则先向后，然后再弯曲向上，并向前伸展。主干下面不分叉，看来好像没有次叉、三叉，其实是分叉的位置较高，都长到了主干的上端。主干与眉杈连接起来，形成一个大角度的弧形，几乎呈弯弓状，上端生有3～6个长短不一、又尖又细的小尖，这种角形显然与梅花鹿和其他鹿类不同。角的长度约为100厘米以上，粗12～13厘米，角尖相距78厘米以上，眉杈也很长，可达45厘米。体毛一般为赤褐色到黄褐色，背部颜色较深，背中央由颈部至尾巴的基部有一条纵行的黑褐色脊带纹，带纹两侧点缀着白色花形斑点，每个斑点如铜钱般大小，间距为3厘米左右，此外在臀部也有少许白色斑点。雄兽的毛色比雌兽的深，特别是在发情交配季节，显得更为浓艳。到了秋末冬初，全身便都换成长而浓密的冬毛，白色的斑点也都褪去，几乎完全消失，一直到翌年春天，这些斑点才又逐渐显现。体侧及四肢外侧的体色较淡，腹部和四肢内侧则为灰白色。面部及耳朵的背面为黄褐色，耳缘带有黑色，耳内为白色。尾巴的背面为栗棕色，腹面为白色或淡褐色。

坡鹿主要栖居于海拔 200 米以下的低山、平原地区，不见于高山峻岭和茂密的森林中。栖息地一般地势较为平缓，景观开阔。由于地形和受干燥的西南季风影响，气候较为干爽，温度较高，雨季和旱季互相交替，发育着干性草原或稀树草原。地势较高的山丘上长有天然次森林，为落叶或半落叶雨林，林内较明亮，林下生长着很多旱生常绿灌木，沟谷地带有少数乔木，多数则为灌木、草丛，是热带和热带性稀树灌木丛。这些地区大多还夹杂着一些村落和少许耕地，种植水稻、玉米、甘薯等农作物，有些地方尚有小片沼泽草地。雨季植物生长旺盛，旱季草本植物枯死，深根性耐旱树种仍生长繁茂，这些植物多数是坡鹿喜欢吃的食物。

坡鹿性喜群栖，但长着长长的大角的雄兽却大多单独行动。通常可以看见成双成对或 3～5 只在一起组成群体，集散于小溪旁或沟谷内的草坡和湿润的田地中，以及火烧迹地等，其中主要为雌兽和幼仔。在发情配偶期间，集群现象更为明显，最多时约有 12 只。觅食活动多在早晨和傍晚，尤其在大雨过后更是活动频繁。它较为耐旱和耐热，虽然喜欢在有水的草地附近觅食，但尚未发现有进行洗浴或泥浴的现象。据说过去坡鹿数量很多的时候，也常在白昼觅食，甚至接近或混入放牧的家畜群中，后来由于人们活动的影响，才被迫于早晨和夜晚活动。它的视觉和听觉都非常锐利，奔跑更是十分迅速，特别善于跳跃。在觅食的时候警觉性也很高，每吃两三口便抬起头来四处张望，谛听原野上的动静，匆匆吃食完毕后，即行遁藏。一旦发现敌害，立即疾驰狂奔而去，虽有数米高的乔木、灌丛或数米宽的河沟，皆能一跃而过，因此还有许多关于它会"飞"的传说。因为在坡鹿的产地也大多分布着水鹿，所以还流传着水鹿喜欢咬食坡鹿的茸角的说法，因而这两种鹿从不混居。事实上，水鹿的栖息地主要是海拔较高的山麓地带，而坡鹿的活动区域有所不同。

坡鹿的主要食物是青草和嫩树枝叶等，种类有竹节草、丁葵草、鹊肾等，也吃番茨叶、嫩稻苗、蔗苗等作物，尤其喜欢吃水边或沼泽地里生长的水草。此外，它还经常舔食盐碱土，以补充身体所需的矿物质和盐分等。

坡鹿的发情期多在 4～5 月，这时已经进入雨季，树木抽芽，野草苗壮，食物十分丰盛，使其身体逐渐肥壮。雄兽为了争夺配偶而发生激烈的角斗，常常弄得遍体鳞伤，获胜者便与雌兽交配，并且一直相伴到发情期结束，如此才能留下更为强壮的后代。怀孕的雌兽多在 10～11 月间生产，每胎仅产 1 仔。

初生的幼仔体重约为 3～4 公斤，身上长有白斑，毛色大体均匀，但臀盘不明显。

在 5 月下旬，争偶、交配以后，雄兽便陆续离群独居，然后于 6～7 月脱去毫无光泽的旧枝角，从角座开始长出由像天鹅绒一样的柔软皮肤包裹着的新茸。鹿茸在 10 月份前后最为丰硕，以后皮肤破裂并脱落，茸角逐渐角化，呈现深褐色的光泽，角表面的复杂沟渠是茸角时期血管的痕迹。到了翌年夏季旧角再脱落，如此周而复始地进行。坡鹿的繁殖，以及长茸的季节均比栖息于同一地区的水鹿明显较迟，时间也较为集中。

从前坡鹿的分布较广，数量也很多，但由于栖息地的缩小和乱捕滥猎，种群数量下降很快。在我国的海南岛，海南坡鹿曾分布于东方、乐东、万宁、崖县、琼中、屯昌、占县、白沙、昌江等广大地区，但 20 世纪 70 年代以后，只有西部和西南部的白沙县邦溪、东方县大田等局部地区还残留着 50～60 只，经过 10 余年的保护工作，到 90 年代以后增加到了 200 只左右。其他坡鹿亚种的命运也都相差不多，其中指名亚种在印度仅剩有 10 余只。因此在《濒危野生动植物种国际贸易公约》中，坡鹿被列入附录Ⅰ。

海南坡鹿是栖息于岛屿上的一个特有亚种，在分类地位上学术界尚有争议，对研究海南岛的区系形成很有意义，也是热带地区的稀有动物，因此具有重要的科学价值，在我国被列为国家Ⅰ级保护动物。

40. 艳星云集——十大"性开放"的野生动物

片刻欢娱的海豚

海豚社会的性爱优雅得如同它们在水里波动似的。海豚是混交动物，但它们交配即是为了繁衍后代，也是为了欢娱。求爱时，雄性背部拱起作求爱姿势，还用鼻子抚摸或爱抚未来的配偶。如果成功，夫妻就会肚子贴肚子侧身而行，这时雄性插入它的阴茎，实现交配。交配很快，时间不到一分钟。

水中爱人——海象

雄海象通过大声发声来吸引雌海象的注意，包括水下钟声似的声音、滴答声和脉搏声，还有水面上的嗑牙声和口哨声。在这种一夫多妻社会里，雄性保护大量成群的妻妾，与它一起在水下享受水下之乐。为保持这一水下之乐，巨大的雄海象装备有阴茎骨，可以伸长到30英寸以上，堪称是阴茎最长的哺乳动物。

挑选精子的红原鸡

鸡的野生动物亲戚——红原鸡是非常混交的动物。只要红原鸡在它们居住的房子周围逗留，它们就会有机会与近亲发生性关系，并繁衍自家的后代。对雌性红原鸡来说，抗拒乱伦是很难的，因为它们被强大好斗而性疯狂的雄性完全征服了。为避免乱伦感染疾病，雌性先储存雄性的精子，只有等到交配之后，它们才会挑选一些精子让它们的蛋受精。

打败情敌，披彩衣的蓝头蜥蜴

为赢得妻妾成群，雄性非洲蓝头蜥蜴通过向两边摆动其尾巴来彼此决斗。胜利者不仅可以回家与雌性尽欢一番，还会身披令人耀眼的彩色。而失败者不仅失去美人，还一身变得灰溜溜的。

炽热爱情的狮子

不只是狗喜欢闻屁股。雄狮子也通过闻雌狮子的生殖器来探测它是否达到了性高潮。一只雄狮拥有3~30只母狮，但只有几只雄狮有权与母狮交配。母狮在同一时期进入动情期，在4天的动情期中，它们一天交配几次。如果母狮没有怀孕，大约两周后，它会再次进入动情期，又开始新一轮的交配。

性狂暴者——铜翅水雉

一种叫铜翅水雉的雌性热带海鸟有非常高的性结合品质，以至于早期的鸟类学家为雄性困惑不已。雌性一次下几窝蛋，好像射精似的，让一群雄性忙着孵蛋，抚养小鸟。她甚至还能侵入另一个雌性水雉的领地，将小鸟杀死，让深爱孩子的父亲成为单身汉，以便让他来求爱。这种非传统行为不能阻止雄性对她的追求，雄性通过在肺部顶上发出叫声来竞相吸引雌性的注意。

女权当家的士狼

斑纹士狼部落实行女家长制，雌性统治一大群由雌雄士狼组合的部落。然而，其交配战略采取一夫多妻制，一个雄性可以与许多个雌性交配。雌性有一个包括产道在内的像阴茎似的阴核，突出身体外几厘米。这种笨拙的生理结构使性交非常棘手，因为雄性必须以特定的位置蹲伏着。这样，它的阴茎才能插入阴核中。而她的假阴茎意味着雌性可以决定哪一个雄性能插入其阴茎。

性最开放的倭黑猩猩

倭黑猩猩是高度混交的动物，它们比其他灵长类动物更加频繁地忙于交配，从异性恋到同性恋都有。倭黑猩猩的社会是"只有性爱，没有战争"，它们频繁的交配被认为是巩固了他们的社会联结，消除了冲突。此说法可以解释为何倭黑猩猩是如此相对和平，而它们的亲戚——黑猩猩严格地只为生孩子来进行交配，却是纷争不断。

以性换美食的悬挂苍蝇

在交配季节，雄性悬挂苍蝇带上礼物给新娘子。通常，它们的礼物是一具死昆虫的尸体。如果雌性接受了礼物，这对夫妻的生殖器就会结合，雌性调整姿势，直到她悬挂在雄性下面。在交尾时，雌性吃着她的美餐，而雄性抓住她的腿来吊住她。但雄性提供的礼物不足的话，在受精完成前，雌性就会飞走。

棕色有袋动物——袋鼩为爱而死

在两周的交配期中，像老鼠一般大的棕色有袋动物——袋鼩开始疯狂地交配。在这种混交的社会中，雌性与多个雄性交配，每次交配持续 5~14 小时，直到他们产生了后代。雌性轮流交配只是为了增加健康爸爸精子受精的机会，以便生出更好的孩子。如此竭力尽欢后，在孩子出生前，雄性注定会累死。

41. 最小的海蟹——豆蟹

生活在日本相模湾的豆蟹，只有一个米粒那么大。

42. 最重的海蟹——巴斯峡海蟹

巴斯峡海蟹产于澳大利亚巴斯海峡，重达 14 公斤。

43. 最大的龙虾——体长过米的大龙虾

体长过米的大龙虾是深海拖网船"赫斯勃"号于 1934 年捕到的。从尾端到钳尖 1.2 米，重 19 公斤多。这个大龙虾陈列在美国波士顿科学馆里。

44. 最长的水母——触手长达 74 米的水母

这只触手最长的水母于 1965 年被海水冲到马萨诸塞州海滩上，触手 36.58 米，若把触手展平，竟长达 74 米。

45. 最小的龙虾——角龙虾

世界上最小的龙虾是南非的角龙虾，总长只有 10 厘米左右。

46. 最大的蜗牛——海兔蜗牛

美国加利福尼亚州近海发现的一种海兔蜗牛，平均重量 3.2 ~ 3.6 公斤，最重 6.8 公斤。

47. 最大的法螺——壳高 40 厘米的法螺

世界上最大的法螺一般壳高 20 余厘米，最大可达 40 厘米。

48. 最名贵的海贝——白齿玛瑙贝

贝类专家认为，生活在菲律宾海外的白齿玛瑙贝稀少名贵，至今一共找到 3 只。1975 年 11 月，在菲律宾海外马克里岛捕获 1 只，以 7 000 美元售给日本人。

49. 水中屏气最长的动物——海龟

在用肺呼吸的海洋动物中，在水下屏气时间最长的是海龟。它吸入一口气，可在水下潜游几昼夜。

50. 最具破坏力的昆虫——蚱蜢

最具破坏力的昆虫是分布于非洲和亚洲西部的荒地蚱蜢。某些天气状况可导致成群的蚱蜢将飞行途中遇到的几乎所有植物吞噬一空。5 000万只蚱蜢一天内所吃掉的作物可供500人生活一年。

51. 跑得最快的鸟——鸵鸟

跑得最快的鸟是鸵鸟，72公里/小时。

52. 群英荟萃——其他世界鸟类之最

游水最快的鸟：巴布亚企鹅，27.4千米/小时。

最小的鸟和最小的鸟卵：许多人都知道蜂鸟是世界上最小的鸟类，其实这种说法并不十分准确，因为全世界的蜂鸟有315种左右，分布于从北美洲的阿拉斯加到南美洲的麦哲伦海峡，以及其间的众多岛屿上。它们的体形差异也很大，最大的巨蜂鸟体长达21.5厘米，当然不能说它是世界上最小的鸟了。而产于古巴的吸蜜蜂鸟的体长只有5.6厘米，其中喙和尾部约占一半，体重仅2克左右，其大小和蜜蜂差不多，这样的蜂鸟才是世界上体形最小的鸟类，它的卵也是世界上最小的鸟卵，比一个句号大不了多少。蜂鸟的羽毛大多十分鲜艳，并且闪耀着金属的光泽。它们的飞行本领高超，可以倒退飞行，垂直起落，翅膀振动的频率很快，每秒钟可达50~70次，所以有"神鸟"、"彗星"、"森林女神"和"花冠"等称呼。我国近几年有很多地方都声称发现了蜂鸟，其实都是误传。

体形最大的鸟：世界上体形最大的现生鸟类是生活在非洲和阿拉伯地区的非洲鸵鸟，它的身高达2~3米，体重56公斤左右，最重的可达75公斤。但它不能飞翔。它的卵重约1.5公斤，长17.8厘米，大约等于30~40个鸡蛋的总重量，是现今最大的鸟卵。

翼展最宽的鸟：漂泊信天翁，3.63米。

最大的飞鸟：生活在非洲东南部的柯利鸟，翅长2.56米，体重达18公斤左右，是世界上能飞行的鸟中体重最大者。

最重的飞鸟：大鸨，雄性的体重18公斤。

最小的猛禽：婆罗洲隼，体长 150 厘米，体重 35 克。

羽毛最多的鸟：天鹅，超过 25 000 根。

羽毛最少的鸟：蜂鸟，不足 1 000 根。

羽毛最长的鸟：天堂大丽鹃，尾羽是体长的 2 倍多。

寿命最长的鸟：鸟类中的长寿者不少，如大型海鸟信天翁的平均寿命为50～60 年，大型鹦鹉可以活到 100 年左右。在英国利物浦有一只名叫"詹米"的亚马孙鹦鹉，生于 1870 年 12 月 3 日，卒于 1975 年 11 月 5 日，享年 104 岁，不愧为鸟中的"寿星"。

寿命最长的环志海鸟：王信天翁，60 余年。

寿命最长的笼养鸟：葵花凤头鹦鹉，80 余年。

飞行速度最快的鸟：尖尾雨燕平时飞行的速度为 170 公里/小时，最快时可达 352.5 公里/小时，堪称飞得最快的鸟。

冲刺速度最快的鸟：游隼，在俯冲抓猎物是能达到 180 公里/小时。

水平飞行最快的鸟：欧绒鸭，76 公里/小时。

飞得最慢的鸟：小丘鹬，8 公里/小时。

振翅频率最高的鸟：角蜂鸟，90 次/秒。

振翅频率最慢的鸟：大秃鹫，滑翔数小时不拍翅。

飞行最高的鸟类：大天鹅和高山兀鹫是飞得最高的鸟类，都能飞越世界屋脊——珠穆朗玛峰，飞行高度达 9 000 米以上，否则就可能会撞在陡峭的冰崖上丧生。

飞行最远的鸟类：北极燕鸥是飞得最远的鸟类。它是体形中等的鸟类，习惯于过白昼生活，所以被人们称为"白昼鸟"。当南极黑夜降临的时候，便飞往遥远的北极，由于南北极的白昼和黑夜正好相反，这时北极正好是白昼。每年 6 月在北极地区"生儿育女"，到了 8 月就率领"儿女"向南方迁徙，飞行路线纵贯地球，于 12 月到达南极附近，一直逗留到翌年 3 月初，便再次北行。北极燕鸥每年往返于两极之间，飞行距离达 4 万多公里。因为它总是生活在太阳不落的地方，人们又称它"白昼鸟"。

最凶猛的鸟：生活在南美洲安第斯山脉的悬崖绝壁之间的安第斯兀鹰，体长可达 1.2 米，两翅展开达 3 米。它有一个坚强而钩曲的"铁嘴"和尖锐的利爪，专吃活的动物，不仅吃鹿、羊、兔等中小型动物，甚至还捕食美洲狮等大型兽类，因此又有"吃狮之鸟"和"百鸟之王"的称呼。

尾羽最长的鸟类：日本用人工杂交培育成的长尾鸡，尾羽的长度十分惊人，一般长达 6～7 米长，最长的记录为 1974 年培育出的一只，为 12.5 米。如果让它站在四层楼房的阳台上，它的尾羽则可以一直拖到底楼的地面上，因此也是世界上最长的鸟类羽毛。

雄鸟和雌鸟体重相差最大的鸟类：生活在欧亚大陆北部的大鸨在鸟类中雄鸟和雌鸟体重差别最大，雄鸟体重为 11 ~ 12 千克，而雌鸟只有 5 ~ 6 公斤。

嘴峰最长的鸟类：生活在南美洲的巨嘴鸟是嘴峰最长的鸟类，它的嘴峰的长度为 1 米左右，十分奇特。

最长鸟喙：澳洲鹈鹕，长 47 厘米。

最宽鸟喙：鲸头鹳，宽 12 厘米。

学话最多的鸟：非洲灰鹦鹉，学会 800 多个单词。

最擅长效鸣的鸟：湿地苇莺，模仿 60 多种鸟鸣。

最复杂的鸟巢：非洲织布鸟的巢，它同时也是最大的公共巢，有 300 多个巢室。

最大的鸟巢：白头海雕的巢，长 6 米，宽 2.9 米。

最小的巢：吸蜜蜂鸟的巢，只有顶针大小。

产卵最少的鸟类：信天翁每年只产 1 枚卵，是产卵最少的鸟。

窝卵数最多的鸟：灰山鹑，每窝 15 ~ 19 枚。

孵化期最长的鸟类：信天翁也是孵化期最长的鸟类，一般需要 75 ~ 82 天。

最晚性成熟的鸟类：信天翁雏鸟达到性成熟的过程也是鸟类中最长的，需要 9 ~ 12 年。

最大的鸟卵化石：17 世纪中叶以前，在马达加斯加岛南部生活着一种象鸟，现在已经绝迹。象鸟的卵化石的长径为 35.6 厘米，相当于 148 个鸡蛋的大小，是迄今世界上所发现的最大鸟卵化石。

最大的鸟类化石：最大的鸟类化石是隆鸟的化石，估计它的身高达 5 米左右，原来生活在马达加斯加岛上，在 7 世纪时绝灭。

53. 最大的食肉动物——棕熊

棕熊在我国古代叫做罴，体长一般为 150 ~ 200 厘米，尾长 13 ~ 16 厘米，体重 150 ~ 250 公斤，较大的能达到 400 ~ 600 公斤。其中最高记录为生活于美国阿拉斯加科迪亚克岛上的，体长约为 400 厘米，体重达 757 公斤，不仅是熊类中的庞然大物，也是世界上最大的食肉动物。

棕熊分布于包括我国东北、西北和西南地区在内的欧亚大陆，以及北美洲大陆的大部分地区。它主要栖息在山区的针叶林或针阔混交林等森林地带，林中有枯立木、风倒本，火烧迹地、沼泽地、河谷地等多种生境类型，并且随着季节的变化，有垂直迁移的现象，夏季在高山森林中活动，春、秋季多在较低的树林中生活。它主要在白天活动。性情孤独，除了繁殖期和抚幼期外，都是单独活动。在森林中每个个体都有自己的领域，常常在树干上留下用嘴咬的痕迹，站起身来用爪子在树干上抓挠而留下的痕迹和在树上用身体擦蹭而留下的痕迹等，作为各自领域边界的标志，以免互相侵犯。

棕熊善于游泳和在湍急的河水中捕鱼，也能爬树和直立行走，但动作不够灵活，平时慢条斯理，走路的时候总是同一侧的前后两腿一起并进的缘故，但奔跑时的速度也相当快，有时可以轻而易举地追赶上猎物。它并非是一种真正的食肉兽，不但食性很杂，而且以野菜、嫩草、水果、坚果等植物性食物为主，有时也偷食农作物，动物性食物有各种昆虫和蜂蜜，鲑鱼等鱼类，小型鸟类和野兔、土拨鼠等小型兽类，也吃腐肉，有的还对驼鹿、驯鹿、野牛、野猪等大型动物发动攻击。它的体形较大，力量也很大，在山林中很少有动物能抵得过它，但是与老虎相比，只有嗅觉较为灵敏，视觉和听觉都很迟钝，动作较为笨拙，爪牙也不够锐利，所以如果发生争斗，则会被老虎吃掉。

棕熊有冬眠的习性，从 10 月底或 11 月初开始，一直到翌年 3 ~ 4 月。为了积累用于冬眠期间所需的大约 50 公斤脂肪，秋天必须吃掉 400 ~ 600 公斤的浆果和其他食物。冬天临近时便开始准备洞穴，选择那些遍地是倒木枯枝，寒风较弱的向阳地带，多选择大树洞或岩石缝隙处居住，有时也在沼泽地上的干土墩上挖掘地穴。洞穴中以枯草、树叶或苔藓作铺垫物。一般每个个体独居一个洞穴，只有雌兽与 3 岁以下的幼仔才同居在一起。进洞前先围着洞口转一阵，然后跳钻进去，或者后退着进窝，或者把自己的足迹弄乱，以免被天敌发现洞穴，更好地隐蔽自己。在冬眠期间主要靠体内储存的脂肪维持生命，如果有危险，随时都会醒来。在较温暖的日子里，有时会到洞外活动一段时间。

棕熊每年 5 ~ 7 月发情交配，雌兽的怀孕期约为 7 ~ 8 个月，初春时生育，每胎产 2 ~ 4 仔。初生的幼仔体重约有 500 克，全身无毛，眼睛紧闭，30 ~ 40 天后才能睁开，半岁以后开始以植物和小动物为食。幼仔的颈部有一道白色的圆环围绕，但随着年龄的增长逐渐消失。幼仔特别喜欢直立行走，就像小孩学习走路一样，活泼可爱，互相之间常常游戏、打闹。棕熊的雄兽并不承担养育后代的任务，有时甚至攻击幼仔，如果被雌兽发现了，就会冲上去与雄兽拼命，保护幼仔。幼仔 4 ~ 5 岁时性成熟，寿命约为 30 岁，最长的达 47 岁。

54. 最浪漫的动物求偶——鸟儿之恋

　　动物生长发育到性成熟阶段就要进行繁殖活动，以此来维持它们的种族绵延。通常求偶是有性繁殖的第一步，只有得到配偶才能繁殖。动物的求偶行为形式多样，非常复杂，而向异性炫耀自己的美丽是很多动物求偶的常见形式，特别是鸟类。鸟类的求偶炫耀行为包括伴随着性活动和作为性活动前奏的所有行为表现，有时可以持续几个小时，甚至几天。这种行为非常引人注目，因为它常常涉及一些奇特的动作。雄鸟为了获得配偶，必须在雌鸟面前尽力展现自己色彩华丽的婚装、表演各种复杂的动作或者发出复杂的声音等，而雌鸟则静观雄鸟极为卖力的表演，但迟迟不作出选择。具有主动择偶能力的雌鸟总是选择适合度最大的雄鸟作配偶，而适合度大小的唯一外在表现就是雄鸟的求偶行为。如果求偶行为太简单和太短暂，那么就难以显示出各雄鸟之间的质量差异，因为对于一种简单的求偶行为，低质量的个体也能表演得同高质量的个体一样好。因此，一种强大的自然选择压力会促使雌鸟在雄鸟表演面前迟迟不作出反应，以便尽可能多地诱使雄鸟发展更多、更复杂的求偶行为。

　　鸣啭、鸣叫和发声是大多数鸣禽雄鸟的求偶特技，它们在繁殖季节都能唱出某种曲调多变，婉转动听的歌声。在配对以前，雄鸟的歌声有吸引异性以及宣告对某一领域的占有的功能。在配对以后，则起到领域防御和维持配偶关系的功能。除了鸣禽利用鸣啭求偶以外，杜鹃、斑鸠和一些鹟类也以洪亮而有特点的歌声对雌鸟进行招引。一些不善于鸣唱的鸟类，常是通过一系列单调的叫声来求偶。猫头鹰等可以通过身体某一部位的特殊结构发出声音。啄木鸟则往往用嘴敲击枯木，发出一连串的声响来吸引异性。吐绶鸡求偶时可使其羽干发出"咋咯、咋咯"的声响。草原榛鸡和松鸡常借胸部气囊的充气和放气而发出声音。鹤类以上下喙互相拍击而发出求偶的声响。

　　在鸣禽中，色艺双绝的可以首推红嘴相思鸟。它的体态清秀优美，矫健玲珑，活泼好动，爱飞爱唱，甚是惹人喜爱。红嘴相思鸟在我国广布于长江流域以南的山地森林、竹林等环境中。常常集成几只至几十只的群体，一起活动。它的嘴鲜红，脸颊淡黄色，上体黄绿色，颏、喉至胸部为鲜黄或橙红色，翅膀上点缀显耀的红黄色斑，尾羽黑色，眼圈白色，全身五颜六色，显得鲜艳而妩媚。

　　每到繁殖季节，红嘴相思鸟便开始成双成对地活动。雄鸟喜欢站在枝头的最高处，不断地发出鸣啭，以博取雌鸟的欢心。雌鸟为挑选"意中人"，也在不停地歌唱。通过对歌，相互了解，选中伴侣。关系一旦确定，雄鸟和雌鸟就形影不离了。它们常常相互偎依枝头，卿卿我我，互理羽毛。有时，比翼蓝天，互相追逐，游戏高空。夜间则双栖双宿。情意缠绵，永不离异。因此，人们都称其为"爱鸟"，把它们看做是吉祥如意，坚贞纯洁的象征，甚至常常在亲朋好友结婚时，送上一对美丽的红嘴相思鸟作为礼物，祝愿一对新人相亲相爱，白头偕老。

显示鲜艳的体色也是很多雄鸟的求偶方式。蓝脚鲣鸟的雄鸟在雌鸟面前常常竖起尾羽，并高高地抬起一只脚，展示和炫耀其脚面鲜艳的蓝颜色。还有许多鸟类的口腔中具有不同的鲜艳颜色，它们在求偶时常常张开嘴，以便使对方能够看到里边的颜色。另外一些色彩华丽的雄鸟则通过炫耀其漂亮的羽毛或冠、角、裙、囊等特殊的装饰物来进行求偶活动。

在浩瀚无垠的热带海洋上空，有时可以看到一种巨大的黑色海鸟，在飞行中抢夺其他鸟类口中的食物，它就是"空中强盗"军舰鸟。已经达到性成熟的雄性军舰鸟，喉部的喉囊灌入空气后膨胀成一个很大的半透明的半球状袋状物，色彩鲜红，十分艳丽，这是它们为了向雌性军舰鸟进行"求爱"炫耀而显示自己英俊形象的主要手段。在求偶季节，它们还经常展开双翼，不断地围绕着雌鸟转圈，跳起优美的舞蹈，并且不时地从嘴里发出"嘎拉，嘎拉"的叫声。雌鸟则相应地不断扇动双翼，显得异常活跃，并十分留意地在雄鸟中选择自己的如意"郎君"。一旦遇到合意的配偶，就立即迎上前去，用头去擦对方的头部或身体，表示同意对方的求爱。

装饰求偶场为产于澳大利亚和新几内亚等地的园丁鸟所特有的求偶方式。园丁鸟的雄鸟没有美妙的歌喉，也没有绚丽多彩的羽毛，因此无法用婉转的恋歌和灿烂的婚羽去赢得异性的欢心，但它却具有园丁般的园艺天才和高超的建筑艺术才能，能够设计建造一个美丽的新婚洞房和求偶舞池，以此吸引雌鸟，因此而得名"园丁鸟"。在各种园丁鸟中，雄鸟的羽色越缺乏色彩，其凉亭修建得越漂亮，求偶场装饰得越华丽。最常见的，也是最简单的凉亭是由平行排列着的草或小树枝所插成的两堵篱笆墙，其间为一条林荫道，在林荫道的一端是园丁鸟的求偶场。另一种形式的凉亭是以一棵幼树为中心，由小树枝或草棍搭成的"茅舍"，求偶场位于茅舍的前方。园丁鸟能对其求偶场进行精心的装饰，装饰物更是五花八门，包括各种颜色的鲜花、野果、蘑菇、羽毛、兽骨、贝壳、甲虫、小石块、碎玻璃、眼镜、纽扣、钥匙、钱币、罐头盒、子弹壳等各种耀眼或闪光的东西。凉亭和经过装饰的求偶场可以起到鸟类第二性征的作用，以弥补其婚装对雌鸟吸引的不足。在繁殖季节，雄鸟不断殷勤地向雌鸟展示它的漂亮的建筑物，并不时地叼起一个个精致的装饰品请雌鸟观赏，直到雌鸟满意为止。

55. 最小的熊——马来熊

马来熊又叫太阳熊、狗熊，是世界上最小的熊类，体态伶俐、矫捷，坐着的时候就像一只肥胖的小狗，非常可爱。它的体长只有 110～140 厘米，肩高 60～70 厘米，体重为 40～45 公斤，几乎仅有最大的棕熊体重的 1/20。它的全身的毛色乌黑光滑，只有吻鼻部为棕黄色，眼圈为褐灰色，胸部有马蹄形的白色胸斑。

马来熊在国外见于中南半岛、缅甸、泰国、马来西亚和印度尼西亚的苏门答腊、加里曼丹等地，我国仅分布于云南的金平、绿春和南部边境一带。

马来熊栖息在热带和亚热带雨林、季雨林或山地阔叶林中，主要在树上生活，所以前后肢的跗部都没有毛，脚垫粗厚宽大，趾突的基部彼此之间还连有短蹼，脚上的爪向内侧偏转，这些都是它对于攀爬树干生活的适应。它筑的巢穴离地面有 7 米多高，白天在巢穴中睡觉，夜里出来活动。食物主要是树上的果实、嫩芽和昆虫、小鸟、鸟卵等，也非常喜欢吃蜂蜜，发现蜂巢后用两只前脚轮流伸到蜂巢中，然后舔食。雌兽通常一次产 2 仔，但并不产于树上，而是在森林中大树下的草丛中生产。因为体毛短，所以比较怕冷，也从不冬眠，这些特点的形成都是因为它生活在热带地区的结果。马来熊在我国极为罕见，就连各博物馆、科研机构所收藏的标本也屈指可数。

56. "袖珍明星"——最小动物集合

世界上最小的鹿生活在东南亚，名叫鼷鹿，身高仅有 20 厘米左右，体重约 2.7 公斤，是鹿科动物中最小的一种。

蜂鸟体形纤小，最小的只有黄蜂那么大，从头到尾还不到 2 厘米，最大的也不过 4.5 厘米，是世界上最小的鸟。更有意思的是，它们飞起来也像蜜蜂一样，会发出嗡嗡的响声，也喜欢吸食花蜜。所以给它起"蜂鸟"的名字再合适不过了。

我国渤海东岸，生活着一种体形与蚯蚓差不多的小蛇——盲蛇，身长 17～18 厘米，为世界上最小的蛇。

在南美亚马孙河流域的森林中，生活着一种世界上最小的猴子——狨猴，又称指猴。这种猴长大后身高仅 10～12 厘米，重 80～100 克。新生猴只有蚕豆般大小，重 13 克。这种猴子喜欢捉虱子吃，且生性温顺，因此饲养它们便成为当地印第安人的嗜好。

悉尼的澳大利亚博物馆对外公布的一张斯托特微型鱼的照片。这种小型鱼类仅有 7 毫米长，1 毫克重，没有发育出鳍和牙齿，寿命仅为两个月。发现它的澳大利亚科学家认为这是世界上最小的鱼类和脊椎动物。目前澳大利亚方面正在为小鱼申请吉尼斯世界纪录。

一只名为 Danka 吉娃娃狗身长仅 18.8 厘米，是现今世界上身长最小的狗，已被记录到吉尼斯世界纪录。

迷你马又称袖珍马系澳大利亚特产，体高 60～100 厘米，平均高度 80 公分，体长 100 公分左右，体重 50～100 公斤。1 岁左右发情即可配种。饲养方法与各种国产马无异，不同之处是迷你马身强体壮，适应性极强，不易生病，管理简单粗放，无特殊条件限制，能养狗的庭院即可喂养！

迷你马速度可达 36 公里/小时以上，负载量则可超过其体重 1/3～2/3，而且无论路况好坏均可奔跑，这是其代步交通工具所望尘莫及之处。

57. 寿命最短的脊椎动物——虾虎鱼

澳大利亚昆士兰州詹姆斯库克大学的研究人员发现虾虎鱼是世界上寿命最短的脊椎动物。这种珊瑚礁鱼最多能活 59 天。

迪普斯伊斯克博士说，他在研究体形微小而神秘的珊瑚礁鱼在生态系统里充当的角色时，无意中发现了世界纪录保持者。

虾虎鱼的耳石揭开了它们一生短暂而刺激的秘密。耳石位于鱼的耳朵里，是一种由钙组成的结构，就像人类的内耳，能帮助维持身体平衡。它们像洋葱外面一层一层的皮一样堆积起矿物质。随着时间的推移，它们就成为鱼类研究的一种普通工具。虾虎鱼的耳石上每天都会增加一层新的矿物质。

迪普斯伊斯克博士表示，耳石的作用有点像飞机里的黑盒子。他说："当虾虎鱼孵出后出现在珊瑚礁上时，我们就能跟踪和观察它们，因为只要虾虎鱼开始在珊瑚礁上生活，耳石矿物质的稠密度就会发生变化。"

虾虎鱼体长一般在 1～2 厘米，虾虎鱼孵出后，很快变成幼虫，然后在开阔的大海里游动 3 周，最后找到一座可以定居的珊瑚礁。它们就在这里繁殖后代，度过一生。雌性虾虎鱼 25 天后就可以产卵，总共大约排出 400 个卵。而雄性虾虎鱼的工作就是时刻保护这些易受攻击的卵。

58. 性欲最强的动物——天牛

每天 9 小时，每次 90 分钟，"纵欲无度"导致最长寿命仅 1 年。

英国剑桥大学的迈克尔·迈耶鲁斯博士多年来致力于天牛性生活的研究，他经过长期研究发现，颇受孩子们喜爱的这种昆虫堪称动物界第一"做爱"高手。

迈耶鲁斯博士的研究数据表明，天牛在所有动物中"做爱"最为频繁而且质量很高：每天可做 9 小时，双方每次"高潮"持续时间达 90 分钟，且一浪高过一浪，连续 3 次。有此种能力，天牛便有"欢喜虫"之雅号。

迈耶鲁斯博士指出，如此"纵欲无度"自然大大损蚀了天牛的身体。这种小动物由于"无暇"弥补热量消耗，结果它的最长寿命仅为 1 年！除了"做爱"，一旦有空，天牛几乎总是在吃东西，结果它每天要吃掉大约 20 片附满有害物的叶子，从而大大造福于人类。

59. 我国最稀少的鹿类——豚鹿

豚鹿也叫芦蒿鹿，体形中等，但较为粗壮，四肢较短，显得矮胖，尤其是行走时不像其他鹿类那样昂首窜跳，而是将头部低垂，姿态像猪，因而得名。它的体长 100～115 厘米，肩高 60～70 厘米，体重 35～50 公斤。仅雄兽具有三杈形的角，但较细而短小，除眉杈外，主干的远端还分出一个短的第二杈。体毛为淡褐色，腹部为灰色，夏季背部两侧各具有纵行的白色斑点，体侧也有不规则的斑点。豚鹿在国外产于印度、缅甸、泰国、尼泊尔、巴基斯坦、孟加拉国和中南半岛等地，共分化为 2 个亚种，我国仅有印支亚种，发现于 1959 年至 1960 年间，分布于云南西部靠近中缅边境的耿马、西盟两县的南丁河沿岸。

豚鹿栖息于热带地区沿河两岸的芦苇沼泽地中。平时隐藏在较深的蒿草密丛之中，傍晚出来觅食。喜欢低头行动，跑得不快，但善于穿越草丛。主要吃马鹿草、芦苇和其他水生植物的嫩枝、嫩叶和落地的花、果，还喜欢刨食植物的根。一般单独活动，偶尔 2～3 只在一起，但从不结成大群。

豚鹿全年都可以繁殖，但大多在秋冬季节。雌兽的怀孕期为 220～235 天，4～5 月间产仔，每胎产一仔，偶尔为 2 仔。

豚鹿在我国的野外数量十分稀少，20 世纪 60 年代时估计仅有 20 只左右，现在由于生境破坏，已经很难发现了，但它也可能主要栖息在毗邻的缅甸一侧，如果加强保护工作，暂时消失的豚鹿还会再进入我国境内。

豚鹿在分类学上位于哺乳纲，偶蹄目，鹿科，鹿属。鹿科全世界大约共有17属、42种，是偶蹄目中较大的一个类群，分布于除非洲和澳大利亚外的世界各地。体形大、中、小均有，最小的鹿类体重仅有10千克左右，最大的驼鹿体重可达400多千克。它们的共同特点是：具有完整的眶后条；有眶下腺，能分泌具有特殊香味的液体，涂抹在树干上以标记领地；蹄间、后足等处有臭腺；没有上门齿，有短小的臼齿；胃具4室，反刍；没有胆囊；毛较短；前后肢各有2根中掌骨和中跖骨愈合，形成炮骨；足具4趾，第二和第五趾退化或仅有残迹；蹄发育良好，没有脚垫，直接触地；角的差别很大，有的没有角，有的只有雄兽有角，有的雄兽和雌兽均有角，通常每年脱落1次。角的形状和分叉的数目也常常大不相同，所以常以此作为区分种类的一个主要依据。

我国的鹿类都是具有重要经济价值的野生动物，许多名贵的中药材都离不开它们，如梅花鹿、马鹿、水鹿和白唇鹿的角，在未骨化的时候锯下，可以加工成鹿茸，鹿茸中含有生长激素，可以强身健脑、防治神经衰弱、增强人体机能、促进伤口愈合，常在临床应用于治疗各种虚弱、外伤、眼科、妇科等疾病。鹿血、鹿胎、鹿心、鹿骨、鹿尾、鹿鞭、鹿筋和鹿内脏等均是名贵的药材，鹿肉也是食补的内容之一，鹿皮可制皮革。此外，野生鹿类还保留着有价值的基因，对于改良复壮圈养鹿的种群等有着重要的意义。

我国饲养鹿类也有悠久的历史，特别是在东北黑龙江和吉林等地，已由小群饲养逐渐扩大为专业化的养鹿场，人工驯养梅花鹿和马鹿已经取得了丰富的经验，云南在驯养水鹿方面也取得了较大的成功。这样既可以满足我国传统医药的需要，又保护了野生鹿类资源。鹿类分布广泛，山区、丘陵、高原均可放养，是一项前景看好的养殖业，可望为我国的国民经济发展贡献更大的财富。

60. 世界上最危险的蛇——眼镜王蛇

大家对眼镜蛇已经十分熟知。最令人恐怖的莫过于其受惊发怒时的样子，其身体前部会高高立起，颈部变得宽扁，暴露出其特有的眼镜样斑纹，同时，口中吞吐着又细又长、前端分叉的舌头。眼镜王蛇同样具有上述眼镜蛇的大多数特点，只是体形更大更长，颈部扩展时较窄而长，且无眼镜蛇的特有斑纹。但它性情更凶猛，反应也极其敏捷，头颈转动灵活，排毒量大，可以说是世界上最危险的蛇类。

眼镜王蛇多栖息于沿海低地到海拔1 800米的山区，多见于森林边缘近水处，昼行夜伏，在我国主要分布于华南和西南地区。它的主要食物就是与之相近的同类——其他蛇类，所以在眼镜王蛇的领地，很难见到其他种类的蛇，它们要么逃之夭夭，要么成为眼镜王蛇的腹中之物。

可是这种在蛇的王国中所向无敌的、世界最大的前沟牙类毒蛇，一直被人类视为世界上最危险的蛇，却难敌自然之最大、而又最贪婪的敌人——人类。长期以来眼镜王蛇被人类捕捉杀戮，被人类作为餐桌上的美味、工艺品（蛇皮）以及药物（蛇胆和毒液）。凡在野外被人类发现者，均遭捕杀，鲜有幸免。据统计，1991年和1992年仅广西边境，眼镜王蛇的流通量分别达到36吨和18吨。目前，其种群数量已急剧下降，野外犹难得一见，处于濒危状况。

现在国内的部分动物园及养蛇场虽有饲养，但其饲养的眼镜王蛇皆为野外捕捉；且由于多种原因，至今尚没有在饲养下正常产卵孵化的报道；所饲养的蛇，往往在一两年内死去，因此，通过繁殖以增加种群数量的目的一时尚难以达到。在这种情况下，保护眼镜王蛇的自然生态环境，遏止或杜绝对野生眼镜王蛇的捕杀，是眼镜王蛇唯一生存下去的希望。然而眼镜王蛇却仍未被列入国家重点保护野生动物名录，即不受国家法律的保护，长此以往，眼镜王蛇在我国将有绝灭之虞。

61. 咬力最强的动物——袋狮、袋獾

一项最新的研究结果显示，在所有哺乳动物中，最凶残的不是人们通常所能想到的狮子、老虎或者狼，而是食肉的有袋类动物，如生活在澳大利亚的袋獾和已经灭绝的袋狮。

评选最"凶残"动物　袋狮重返人们视野

据报道，澳大利亚科学家首次对众多的食肉性哺乳动物的咬力进行了评估。他们发现，俗称"塔斯马尼亚恶魔"的食肉性有袋类动物——袋獾才是现存的世界上最强大的猎食者。

通过研究动物的头骨化石，科学家在已经灭绝的食肉哺乳动物中也得到了相似的结论。他们发现已经灭绝的袋狮与袋獾比较起来，其凶猛程度更胜一筹，是所有食肉哺乳动物中咬力最强的。这种体重达200多磅（约100多公斤）的生物最后一次在澳大利亚大陆上漫步已经是大约3万年前的事情了。

研究小组表示，这些"有着不安性格的食肉动物"曾经是澳大利亚大陆上

占统治地位的顶级掠食者，在到处充斥着马刀齿猫的北美州和南美州，它们也占据着类似的小生态环境。

有袋类食肉哺乳动物的攻击力不可轻视

研究小组的成员们分析了 39 种现存的和已经灭绝的哺乳动物的头骨，并计算出它们的犬齿所发出的咬力。随后根据估测体重对每种动物的咬力进行了调整，以便得出一个可以在不同种类的动物之间进行对比的相对值。

澳大利亚悉尼大学的古生物学者，同时也是哺乳动物研究专家的斯蒂芬·罗，是这个研究项目的负责人。他说："袋獾的食肉能力通常被人们轻视或低估。而一只 6 公斤重的袋獾足以杀死一只 30 公斤重的袋熊。"

同样地，研究结果还显示，这些有袋的食肉动物在大约 3 万年以前就已经漫步在澳大利亚的土地上了，那时它们撕咬猎物的能力就差不多已经和现在的狮子一样强大了。斯蒂芬说："一只袋狮的平均体重为 100 公斤，而它所产生的咬力却可以与现存的体形最大的狮子（大约 250 公斤）撕咬猎物的能力相媲美。"

脑容量越小撕咬猎物的能力就越强大？

在胎盘类哺乳动物（幼体在母亲子宫里发育成长的哺乳动物）中也有一些长有利齿的超级杀手存在，这其中包括非洲猎犬、美洲虎和云豹。在胎盘类哺乳动物中，已经灭绝的恐狼（体形比较大，与现代狼具有亲缘关系）相对于它的体形来说，咬力最为强劲有力。这种古狼与现代的灰狼相比，具有相对宽而短的头部，脑壳较小，同时它的牙齿也更大，身体更为健壮结实。

斯蒂芬和他的同事注意到，在已经灭绝的袋狮身上也有相似的适应当时环境的特征。以前的研究曾显示，在食肉哺乳动物中扩张的脑容量使容纳下颌肌肉的空间变得窄小。这是不是意味着，脑部越小的哺乳动物其咬力就越强大呢？对此，斯蒂芬表示："这种特征具有普遍性，我们的发现也说明了这一点。但是在我们下结论之前，仍然有很多的工作需要完成。"

斯蒂芬表示，食肉类胎盘哺乳动物的脑容量平均是有袋类哺乳动物的 2.5 倍。这或许能够帮助人们解释为什么许多有袋类食肉动物在研究过程中被发现具有相对来说非常强大的撕咬猎物的能力了。

袋狮这种动物首先是由英国著名的化石学家理查德·欧文在 1859 年描绘给世人的。欧文相信，他的最新发现向人们描绘了最凶残同时也最具破坏性的食肉

兽类。而目前更多的工作则是由斯蒂芬和其他澳大利亚科学家们在研究化石证据
的基础上进行的。

袋狮的相关知识

袋狮属于双门齿目的袋狮科，生活在上新世—更新世的澳大利亚。袋狮是澳
大利亚有袋类动物已灭绝成员中最引人注目的一个，同时它也是澳洲历史上最大
型的肉食性哺乳动物。

科学家欲破解"塔斯马尼亚恶魔"的死亡之谜

20世纪90年代末，澳大利亚塔斯马尼亚岛的野生动物官员们就陆续接到一
些不同寻常的报告。这些报告显示，一些被称之为"塔斯马尼亚恶魔"的有袋
动物——袋獾的面部都出现了严重溃烂的伤口，更有许多袋獾因为患上了这种奇
怪的面部肿瘤病而死亡。

"塔斯马尼亚恶魔"遭遇真正的"魔鬼"

据报道，袋獾是全世界体形最大的肉食性有袋哺乳动物，同时也是澳大利亚
塔斯马尼亚岛特有的生物种类。袋獾以它那独特的嚎叫声和暴躁的脾气著称于
世，塔斯马尼亚最早的居民因为被夜晚远处传来的袋獾可怕的尖叫声吓坏了，因
此称它们为"塔斯马尼亚的恶魔"。

但是，自20世纪90年代以来，"塔斯马尼亚恶魔"却遭遇到了真正的"魔
鬼"。一些最初的调查结果显示，有数万只的袋獾因为感染上了一种名为"袋獾
面部肿瘤"的疾病而死亡。

艾里斯泰尔·斯科特是塔斯马尼亚农业部门一个袋獾研究项目的负责人。他
介绍说，初步的研究显示，这种奇怪的面部肿瘤疾病正在塔斯马尼亚东部迅速蔓
延。他说："监控结果显示，这种奇怪的疾病已经遍及了塔斯马尼亚州65%的地
区。在这种疾病出现之前，袋獾最多时的数量约达到13万～15万只。而现在，
已经有大约7.5万只袋獾因为患上这种疾病而死亡，这对塔斯马尼亚地区袋獾的
整体数量无疑产生了巨大的影响。"

得了这种怪病之后，袋獾会首先在嘴部周围出现毒瘤，然后肿瘤会慢慢扩散
至颈部，有时候还会出现在身体的其他部位。成年袋獾较之幼年袋獾更容易患上
这种疾病。同时，因为肿瘤会干扰袋獾的进食，所以生病的袋獾通常会变得非常
衰弱，这个时候，雌性的成年袋獾就很容易丧失它们的幼仔。在溃烂的伤口出现

后，袋獾会在 6 个月之内死亡。在塔斯马尼亚的某些地区，所有的袋獾会在短短 18 个月内丧命于这种可怕的疾病。

科学家试图破解这种神秘的疾病

目前，一个专门的袋獾实验室已经在塔斯马尼亚的北部城镇朗塞斯顿建立起来。科学家们希望在实验室中能找到这种神秘疾病的起因以及它不为人知的传播方式。现在科学家们是基于"这种疾病是靠身体接触传播"的假设进行研究工作的。斯科特说，在动物界中，以前唯一有过记载的一次是一种通过交配传播的犬类恶性肿瘤，而这也是他们在研究工作中所涉及的唯一一种疾病。现在，研究人员正在分析这种疾病的染色体结构，并已识别出它的染色体组型。

研究者表示，他们已经能够在实验室里培养这种肿瘤细胞，并能对它进行测试。对这种疾病作出正确的诊断并最终能研制出相关的疫苗是这个科研小组的主要目的。目前，研究者正致力于了解关于这种疾病的更多知识。塔斯马尼亚政府也在努力地采取一些措施，希望能阻止这种疾病进一步蔓延。

为了阻止这种疾病的快速传播，一道防护线正在塔斯马尼亚北部地区建立起来，现在塔斯马尼亚北部地区是至今为止还没有受这种可怕疾病影响的地区。同时，塔斯马尼亚政府也在考虑是否将袋獾这种动物作为濒危物种列入澳大利亚的《濒危物种法》。这一举措将使袋獾受到人们的保护，从而免受其他危险因素（如因为水质污染或土地开发而使其栖息地遭到破坏等）的干扰。同时，这也要求当地政府起草一份关于袋獾种群恢复的计划书，这份计划书应该着重于控制已经发生的疾病，并同时防止它传播给更多的动物。

对此，斯科特表示，这种疾病已经给野生的袋獾种群造成了非常严重的影响，但科学家们相信，在眼下这段时期内，袋獾还不会从塔斯马尼亚的栖息地灭绝。

塔斯马尼亚岛上袋獾面临的窘困局面也惊动了澳大利亚大陆的相关人士。澳大利亚的野生动物保护区和一些动物园也联合起来，开始就有关事宜进行讨论。如果塔斯马尼亚岛上野生袋獾的生存情况继续恶化，那么圈养的袋獾会被人们送到澳洲大陆。目前，澳大利亚大陆和塔斯马尼亚岛上共生活着大约 150 只圈养的袋獾。

袋獾属袋鼬科有袋动物，是袋鼬科现存体形最大的成员，继袋狼灭绝后成为现存体形最大的食肉有袋类。袋獾的食物包括鼠类、蜥蜴和兔子等，另外它也喜食其他动物的尸体。

62. 独一无二——我国珍贵的白唇鹿

白唇鹿是大型鹿类，与马鹿的体形相似，但比马鹿略小，体长为100～210厘米，肩高120～130厘米，尾巴是大型鹿类中最短的，仅有10～15厘米，体重130～200千克。头部略呈等腰三角形，额部宽平，耳朵长而尖，眶下腺大而深，十分显著，可能与相互间的通讯有关。最为主要的特征是有一个纯白色的下唇，因白色延续到喉上部和吻的两侧而得名，而且还有白鼻鹿、白吻鹿等俗称。它的颈部也很长，臀部有淡黄色的斑块，但没有黑色的背线和白斑。冬季的体毛为暗褐色，带有淡栗色的小斑点，所以又有"红鹿"之称；夏季体毛颜色较深，呈黄褐色，腹部为浅黄色，所以也被叫做"黄鹿"。体毛较长而粗硬，具有中空的髓心，保暖性能好，能够抵抗风雪。雄兽肩部和前背部的硬毛还常逆生，形成"皱领"的模样。雄兽的蹄子大而宽，较为短圆，雌兽的蹄子则较尖而窄。只有雄兽头上长有淡黄色的角，角干的下基部呈圆形外，其余均呈扁圆状，特别是在角的分叉处更显得宽而扁，所以又有扁角鹿之称。眉叉与主干呈直角，起点近于主干的基部。主干略微向后弯曲，第二叉与眉叉的距离大，第三叉最长，主干在第三叉上分成两个小枝，从角基至角尖最长可达130～140厘米，两角之间的距离最宽的超过100厘米，分叉有8～9个，各枝几乎排列在同一个平面上，呈车轴状。

白唇鹿是我国的珍贵特产动物，在产地被视为"神鹿"。它也是一种古老的物种，早在更新世晚期的地层中，就已经发现了它的化石。它曾经广泛地分布于喜马拉雅山的中部一带，由于古地理的影响，第三纪后期、第四纪初期的喜马拉雅造山运动使得以我国青藏高原为中心的地面剧烈上升，高原隆起，森林消失，所以白唇鹿的分布范围也向东退缩，现在的分布地点有甘肃、青海、云南西北部、四川、西藏等地。

迄今为止，这一珍贵物种在国外仅有20世纪70年代初由我国赠送给斯里兰卡的1对（现在尚有1只生存）和80年代初赠送给尼泊尔的1对。在我国，由于白唇鹿与马鹿在产地上互相重叠，在四川西北部和甘肃祁连山北麓，还曾经发现过白唇鹿与马鹿自然杂交，并产生杂交后代的情况，所以有人常误认为它们属于同一物种，其实它们还是有很大差别的，除了唇部为白色，眶下腺较大外，还有角的形状很不相同。白唇鹿的角的眉叉和次叉相距较远，而且次叉特别长，位置较高，而马鹿角的眉叉与次叉相距很近。

白唇鹿生活在海拔3 500～5 000米之间的高山草甸、灌丛和森林地带，是栖息海拔最高的鹿类，那里气候通常十分寒冷，从11月至翌年4月都有较深的积雪。

它喜欢在林间空地和林缘活动，嗅觉和听觉都非常灵敏。由于蹄子比其他鹿类宽大，适于爬山，有时甚至可以攀登裸岩峭壁，奔跑的时候足关节还发出"喀嚓、喀嚓"的响声，这也可能是相互联系的一种信号。它还善于游泳，能渡过流速湍急的宽阔水面。群体通常仅为 3~5 只，有时也有数十只、甚至 100~200 只的大群。群体可以分为由雌兽和幼仔组成的雌性群、雄兽组成的雄性群以及雄兽和雌兽组成的混合群等三个类型，雄性群中的个体比雌群少，最大的群体也不超过 8 只，混合群不分年龄、性别，主要出现在繁殖期。白唇鹿夏季基本上在高山草原上度过，冬季要避开积雪多的高山草原而向灌木林移动。但是由于青藏高原草场的近 80% 是牦牛、绵羊、山羊的放牧地，所以，为了避开与这些家畜和牧民的接触，白唇鹿出现了季节性的移动，来到家畜到不了的海拔 5 000 米以上甚至更高的地域，以及湖中的岛屿、被湿地包围着的地域以及悬崖上的草地等地方。冬季则迁移到海拔较低的草地。它的食物主要是草本植物，特别是草熟禾、苔草、珠芽蓼、黄芪等，也吃山柳、高山栎等树木的嫩芽、叶、嫩枝和树皮，食物种类多达 80 种以上。主要在早晨和黄昏时觅食，也有舔食盐分的习惯，尤其是春季和夏季。它在野外的天地有豺、狼和雪豹等。

每年 10~11 月是白唇鹿的发情期。此时雄兽常高声嘶鸣，发出"眸枣眸"的咆哮声，由 4~5 个音节构成一个连续声，粗壮而低沉，昼夜不停，并且用蹄子或角刨动地面，在地面上打滚，往身上沾泥土。发情的雄兽没有固定的栖息地点，四处奔走，寻找发情的雌兽。一般一只雄兽可以占有数只雌兽。雄兽之间的格斗也很激烈，常常使角折断。雄兽在发情期间，食欲不振，几乎不食不饮，颈部肿胀而变粗，性情凶猛，完全处于兴奋状态，所以在交配期前后变得十分瘦削。雌兽的怀孕期为 8 个月，到第二年的 5~7 月产仔，每胎产 1 仔，偶尔产 2 仔。刚出生的幼仔全身具有斑点，1 个月以后斑点逐渐消失，3 岁后达到性成熟。

为了保护野生的白唇鹿，近年来在青海、甘肃、四川等地已经有很多饲养场进行白唇鹿的驯养，其中青海玉树藏族自治州治多县养鹿场饲养最多，达到数百只。此外，还有很多分散的饲养者。现在，很多地方已经能够实现放牧，不仅可以减少饲养费用，而且还能提高繁殖率。

63. 世界"吉尼斯"——猫之最

最小的猫科动物——猫科家族中的最小成员是印度南部和斯里兰卡的赭斑猫。成年的公猫平均身长 63.5~71.1 厘米，体重 1.36 千克。

最重的猫——名叫"希米"的雄性斑猫，1986 年 3 月 12 日死时（10 岁）

体重为 21.4 千克。它的主人是澳大利亚人，名叫托马斯。

最长寿的猫——名叫"普斯"的斑猫，1939 年 11 月 28 日在过完了 26 岁生日后的第二天离开"人世"。它的主人是英国的霍尔韦。

最小的猫——名叫"埃博尼·埃布·霍尼"的雄性暹罗条纹的新加坡猫，1984 年 2 月当它出生 23 个月后，体重仅 794.2 克。它的主人是美国的安格利。

产下最多一窝的小猫的猫——一只 4 岁的褐色缅甸猫，1970 年 8 月 7 日产下 19 小猫（其中 4 只小猫出生后即死亡）。它的主人是英国的瓦莱里亚。

子女最多的母猫——名叫"达斯廷"的 17 岁母猫，1952 年 6 月 12 日在美国产下了它的第 420 只小猫。

捕鼠最多的猫——苏格兰一家有限公司的一只玳瑁色雌猫，从 1963 年 4 月至 1987 年 3 月，平均每日捕鼠 3 只，估计总共捕鼠 28 899 只。

最富有的猫——名叫"查理·陈"的白色庭院猫。1978 年 1 月，美国人格雷斯临终前，把价值 25 万美元的全部遗产给了这只猫。

拥有猫最多的国家——美国 1986 年共有 5 620 万只。据统计，约有 29.4% 的猫是家养猫。

64. 最凶悍的东方神犬——藏獒

攻击

在牧区，当一只健壮的成年獒向你发动攻击时，它会发出慑人心魄的吼声，冲你狂奔而来，带着风声，足下草屑飞扬……幸好拴着很长的铁链。因为惯性，它一下子被铁链蹦得腾空而起……这种约束让他更加狂躁，于是它绕着圈子一次次狂奔……这可真正是一幅恐怖的景象。这时你最好不要再逗留了，快溜吧。也许锈迹斑斑，几年没有更换的铁链已经快断裂了！

眼神

当你小心翼翼地靠近一只充满野性的藏獒，它可能会在你进入他的攻击范围前一动不动。如果在足够近的距离内，你就能看到它那蕴涵凶光的冷冰冰的眼神，这时候的藏獒眼珠还是半透明的褐色。但是一旦它开始狂暴地发动攻击，短短几秒时间，它的眼珠已经变成暗淡模糊的橘红色，眼珠一下失去了光泽，就像笼罩着一层暮霭。任何人都会相信这时这个眼神残忍呆滞的家伙一旦有机会成功地攻击到目标，即使是它的主人也难以驾驭它了。

声 音

藏獒性格沉稳。一只成年公獒大部分时间是安静地卧着，如有异常动静，它会发出一种低沉但具有穿透力的声音。这绝对不是其他犬类发出的那种"汪汪汪"的令人心烦的噪声，而是一种从喉咙深处发出的让人不寒而栗的喉音。这种声音往往让胆怯的观望者即使是在拴着铁链或关在铁笼里的藏獒面前也不敢过于靠近。记得小时候在我们这有一个叫"神仙树"的小镇，一家由集体开办的餐馆饲养了一只周身漆黑的"西藏大狗"，我们都称之为"哑巴狗"。现在想起来，这种称呼也许就是来源于它的这种独特的低沉吼声给人造成的错误印象。

獒产于我国西藏和青海，被毛长而厚重，耐寒冷，能在冰雪中安然入睡。性格刚毅，力大凶猛，野性尚存，使人望而生畏。护领地，护食物，善攻击，对陌生人有强烈敌意，但对主人极为亲热，是看家护院、牧马放羊人的得力助手。它壮如牛、吼如狮、刚柔兼备，能牧牛羊、能解主人之意，能驱豺狼虎豹。据藏族同胞介绍，一条成年藏獒可以斗败3只恶狼，可以使金钱豹甘拜下风，在西藏被喻为"天狗"。西方人在认识了藏獒的神奇后，称其为"东方神犬"。

藏獒头大而方，额面宽，眼睛黑黄，嘴短而粗，嘴角略重，吻短鼻宽，舌大唇厚，颈粗有力，颈下有垂。形体壮实，听觉敏捷，视觉锐利，前肢五指尖利，后肢四趾钩利。犬牙锋利无比，耳小而下垂，收听四方信息，尾大而侧卷。全身被毛长而密，身毛长10~40厘米，尾毛长20~50厘米。毛色以黑色为多，其次是黄色、白色、青色和灰色。四肢健壮，便于奔跑，动如豹尾，搏斗助攻，令敌防不胜防。一只纯种成年藏獒重60公斤左右，长约1.3米，肩高约85厘米，强劲凶猛，即使休憩，其形凶相，常人绝不敢靠近。藏獒力大如虎，凶狠劲斗，使之赢得神犬美誉，也是世界上唯一敢与猛兽搏斗的犬类。8月龄可达性成熟，母犬每年初冬（10~12月份）发情1次，但在海拔较低的半农半牧区，气候温暖，管理适当，则可春秋两次发情。每窝产仔4~5只，多者达7~8只。寿命10~16岁。

藏獒耐寒怕热，在 -30 ~ -40℃的冰雪中仍能安然入睡。

藏獒因为生活地区不同，在外观上也有差别。目前品相最好的上品藏獒，出于西藏的河曲地区。这种藏獒有典型的喜马拉雅山地犬的原始特征：茂密的鬃毛像非洲雄狮一样，前胸宽阔，目光炯炯有神，含蓄而深邃。喜马拉雅山脉的严酷环境赋予了藏獒一种粗犷、剽悍美、刚毅的心理承受能力，同时也赋予藏獒王者的气质，高贵、典雅、沉稳、勇敢。还有一种藏獒出于青海地区。这种藏獒几乎没有鬃毛，身上的毛也比较短，体形却更大！但是它的性格没有带鬃毛的藏獒凶猛、沉稳。

65. 最小的蟾蜍——巴西山地蟾蜍

巴西发现的世界上体形最小的蟾蜍，山地蟾蜍。

巴西 Tuiuti 大学有关学者经过 5 年的观察和研究，他们发现了一种世界上最小的蟾蜍。这种蟾蜍中，最小的身长仅 8 毫米，最大的身长不超过 18 毫米。由于它们栖息在巴西热带山地雨林区，因此学者们给这种蟾蜍起名为山地蟾蜍。

据俄罗斯新闻网 5 月 11 日报道，这种世界上最小的蟾蜍栖息在巴西南部圣埃斯皮里图州到巴拉那河的山地雨林区海拔 1 000 ~ 1 800 米的高山斜坡地带。这种动物主要以各种热带树木新鲜或腐烂的树叶为食。巴西 Tuiuti 大学有关学者介绍说，起先，他们以为这些个儿头超小的蟾蜍是当地一些普通蟾蜍的个别基因变异的产物；但经过 5 年的观察和研究，他们确认这些超小的蟾蜍是一个单独的品种。

报道说，山地蟾蜍以前之所以一直没有引起人们的特别注意，是因为这种动物实在太小，它们可以蹲坐在人们的一个手指肚上。据巴西 Tuiuti 大学专家介绍，山地蟾蜍也有自己的一些独特的生活特点。比如它们白天活动，没有休眠期。而巴西当地其他种类的蟾蜍大都白天休息，夜间活动。

66. 最聪明的鸟——乌鸦

尽管人类不太喜欢乌鸦，但加拿大一名科学家在一个鸟类智慧"排行榜"中，却将乌鸦列为最聪明的鸟类。他对各种鸟类进行观察、测试后，得出鸟类智力指数。在华盛顿召开的"美科学促进会年会"上，这位加拿大科学家表示，如果按照智力排名，乌鸦可以说是鸟类中的"状元"。

加拿大科学家罗佛夫说，他以新颖、创意等指数，对各种鸟类的行为进行了研究和评估，结果排名第一的是乌鸦，第二是猎鹰，随后依次是老鹰、啄木鸟和苍鹭。

令人意外的是，平时看似灵巧的鹦鹉与鹌鹑、鸵鸟等却排在后面。评估显示，相对头大身小、能够模仿人类讲话的鹦鹉，却被认为是不聪明的鸟，连前 5 名都没有进入。

罗佛夫教授说，他看过科学报告后，一些鸟类的表现确实让他感到非常惊讶。例如，在津巴布韦的秃鹰，它们会等候在地雷区的铁丝网附近，待吃草的食草类动物踩上地雷，被炸的粉身碎骨后，这些秃鹰就会冲下来、大吃一顿已经为它们"分割"好了的美味。不过，有时候秃鹰也会失去"理性"，自己踩到地雷上。

罗佛夫教授说，他做这个研究的目的不是把鸟类重新分出等级，也不会改变人类对自己喜欢鸟类的看法。人们还是会继续赞叹一些鸟类漂亮的羽毛和优美的歌喉，而不会去在意鸟类脑袋的大小。

67. 颜色最漂亮的鸟——马卢古太阳鸟

太阳鸟属雀形目，太阳鸟科，是95种颜色漂亮的小鸟。太阳鸟原产于非洲、南亚、东印度和澳大利亚，外表和习性都有点像蜂鸟。它们的喙弯曲，是真正的鸣禽。身长大约9～15厘米，主要食花蜜。太阳鸟食花蜜的时候，喜欢停留在花上吃，不像蜂雀那样飞来飞云。

1965年，菲律宾著名的鸟类学家拉博发现了太阳鸟，但没有鉴别出来。直到1993年，美国辛提博物馆再次找到它，才确定下来。这种太阳鸟后来用拉博妻子的名字来命名，叫丽娜太阳鸟。

如今，马卢古太阳鸟属濒危动物。

第六章　警钟长鸣——濒危动物

第一节　岌岌可危——濒危动物目录

濒危动物是指所有由于物种自身的原因或受到人类活动或自然灾害的影响，而有灭绝危险的野生动物物种。从广义上讲，濒危动物泛指珍贵、濒危或稀有的野生动物。从野生动物管理学角度讲，濒危动物是指《濒危野生动植物种国际贸易公约》附录所列动物，以及国家和地方重点保护的野生动物。

濒危动物具有绝对性和相对性。绝对性是指濒危动物在相当长的一个时期内野生种群数量较少，存在灭绝的危险。相对性是指某些濒危动物野生种群的绝对数量并不太少，但相对于同一类别的其他动物物种来说却很少；或者某些濒危动物虽然在局部地区的野生种群数量很多，但在整个分布区内的野生种群数量却很少。

一些国家或地区视为濒危物种的野生动物，在另外一些国家或地区可能并不视为濒危动物。一些种类的濒危动物在得到了有效保护、其野生种群数量明显上升、不再有灭绝危险时，也可以退出濒危动物的行列。

濒危动物等级的划分，有两种方法：

（1）两级法。这是我国国家重点保护动物划分的标准，它是根据物种的科学价值、经济价值、资源数量、濒危程度以及是否为中国所特有等多项因素综合评价、论证而制定的。

Ⅰ级，指我国特产稀有或濒于绝灭的野生动物。

Ⅱ级，指数量稀少，分布地区狭窄，有绝灭危险的野生动物。

（2）六级法。这是世界自然保护联盟在著名的《红皮书》中对受威胁物种的分级方法，近年来我国出版的部分《中国濒危动物红皮书》中也开始用此法。

绝灭，指野生状态下已经绝迹，但人工饲养或放养的尚有残存，如麋鹿。

国内绝迹，指国内野生状态的已经绝迹，国外尚有野生的，如高鼻羚羊。

濒危，野生种群数量已降低到濒临灭绝或绝迹的临界程度，且致危因素仍在继续，如朱鹮、华南虎。

易危，野生种群数量明显下降，如不采取有效保护措施，势必沦为"濒危"者，或因接近某"濒危"级别，而必须予以保护以确保"濒危"种的生存，如金猫、云豹。

稀有，从分类订名以来，总共只有为数有限的发现纪录者，如沟牙鼯鼠。

不足，情况不甚明显，但有迹象表明可能属于或疑为濒危或趋危者，如普氏原羚、假吸血蝠。

极危：当一分类单元面临即将绝灭的几率非常高。

濒危：当一分类单元未达到极危标准，但是其野生种群在不久的将来面临绝灭的几率很高。

1. 哺乳类

中文名	学名	保护级别
单孔目	Monotremata	
长吻针鼹	Zaglossus bruijni	濒危
袋貂目	Dasyuromorphia	
沙漠袋貂	Sminthopsis psammophila	濒危
袋狸目	Peramelemorphia	
条纹袋狸	Perameles bougainville	濒危
袋鼠目	Diprotodontia	
澳洲毛鼻袋熊	Lasiorhinus krefftii	极危
尖尾兔袋鼠	Onychogalea fraenata	濒危
短鼻大袋鼠	Bettongia tropica	濒危
翼手目	Chiroptera	
菲律宾果蝠	Acerodon jubatus	濒危

白胸狐蝠	Pteropus insularis	极危
玛利安娜狐蝠	Pteropus mariannus	濒危
西太平洋卡洛岛狐蝠	Pteropus molossinus	极危
金狐蝠	Pteropus phaeocephalus	极危
灵长目	Primates	
金竹狐猴	Hapalemur aureus	极危
阔鼻驯狐猴	Hapalemur simus	极危
白颈狐猴	Varecia variegata	濒危
光面狐猴	Indri indri	濒危
指猴	Daubentonia madagascariensis	濒危
白耳狨	Callithrix aurita	濒危
黄头狨	Callithrix flaviceps	濒危
金狮狨	Leontopithecus rosalia	濒危
双色獠狨	Saguinus bicolor	极危
棉顶狨	Saguinus oedipus	濒危
红面吼猴	Alouatta pigra	濒危
卷毛蜘蛛猴	Brachyteles arachnoides	濒危
红背松鼠猴	Saimiri oerstedii	濒危
戴安娜须猴	Cercopithecus diana	濒危
狮尾猕猴	Macaca silenus	濒危
鬼狒	Mandrillus leucophaeus	濒危
长鼻猴	Nasalis larvatus	濒危
塔那河红疣猴	Procolobus rufomitratus	极危
白臀叶猴	Pygathrix nemaeus	濒危
黄冠叶猴	Trachypithecus geei	濒危
冠叶猴	Trachypithecus pileatus	濒危
白眉长臂猿	Bunopithecus hoolock	濒危
银长臂猿	Hylobates moloch	极危
黑长臂猿	Nomascus concolor	濒危
山地大猩猩	Gorilla beringei	濒危
大猩猩	Gorilla gorilla	濒危
倭黑猩猩	Pan paniscus	濒危

黑猩猩	Pan troglodytes	濒危
红毛猩猩	Pongo pygmaeus	濒危
贫齿目	Xenarthra	
巴西三趾树懒	Bradypus torquatus	濒危
毛犰狳	Priodontes maximus	濒危
兔形目	Leporidae	
阿萨密兔	Caprolagus hispidus	濒危
墨西哥兔	Romerolagus diazi	濒危
啮齿目	Rodentia	
墨西哥草原松鼠	Cynomys mexicanus	濒危
巢鼠	Leporillus conditor	濒危
中澳粗尾鼠	Zyzomys pedunculatus	极危
短尾绒鼠	Chinchilla brevicaudata	极危
鲸目	Cetacea	
白鳍豚	Lipotes vexillifer	极危
恒河江豚	Platanista gangetica	濒危
太平洋鼠海豚	Phocoena sinus	极危
鲸	Balaenoptera borealis	濒危
蓝鲸	Balaenoptera musculus	濒危
长须鲸	Balaenoptera physalus	濒危
北露脊鲸	Eubalaena glacialis	濒危
北太平洋露脊鲸	Eubalaena japonica	濒危
食肉目	Carnivora	
亚洲豺犬	Cuon alpinus	濒危
达尔文狐	Pseudalopex fulvipes	极危
红狼	Canis rufus	极危
岛屿灰狐	Urocyon littoralis	极危
大熊猫	Ailuropoda melanoleuca	濒危
小熊猫	Ailurus fulgens	濒危
海獭	Enhydra lutris	濒危
智利水獭	Lontra provocax	濒危
大水獭	Pteronura brasiliensis	濒危

长岛长尾狸猫	Cryptoprocta ferox	濒危
獭狸猫	Cynogale bennettii	濒危
瘦小齿蒙	Eupleres goudotii	濒危
西班牙猞猁	Lynx pardinus	极危
安第斯山猫	Oreailurus jacobita	濒危
虎	Panthera tigris	濒危
雪豹	Uncia uncia	濒危
地中海僧海豹	Monachus monachus	极危
夏威夷僧海豹	Monachus schauinslandi	濒危
长鼻目	Proboscidea	
亚洲象	Elephas maximus	濒危
奇蹄目	Perissodactyla	
非洲野驴	Equus africanus	极危
格利威斑马	Equus grevyi	濒危
山斑马	Equus zebra	濒危
中美貘	Tapirus bairdii	濒危
山貘	Tapirus pinchaque	濒危
苏门犀	Dicerorhinus sumatrensis	极危
黑犀	Diceros bicornis	极危
爪哇犀	Rhinoceros sondaicus	极危
印度犀	Rhinoceros unicornis	濒危
偶蹄目	Artiodactyla	
侏儒野猪	Sus salvanius	极危
喀拉米豚鹿	Axis calamianensis	濒危
印度豚鹿	Axis kuhlii	濒危
智利驼鹿	Hippocamelus bisulcus	濒危
麋鹿	Elaphurus davidianus	极危
弓角羚羊	Addax nasomaculatus	极危
欧洲野牛	Bison bonasus	濒危
爪哇野牛	Bos javanicus	濒危
考布利牛	Bos sauveli	极危
水牛	Bubalus bubalis	濒危

短角水牛	Bubalus depressicornis	濒危
菲律宾水牛	Bubalus mindorensis	极危
西里伯斯野水牛	Bubalus quarlesi	濒危
螺角山羊	Capra falconeri	濒危
汤姆森瞪羚	Gazella cuvieri	濒危
鹿羚	Gazella dama	濒危
细角瞪羚	Gazella leptoceros	濒危
阿拉伯羚	Oryx leucoryx	濒危
藏羚	Pantholops hodgsonii	濒危
武广牛	Pseudoryx nghetinhensis	濒危
大鼻羚	Saiga tatarica	极危

2. 鸟类

中文名	学名	保护级别
信天翁目	Procellariiforme	
飘泊信天翁	Diomedea amsterdamensis	极危
新西兰海燕	Oceanites maorianus	极危
全蹼目	Pelecaniformes	
阿波特鲣鸟	Papasula abbotti	极危
安德鲁军舰鸟	Fregata andrewsi	极危
鹳形目	Ciconiiformes	
日本白鹳	Ciconia boyciana	濒危
朱鹭	Geronticus eremita	极危
日本冠朱鹭	Nipponia nippon	濒危
雁鸭目	Anseriformes	
马岛麻斑鸭	Anas bernieri	濒危
列山岛野鸭	Anas laysanensis	极危
夏威夷鸭	Anas wyvilliana	濒危
白翼木鸭	Cairina scutulata	濒危
白头硬尾鸭	Oxyura leucocephala	濒危
鹫鹰目	Falconiformes	

加州秃鹰	Gymnogyps californianus	极危
西班牙帝雕	Aquila adalberti	濒危
东方白背秃鹰	Gyps bengalensis	极危
印度秃鹰	Gyps indicus	极危
钩嘴鸢	Chondrohierax wilsonii	极危
食猿雕	Pithecophaga jefferyi	极危
猎隼	Falco cherrug	濒危
鹑鸡目	Galliformes	
营冢鸟	Macrocephalon maleo	濒危
红嘴官鸟	Crax blumenbachii	濒危
角官鸟	Oreophasis derbianus	濒危
白翼官鸟	Penelope albipennis	极危
黑胸鸣官鸟	Pipile jacutinga	濒危
鸣官鸟	Pipile pipile	极危
爱德华雉	Lophura edwardsi	濒危
婆罗洲孔雀雉	Polyplectron schleiermacheri	濒危
鹤形目	Gruiformes	
美洲鹤	Grus americana	濒危
丹顶鹤	Grus japonensis	濒危
白鹤	Grus leucogeranus	极危
罗德哈威秧鸡	Gallirallus sylvestris	濒危
卡古鸟	Rhynochetos jubatus	濒危
大印度鸨	Ardeotis nigriceps	濒危
鹬目	Charadriiformes	
爱基斯摩杓鹬	Numenius borealis	极危
细嘴杓鹬	Numenius tenuirostris	极危
黑嘴端凤头燕鸥	Sterna bernsteini	极危
诺曼氏青足鹬	Tringa guttifer	濒危
鹦形目	Psittaciformes	
红肛凤头鹦鹉	Cacatua haematuropygia	极危
小葵花凤头鹦鹉	Cacatua sulphurea	极危
帝鹦鹉	Amazona imperialis	濒危

黄头亚马孙鹦哥	Amazona oratrix	濒危
红额鹦鹉	Amazona rhodocorytha	濒危
红冠亚马孙鹦哥	Amazona viridigenalis	濒危
波多黎各鹦鹉	Amazona vittata	极危
灰绿金刚鹦鹉	Anodorhynchus glaucus	极危
紫蓝金刚鹦鹉	Anodorhynchus hyacinthinus	濒危
李尔金刚鹦鹉	Anodorhynchus leari	极危
红颊金刚鹦鹉	Ara rubrogenys	濒危
蓝金刚鹦鹉	Cyanopsitta spixii	极危
佛氏黄额长尾鹦鹉	Cyanoramphus forbesi	濒危
红蓝吸蜜鹦鹉	Eos histrio	濒危
角鹦鹉	Eunymphicus cornutus	濒危
黄腹长尾鹦鹉	Neophema chrysogaster	极危
黄耳长尾鹦鹉	Ognorhynchus icterotis	极危
金肩鹦鹉	Psephotus chrysopterygius	濒危
厚嘴鹦哥	Rhynchopsitta pachyrhyncha	濒危
猫面鹦鹉	Strigops habroptilus	极危
深蓝吸蜜鹦鹉	Vini ultramarina	濒危
鹃形目	Cuculiformes	
蕉鹃	Tauraco bannermani	濒危
鸮形目	Strigiformes	
马岛草鸮	Tyto soumagnei	濒危
雨燕目	Apodiformes	
栗腹蜂鸟	Amazilia castaneiventris	极危
圣马刀翅蜂鸟	Campylopterus phainopeplus	濒危
黑星额蜂鸟	Coeligena prunellei	濒危
绿喉毛腿蜂鸟	Eriocnemis godini	极危
彩毛腿蜂鸟	Eriocnemis mirabilis	极危
黑胸毛腿蜂鸟	Eriocnemis nigrivestis	极危
蓝顶蜂鸟	Eupherusa cyanophrys	濒危
钩嘴蜂鸟	Glaucis dohrnii	濒危
皇领蜂鸟	Heliangelus regalis	濒危

青腹蜂鸟	Lepidopyga lilliae	极危
叉扇尾蜂鸟	Loddigesia mirabilis	濒危
紫喉辉尾蜂鸟	METAllura baroni	濒危
佩里辉尾蜂鸟	METAllura iracunda	濒危
火冠蜂鸟	Sephanoides fernandensis	极危
灰嘴慧星蜂鸟	Taphrolesbia griseiventris	濒危
佛法僧目	Coraciiformes	
斑嘴犀鸟	Penelopides mindorensis	濒危
啄木鸟目	Piciformes	
帝啄木	Campephilus imperialis	极危
象牙喙啄木鸟	Campephilus principalis	极危
燕雀目	Passeriformes	
带斑伞鸟	Cotinga maculata	濒危
白翅伞鸟	Xipholena atropurpurea	濒危
科兹美鸫鸟	Toxostoma guttatum	极危
泰国八色鸟	Pitta gurneyi	极危
鲁克氏仙鹟	Cyornis ruckii	极危
白胸绣眼鸟	Zosterops albogularis	极危
黑冠黄雀	Gubernatrix cristata	濒危
金雀	Carduelis cucullata	濒危
长冠八哥	Leucopsar rothschildi	极危

3. 爬行类

中文名	学名	保护级别
龟鳖目	Testudines	
泥龟	Dermatemys mawii	濒危
大头龟	Platysternon megacephalum	濒危
巴达库尔龟	Batagur baska	极危
盐水龟	Callagur borneoensis	极危
金头闭壳龟	Cuora aurocapitata	极危
黄缘闭壳龟	Cuora flavomarginata	濒危

黄额闭壳龟	Cuora galbinifrons	极危
百色闭壳龟	Cuora mccordi	极危
潘氏闭壳龟	Cuora pani	极危
三线闭壳龟	Cuora trifasciata	极危
周氏闭壳龟	Cuora zhoui	极危
亚洲山龟	Heosemys depressa	极危
巴拉望龟	Heosemys leytensis	极危
太阳龟	Heosemys spinosa	濒危
三线锯背龟	Kachuga dhongoka	濒危
孟加拉锯背龟	Kachuga kachuga	极危
阿萨姆锯背龟	Kachuga sylhetensis	濒危
缅甸锯背龟	Kachuga trivittata	濒危
苏拉威西叶龟	Leucocephalon yuwonoi	极危
柴棺龟	Mauremys mutica	濒危
马来西亚巨龟	Orlitia borneensis	濒危
锯缘摄龟	Pyxidea mouhotii	濒危
沼泽箱龟	Terrapene coahuila	濒危
缅甸星龟	Geochelone platynota	极危
安哥洛卡象龟	Geochelone yniphora	濒危
缅甸陆龟	Indotestudo elongata	濒危
印度陆龟	Indotestudo forstenii	濒危
靴脚陆龟	Manouria emys	濒危
星丛龟	Psammobates geometricus	濒危
扁尾珠网龟	Pyxis planicauda	濒危
克莱马尼龟	Testudo kleinmanni	极危
纳吉夫陆龟	Testudo werneri	极危
玳瑁	Eretmochelys imbricata	极危
肯氏龟	Lepidochelys kempii	极危
革龟	Dermochelys coriacea	极危
印度鳖	Apalone ater	极危
纹背鳖	Chitra chitra	极危
小头鳖	Chitra indica	濒危

鼋	Pelochelys cantorii	濒危
马达加斯加大头侧颈龟	Erymnochelys madagascariensis	濒危
南美巨侧颈龟	Podocnemis lewyana	濒危
罗地岛蛇颈龟	Chelodina mccordi	极危
澳洲短颈龟	Pseudemydura umbrina	极危
鳄目	Crocodylia	
扬子鳄	Alligator sinensis	极危
奥利诺科鳄	Crocodylus intermedius	极危
菲律宾鳄	Crocodylus mindorensis	极危
古巴鳄	Crocodylus rhombifer	濒危
暹罗鳄	Crocodylus siamensis	极危
恒河鳄	Gavialis gangeticus	濒危
马来长嘴鳄	Tomistoma schlegelii	濒危
蜥蜴目	Sauria	
刹泰路侏儒变色龙	Bradypodion setaroi	濒危
史密夫侏儒变色龙	Bradypodion taeniabronchum	极危
斐济带纹鬣蜥	Brachylophus fasciatus	濒危
斐济冠状鬣蜥	Brachylophus vitiensis	极危
牙买加鬣蜥	Cyclura collei	极危
蓝岩鬣蜥	Cyclura lewisi	极危
辛氏蜥	Gallotia simonyi	极危
蛇亚目	Serpentes	
窝玛蟒	Aspidites ramsayi	濒危
岛蟒	Casarea dussumieri	濒危
欧西尼斯蝰蛇	Vipera ursinii	濒危
魏氏蝰蛇	Vipera wagneri	濒危

4. 两生类

中文名	学名	保护级别
无尾目	Anura	
巴尔胎生蟾蜍	Altiphrynoides malcolmi	濒危

巴拿马金蛙	Atelopus zeteki	极危
非洲胎生蟾蜍	Nectophrynoides asperginis	极危
红带箭毒蛙	Dendrobates lehmanni	极危
厄瓜多尔三色箭毒蛙	Epipedobates tricolor	濒危
金色箭毒蛙	Phyllobates terribilis	濒危
金色曼蛙	Mantella aurantiaca	极危
蒙面彩蛙	Mantella crocea	濒危
绿彩蛙	Mantella viridis	极危
红犁足蛙	Scaphiophryne gottlebei	极危
有尾目	Caudata	
大鲵	Andrias davidianus	极危

5. 鱼类

中文名	学名	保护级别
鲟目	Acipenseriformes	
达氏鲟	Acipenser dabryanus	极危
俄罗斯鲟	Acipenser gueldenstaedtii	濒危
太平洋鲟	Acipenser mikadoi	濒危
裸腹鲟	Acipenser nudiventris	濒危
波斯鲟	Acipenser persicus	濒危
史氏鲟	Acipenser schrenckii	濒危
中华鲟	Acipenser sinensis	濒危
闪光鲟	Acipenser stellatus	濒危
大西洋鲟	Acipenser sturio	极危
鳇	Huso dauricus	濒危
欧洲鳇	Huso huso	濒危
白鲟	Psephurus gladius	极危
锡尔河拟铲鲟	Pseudoscaphirhynchus fedtschenkoi	极危
阿姆河小拟铲鲟	Pseudoscaphirhynchus hermanni	极危
阿姆河大拟铲鲟	Pseudoscaphirhynchus kaufmanni	濒危

密苏里铲鲟	Scaphirhynchus albus	濒危
阿拉巴马铲鲟	Scaphirhynchus platorynchus	极危
骨舌鱼目	Osteoglossiformes	
银带鱼	Scleropages formosus	濒危
鲤目	Cypriniformes	
穗须原鲤	Probarbus jullieni	濒危
贵玉屈鱼	Chasmistes cujus	极危
鲶目	Siluriformes	
湄公河大鲶	Pangasianodon gigas	极危
海龙目	Syngnathiformes	
肯斯那海马	Hippocampus capensis	濒危
鲈形目	Perciformes	
苏眉鱼	Cheilinus undulatus	濒危
加州犬形黄花鱼	Totoaba macdonaldi	极危
腔棘鱼目	Coelacanthiformes	
腔棘鱼	Latimeria chalumnae	极危

第二节 国家档案——国家级保护动物名录

1. 寥寥无几——国家一级保护动物

金雕 Aquila chrysaetos

白鹳 Ciconia ciconia

黑麂 Muntyacus crinifrons

云豹 Neofelis nebulosa

华南虎 Panthera tigris

豹 Panthera pardusfusca

白颈长尾雉 Symaticus ellioti

黄腹角雉 Tragopan caboti

2. 屈指可数——国家二级保护动物

鬣羚　Capricornis sumatraensis

豺　Cuon alpinus

金猫　Felis temmincki

短尾猴　Macaca arctoides

猕猴　Macaca mulatta

穿山甲　Manis pentadactyla

黄喉貂　Martes flavigula

斑羚　Naemorhedus goral

大灵猫　Viverra zibetha

小灵猫　Viverricula indica

雀鹰　Accipiter nisus

赤腹鹰　Accipiter soloensis

苍鹰　Accipiter gentilis

鸳鸯　Aix galericulata

乌雕　Aquila clanga

白腹山雕　Aquila fasciata

短耳鸮　Asio flammeus

长耳鸮　Asio otus

雕鸮　Bubo bubo

灰脸鹰　Butastur indicus

大鵟　Buteo hemilasius

毛脚鵟　Buteo lagopus

普通鵟　Buteo buteo

红脚隼　Falco vespertinus

灰背隼　Falco columbarius

游隼　Falco peregrinus

燕隼　Falco subbuteo

红隼　Falco tinnunculus

领鸺鹠　Glaucidium brodiei

斑头鸺鹠　Glaucidium cuculoides

白鹇　Lophura nycthemera

小隼　Mrcrohierax caerulescens

鸢　Milvus migrans

鹰枭　Ninox scutulata

小杓鹬　Numenius borealis

领角鸮　Otus bakkamoena

红角鸮　Otus scops

勺鸡　Pucrasia macrolopla

蛇雕　Spilornis cheela

鹰雕　Spizaetus nipalensis

褐林鸮　Strix leptogrammica

草鸮　Tyto capensis

大鲵　Andrias davidianus

虎纹蛙　Rana tigrina

拉步甲　Carabus lafossaei

3. 榜上有名——一类保护动物名录

I 类保护动物兽类

蜂猴（所有种）	熊猴	台湾猴	豚尾猴
叶猴（所有种）	大熊猫	紫貂	貂熊
熊狸	豹	虎	雪豹
儒艮	白鱀豚	亚洲象	黑麂
蒙古野驴	西藏野驴	野马	麋鹿
白唇鹿	坡鹿	梅花鹿	豚鹿
野牛	野牦牛	普氏原羚	藏羚
高鼻羚羊	台湾鬣羚	赤斑羚	塔尔羊

金丝猴（所有种）	北山羊	河狸	云豹
中华白海豚	野骆驼	麋鹿	扭角羚
长臂猿（所有种）	马来熊		

Ⅰ类保护动物两栖爬行动物

四爪陆龟　　　　鼋　　　鳄蜥　　　巨蜥　　　蟒　　　扬子鳄

Ⅰ类保护动物鸟类

短尾信天翁	白腹军舰鸟	白鹳	黑鹳
朱鹮	中华秋沙鸭	玉带海雕	白尾海雕
虎头海雕	金雕	白肩雕	拟兀鹫
四川山鹧鸪	胡兀鹫	细嘴松鸡	斑尾榛鸡
雉鹑	海南山鹧鸪	虹雉（所有种）	黑头角雉
红胸角雉	灰腹角雉	黄腹角雉	褐马鸡
黑颈长尾雉	白颈长尾雉	蓝鹇	黑长尾雉
孔雀雉	绿孔雀	鸨（所有种）	黑颈鹤
白头鹤	丹顶鹤	白鹤	赤颈鹤
遗鸥			

4. 重点对象——二类保护动物名录

Ⅱ类保护动物兽类

短尾猴	猕猴	藏酋猴	穿山甲
豺	黑熊	小熊猫	石貂
黄喉貂	小爪水獭	斑林狸	大灵猫
小灵猫	草原斑猫	荒漠猫	丛林猫
猞猁	兔狲	金猫	渔猫

河麂	水鹿	驼鹿	斑羚
藏原羚	鹅喉羚	鬣羚	黄羊
盘羊	岩羊	海南兔	雪兔
塔里木兔	巨松鼠	水獭（所有种）	麝（所有种）
鳍脚目（所有种）		鲸目（除一类外其他鲸类）	
棕熊（包括马熊）		马鹿（包括白臀鹿）	

II类保护动物两栖爬行动物

三线闭壳龟	大鲵	绿海龟	凹甲陆龟
玳瑁	大壁虎	山瑞鳖	细痣疣螈
镇海疣螈	地龟	细瘰疣螈	虎纹蛙
云南闭壳龟	太平洋丽龟	贵州疣螈	大凉疣螈
棱皮龟			

II类保护动物鸟类

角来鹏	赤颈来鹏	海鸬鹚	岩鹭
海南虎斑鸦	小苇鳽	彩鹳	白琵鹭
黑脸琵鹭	红胸黑雁	白额雁	黑琴鸡
柳雷鸟	岩雷鸟	雪鸡	血雉
红腹角雉	藏马鸡	蓝马鸡	原鸡
勺鸡	灰鹤	蓑羽鹤	长脚秧鸡
姬田鸡	棕背田鸡	花田鸡	小青脚鹬
小鸥	黑浮鸥	黄嘴河燕鸥	黑腹沙鸡
灰喉针尾雨燕	鸮形目	凤头雨燕	橙胸咬鹃
黑胸蜂虎	绿喉蜂虎	犀鸟科	阔嘴鸟
鹤嘴翠鸟	小杓鹬	白枕鹤	花尾榛鸡
黄嘴白鹭	白鹇	黑颈鸬鹚	蓝耳翠鸟
铜翅水雉	沙丘鹤	黑鹳	镰翅鸡
鸳鸯	白冠长尾雉	白腹黑啄木鸟	黑额果鸠

鹈鹕（所有种）	鲣鸟（所有种）	天鹅（所有种）	鹃鸠（所有种）
隼科（所有种）	鹰科（其他鹰类）	锦鸡（所有种）	鹦鹉科（所有种）
绿鸠（所有种）	皇鸠（所有种）	斑尾林鸽	鸦鹃（所有种）
八色鸫科（所有种）	黑嘴端凤头燕鸥		

敬　启

　　本书的编选，参阅了一些报刊和著作。由于联系上的困难，我们与部分入选文章的作者未能取得联系，谨致深深的歉意。敬请原作者见到本书后，及时与我们联系，以便我们按国家有关规定支付稿酬并赠送样书。